U0259490

高等学校高职高专教学用书

化 工 原 理

（第 3 版）

下　册

陈常贵　柴诚敬　姚玉英　编著

天津大学出版社
TIANJIN UNIVERSITY PRESS

内 容 提 要

本书重点介绍化工单元操作的基本原理、典型设备及其计算。全书共 10 章,分上、下两册出版。上册除绪论和附录外,包括流体流动、流体输送机械、非均相物系的分离、传热和蒸发等 5 章。下册有蒸馏、气体吸收、蒸馏和吸收塔设备、液—液萃取及干燥等 5 章。每章均编入较多具有工程背景的例题,章末有习题,习题后附有参考答案。本书配套出版教学参考书《化工原理学习指南——问题与习题解析》(天津大学出版社)。同时,本书配套有电子教案,符合化工原理课程的一些共性,又能为教师个性化的教学需要提供参考。需要时,请以电子邮件联系:zhaosm999@sohu.com。

本书按照科学发展和认识规律,循序渐进,深入浅出,理论联系实际,力求突出工程观点,启迪创新意识。

本书可作为高等院校化工、生物、制药、石化、环保等专业高职高专(也包括高自考、成人教育)的教材,也可供设计及生产单位科技人员参考。

图书在版编目(CIP)数据

化工原理.下册/陈常贵,柴诚敬,姚玉英编著.—3 版.
—天津:天津大学出版社,2010.7 (2021.7 重印)
ISBN 978-7-5618-3515-9

Ⅰ.①化… Ⅱ.①陈… ②柴… ③姚… Ⅲ.①化工原
理 – 高等学校 – 教材 Ⅳ.①TQ02

中国版本图书馆 CIP 数据核字(2010)第 096294 号

出版发行	天津大学出版社
地 址	天津市卫津路 92 号天津大学内(邮编:300072)
电 话	发行部:022-27403647
网 址	publish.tju.edu.cn
印 刷	天津泰宇印务有限公司
经 销	全国各地新华书店
开 本	185mm × 260mm
印 张	16
字 数	439 千
版 次	2010 年 7 月第 3 版
印 次	2021 年 7 月第 7 次
印 数	16 001-17 000
定 价	24.00 元

第 3 版说明

本书于 1996 年出版以来,得到同行和读者的热情支持和肯定,总体评价良好。特别是与本套教材配套的辅导书《化工原理学习指南——问题与习题解析》的出版,受到广泛的欢迎。根据高职高专层次化工类有关专业的培养目标和教学特点,本着"加强应用,注重工程能力培养,启迪创新意识"的原则,在保持原书总框架体系的前提下,进行了第二次修订(即第 3 版),对部分内容做了删简、调整和更新。

第 3 版教材主要修订内容如下。

(1)对个别内容进行了删简和精选,介绍了本学科领域的新进展,以体现教材的先进性。

(2)加强了对"过程强化"内容的介绍,以利于提高学生的工程能力,培养创新意识。

(3)调换和补充了一些有工业背景的例题,以利于学生加深对基础理论的理解,提高解题技能。

本次修订工作由原各章执笔者分别负责完成,即姚玉英(上册:绪论、第 1 章、第 5 章及附录;下册:第 3 章及第 5 章)、陈常贵(上册:第 2 章及第 4 章;下册:第 1 章)、柴诚敬(上册:第 3 章;下册:第 2 章及第 4 章)。

在本书修订过程中,得到贾绍义、夏清、王军等老师的支持,特表示感谢。

本书配套有电子教案,符合化工原理课程的一些共性,又能为教师个性化的教学需要提供参考。需要时,请以电子邮件联系:zhaosm999@sohu.com。

编者
2010 年 1 月

第 2 版说明

本书是 1996 年天津大学出版社出版的《化工原理》(上、下册)的第 2 版。第 2 版紧跟科技发展的步伐,反映了本学科领域的新理论、新技术和新设备,更新了离心泵、换热器及管子规格等新系列标准。为适应高等职业技术教育蓬勃发展的新形势,本书更注重学生工程能力的培养和创新意识的提高。同时,为了帮助学生加深对基础理论、基本概念的理解,提高解题技巧和自学能力,增强工程观点,同时出版了本套教材配套辅导书《化工原理学习指南——问题与习题解析》。

本书重点介绍化工单元操作的基本原理、典型设备及其计算。对基本概念的阐述力求严谨,注重理论联系实际。本书编写按照科学发展和认识规律,循序渐进,深入浅出,难点分散,例题丰富,启迪思维,便于自学。

全书按上、下两册出版。上册除绪论、附录外,包括流体流动、流体输送机械、非均相物系的分离、传热及蒸发等 5 章。下册有蒸馏、吸收、蒸馏和吸收塔设备、液—液萃取及干燥等 5 章。每章均编入较多的例题,章末附有习题。书末配有各章习题的参考答案。

本书可作为高等院校化工、生物、环保、制药等各专业的大专层次(包括高职、高自考、成人教育)的教材,也可供科研、设计及生产单位技术人员参考。

参加本书编写的人员有姚玉英(上册:绪论、第 1 章、第 5 章及附录;下册:第 3 章及第 5 章)、陈常贵(上册:第 2 章及第 4 章;下册:第 1 章)、柴诚敬(上册:第 3 章;下册:第 2 章及第 4 章)。

在本书编写过程中,得到贾绍义、夏清、王军的支持,在此表示感谢。

编者
2003 年 12 月

目　录

1

3

第1章 蒸　馏

本章符号说明

英文字母

a——质量分数；

c——比热容，kJ/(kg·℃)或 kJ/(kmol·℃)；

C——独立组分数；

D——塔顶产品(馏出液)流量，kmol/h；

D——塔内径，m；

E——塔效率，%；

F——自由度数；

$HETP$——理论板当量高度，m；

I——物质的焓，kJ/kg；

L——塔内下降的液体流量，kmol/h；

m——提馏段理论板数；

M——摩尔质量，kg/kmol；

n——精馏段理论板数；

N——理论板数；

p——分压，Pa；

P——总压或外压，Pa；

q——进料热状况参数；

Q——热负荷或传热速率，kJ/h 或 kW；

r——汽化热，kJ/kg；

R——回流比；

t——温度，℃；

T——热力学温度，K；

u——空塔气速，m/s；

v——挥发度，Pa；

V——塔内上升蒸气流量，kmol/h；

W——塔底产品(釜残液)流量，kmol/h；

x——液相中易挥发组分的摩尔分数；

y——气相中易挥发组分的摩尔分数；

z——填料塔中填料层有效高度，m。

希腊字母

α——相对挥发度；

φ——相数；

μ——黏度，Pa·s；

ρ——密度，kg/m³。

下标

A——易挥发组分；

B——难挥发组分或再沸器；

c——冷却或冷凝；

C——冷凝器；

D——馏出液；

e——最终；

F——原料液；

h——加热；

L——液相；

m——平均；

m——塔板序号；

m——提馏段；

min——最小或最少；

n——塔板序号；

n——精馏段；

o——直接蒸汽；

o——标准状况；

p——实际的；

q——q 线与平衡线的交点；

T——理论的；

V——气相；

W——釜残液。

上标

0——纯态；

＊——平衡状态；

'——提馏段。

第1节 概　述

化学工业中的大部分单元操作涉及混合物的分离,这些操作称为扩散或质量传递(传质)操作。依据混合物中组分的性质和它们的状态(即气态、液态或固态)选用特定的操作(例如气体的吸收和解吸、蒸馏、液体萃取、干燥或结晶等),以实现混合物的分离。

蒸馏是分离液体混合物的典型单元操作,在化工生产中得到广泛的应用,例如石油的蒸馏可得到汽油、煤油和柴油等,液态空气的蒸馏可得到纯态的液氧和液氮等。

利用混合物中各组分间挥发性差异这种性质,通过加入热量或取出热量的方法,使混合物形成气液两相系统,并让它们相互接触进行热量、质量传递,致使易挥发组分在气相中增浓,难挥发组分在液相中增浓,从而实现混合物的分离,这种方法统称为蒸馏。

由此可见,蒸馏分离的依据是混合物中各组分的挥发性差异,分离的条件是必须造成气液两相系统。

一、蒸馏分离的特点

(1)通过蒸馏操作,可以直接获得所需要的组分(产品),而吸收和萃取等操作还需要外加其他组分,并需进一步将欲提取的组分与外加的组分再行分离,因此蒸馏操作流程较简单。

(2)蒸馏分离的适用范围较广,它不仅可分离液体混合物,而且也可分离气体混合物或固体混合物。例如,可将空气加压液化或将脂肪酸混合物加热熔化并减压,以建立气液两相系统,用蒸馏操作进行分离。

(3)在蒸馏操作中由于要产生大量的气相和液相,因此需要消耗大量的能量。能耗的多少是决定是否选用蒸馏分离的主要因素。蒸馏操作中的节能是值得重视的问题之一。

二、蒸馏过程的分类

工业上由于待分离混合物中各组分的挥发度的差异、要求的分离程度及操作条件(压强和温度)等各不相同,因此蒸馏方式也有多种,可有如下分类。

(1)按蒸馏操作方式分类,可分为简单蒸馏、平衡蒸馏、精馏和特殊精馏等。简单蒸馏和平衡蒸馏适用于易分离物系或对分离要求不高的场合;精馏适用于难分离物系或对分离要求较高的场合;特殊精馏适用于普通精馏难以分离或无法分离的物系。工业生产中以精馏的应用最为广泛。

(2)按操作流程分类,可分为间歇蒸馏和连续蒸馏。前者多应用于小规模生产或某些有特殊要求的场合。工业生产中多处理大批量物料,通常采用连续蒸馏。连续蒸馏是定态操作过程,间歇蒸馏是非定态操作过程。

(3)按物系中组分的数目分类,可分为两组分蒸馏和多组分蒸馏。工业生产以多组分蒸馏最为常见。但是两者在原理和计算方法等方面均无本质的区别。两组分蒸馏的计算方法较简单,它是讨论多组分蒸馏的基础。

(4)按操作压强分类,可分为常压蒸馏、减压蒸馏和加压蒸馏。工业生产中一般多采用常压蒸馏。对在常压下物系沸点较高或在高温下易发生分解、聚合等变质现象的物系(即热敏性物系),常采用减压蒸馏。对于常压下物系的沸点在室温以下的混合物或气态混合物,则采用加压蒸馏。

本章重点讨论常压下两组分连续精馏。

第2节　两组分溶液的气液平衡

蒸馏过程是物质(组分)在气液两相间,由一相转移到另一相的传质过程。气液两相达到平衡状态是传质过程的极限。气液平衡关系是分析蒸馏原理和解决蒸馏计算问题的基础。因此应先讨论蒸馏过程所涉及的气液平衡问题。本节主要讨论两组分理想物系的气液平衡关系。

所谓理想物系是指气相和液相应同时符合以下条件。

(1)气相为理想气体,遵循道尔顿分压定律。当物系总压不高于 10^4 kPa 时,气相可视为理想气体。

(2)液相为理想溶液,遵循拉乌尔定律。根据溶液中同分子间与异分子间作用力的差异,将溶液分为理想溶液和非理想溶液。严格而言,理想溶液是不存在的。但是性质相近、分子结构相似的组分所组成的混合液,例如苯—甲苯,烃类同系物等可视为理想溶液。对于非理想溶液,则遵循修正的拉乌尔定律。

1.2.1　相律和相组成

气液相平衡关系,是指溶液与其上方的蒸气达到平衡时,系统的总压、温度及各组分在气液两相中组成间的关系。

相律表示在平衡的物系中,自由度数目 F、相数 φ 和独立组分数 C 之间的关系,即:

$$F = C - \varphi + 2 \tag{1-1}$$

式中数字 2 表示外界只有压强和温度两个条件可以影响平衡状态。对两组分气液平衡,其独立组分数 $C = 2$,相数 $\varphi = 2$,故由相律可知该平衡物系的自由度数 $F = 2$。

对两组分的气液平衡系统,可变化的参数有:温度 t、压强 P、一组分(通常为易挥发组分)在气、液相中的组成 y 和 x。因此在 4 个参数中任意规定两个参数后,物系的状态即被唯一地确定。由于蒸馏可视为恒压下操作,因此当操作压强 P 选定后,平衡物系的自由度数为 1,即在 t、x 或 y 中选定其中一个参数后,其他参数都是它的函数。所以两组分的气液平衡可以用一定压强下 t—x(或 y)、x—y 的函数关系或相图表示。

应指出,蒸馏计算中相组成多用摩尔分数表示。组分 A 的摩尔分数是指混合物中组分 A 的物质的量占混合物总物质的量的分数,以 x_A 表示。对两组分(A 和 B)的混合液,则有:

$$x_A + x_B = 1 \tag{1-2}$$

通常可省略下标 A、B,将易挥发组分的摩尔分数以 x 表示,难挥发组分的摩尔分数则为($1 - x$)。气相中易挥发组分摩尔分数以 y 表示。相组成也可用质量分数表示。组分 A 的质量分数是指组分 A 的质量占混合物总质量的分数,以 a_A 表示。同样,对两组分混合物,则有:

$$a_A + a_B = 1 \tag{1-2a}$$

质量分数和摩尔分数间的换算关系为:

$$x_A = \frac{a_A/M_A}{a_A/M_A + a_B/M_B} \tag{1-3}$$

或 $\qquad a_A = \dfrac{x_A M_A}{x_A M_A + x_B M_B}$ (1-3a)

式中 M 为组分的摩尔质量,kg/kmol。

1.2.2 两组分理想溶液的气液平衡的函数关系

一、用饱和蒸气压表示的气液平衡关系

实验表明,理想溶液的气液平衡关系遵循拉乌尔定律。

拉乌尔定律表示:当气、液呈平衡时,溶液上方组分的蒸气压与溶液中该组分的摩尔分数成正比,即:

$$p_A = p_A^0 x_A \tag{1-4}$$

$$p_B = p_B^0 x_B = p_B^0(1 - x_A) \tag{1-4a}$$

式中 p——溶液上方组分的平衡分压,Pa;

$\quad x$——溶液中组分的摩尔分数;

$\quad p^0$——同温度下纯组分的饱和蒸气压,Pa。

纯组分的饱和蒸气压是温度的函数,即:

$$p_A^0 = f(t) \tag{1-5}$$

$$p_B^0 = \varphi(t)$$

纯组分的饱和蒸气压通常用安托因方程求算,也可直接从理化手册中查得。

在指定的压强下,混合液的沸腾条件是:

$$P = p_A + p_B \tag{1-6}$$

式中 P 为气相总压,Pa。

联立式 1-4、式 1-6,可得:

$$x_A = \frac{P - p_B^0}{p_A^0 - p_B^0} \tag{1-7}$$

式 1-7 称为泡点方程,该式表示平衡物系的温度和液相组成的关系。在一定压强下,液体混合物开始沸腾产生第一个气泡的温度,称为泡点温度(简称泡点)。

当物系的总压不太高(一般不高于 10^4 kPa)时,平衡的气相可视为理想气体。气相组成可表示为:

$$y_A = \frac{p_A}{P}$$

$$y_B = \frac{p_B}{P}$$

将式 1-4、式 1-4a 和式 1-7 代入上二式,可得:

$$y_A = \frac{p_A^0}{P}x_A = \frac{p_A^0}{P}\frac{P - p_B^0}{p_A^0 - p_B^0} \tag{1-8}$$

$$y_B = \frac{p_B^0}{P}x_B \tag{1-8a}$$

4

式 1-8 称为露点方程。该式表示平衡物系的温度和气相组成的关系。在一定压强下，混合蒸气冷凝开始出现第一个液滴时的温度，称为露点温度(简称露点)。气液平衡时，露点温度等于泡点温度。

在一定的压强下，对两组分理想溶液，只要已知平衡温度，用安托因方程或饱和蒸气压数据求得纯组分的饱和蒸气压，再分别利用泡点方程和露点方程，即可求得平衡的气、液相组成。再之，若已知液相组成，也可利用上述关系求得平衡温度及气相组成。但是由于纯组分的饱和蒸气压与温度间呈非线性关系，所以后者一般需用试差法求解。例如若已知液相组成为 x，可先假设一平衡温度 t，依此温度求得 p_A^0 和 p_B^0，再利用泡点方程求得 x'。若算得的 x' 与已知的 x 两者相近，则所设的温度 t 即为所求的泡点温度，否则应重新假设平衡温度，直至算得的 x' 与已知的 x 相等或基本相等为止。

[例 1-1] 已知含苯为 0.6(摩尔分数)的苯—甲苯混合液，若外压为 103 kPa，试求气液平衡时的泡点温度和气相组成。

苯(A)和甲苯(B)的饱和蒸气压数据如本例附表所示。

例 1-1 附表

温度，℃	80.1	85	90	95	100	105	110.6
p_A^0，kPa	101.33	116.9	135.5	155.7	179.2	204.2	240.0
p_B^0，kPa	40.0	46.0	54.0	63.3	74.3	86.0	101.33

解： 本题需用试差法求解。若先假设平衡时泡点温度为 95 ℃，并由附表查得：

$$p_A^0 = 155.7 \text{ kPa}$$

$$p_B^0 = 63.3 \text{ kPa}$$

由泡点方程计算可得：

$$x = \frac{P - p_B^0}{p_A^0 - p_B^0} = \frac{103 - 63.3}{155.7 - 63.3} = 0.43 < 0.6$$

计算结果表明，所设泡点温度偏高，故再设泡点温度为 90 ℃，并查得

$$p_A^0 = 135.5 \text{ kPa}$$

$$p_B^0 = 54.0 \text{ kPa}$$

再由泡点方程得：

$$x = \frac{103 - 54.0}{135.5 - 54.0} = 0.601 \approx 0.6$$

所以，平衡温度为 90 ℃。

平衡气相组成可由式 1-8 求得：

$$y = \frac{p_A^0}{P} x = \frac{135.5}{103} \times 0.6 = 0.79$$

二、用相对挥发度表示的气液平衡关系

(一)挥发度

挥发度表示物质(组分)挥发的难易程度。纯液体的挥发度可以用一定温度下该液体的饱和蒸气压表示。在同一温度下，蒸气压愈大，表示挥发性愈大。对混合液，因组分间的相互影响，使其中各组分的蒸气压要比纯组分的蒸气压低，故混合液中组分的挥发度可用该组

分在气相中平衡分压与其在液相中组成(摩尔分数)之比表示,即:

$$v_A = \frac{p_A}{x_A} \qquad (1-9)$$

$$v_B = \frac{p_B}{x_B} \qquad (1-9a)$$

式中 v 为组分的挥发度,kPa。

对于理想溶液,因其服从拉乌尔定律,则上二式变为:

$$v_A = p_A^0 \qquad (1-10)$$
$$v_B = p_B^0 \qquad (1-10a)$$

(二)相对挥发度

由挥发度的定义可知,混合液中各组分的挥发度是随温度而变的,因此在蒸馏计算中并不方便,故引出相对挥发度。

混合液中两组分挥发度之比称为该两组分的相对挥发度,以 α 表示。对两组分物系,习惯上将易挥发组分的挥发度作为分子,即:

$$\alpha = \frac{v_A}{v_B} = \frac{p_A / x_A}{p_B / x_B} \qquad (1-11)$$

若操作压强不高,气相遵循道尔顿分压定律,则上式可表示为:

$$\alpha = \frac{P y_A / x_A}{P y_B / x_B} = \frac{y_A x_B}{y_B x_A} \qquad (1-12)$$

或 $$\frac{y_A}{y_B} = \alpha \frac{x_A}{x_B} \qquad (1-12a)$$

式 1-11 和式 1-12 为相对挥发度的定义式。对理想溶液,则有:

$$\alpha = \frac{p_A^0}{p_B^0} \qquad (1-13)$$

式 1-13 表明,理想溶液中组分的相对挥发度等于同温度下两纯组分的饱和蒸气压之比。当温度变化时,由于 p_A^0 和 p_B^0 均随温度沿相同方向变化,因而两者的比值变化不大,故一般可视为常数,或可取为操作温度范围的平均值。

对两组分溶液,式 1-12a 可写为:

$$\frac{y_A}{1 - y_A} = \alpha \frac{x_A}{1 - x_A}$$

由上式解得 y_A,并略去下标,则有:

$$y = \frac{\alpha x}{1 + (\alpha - 1) x} \qquad (1-14)$$

式 1-14 称为气液平衡方程。若已知两组分的相对挥发度,则可利用平衡方程求得平衡时气、液相组成的关系。通常,相对挥发度 α 值由实验测定。

分析式 1-13 和式 1-14 可知,α 的大小可用来判断物系能否用蒸馏方法加以分离及分离的难易程度。若 $\alpha > 1$,表示组分 A 较 B 容易挥发,α 愈大,挥发差别愈大,分离愈容易;若 $\alpha = 1$,则 $y = x$,即气、液相组成相等,则不能用普通蒸馏方法分离该混合液。

1.2.3 两组分溶液的气液平衡相图

相图表达的气液平衡关系清晰直观,在两组分蒸馏中应用相图计算更为简便,而且影响蒸馏过程的因素可在相图上直接予以反映。常用的相图为恒压下的温度—组成图和气—液相组成图。

一、温度—组成（$t—x—y$）图

在总压为 101.33 kPa 下，苯—甲苯混合液的平衡温度与气、液相组成间的关系可表示成如图 1-1 所示的曲线，即为该物系的平衡温度—组成（$t—x—y$）图。对不同的物系，可绘出不同的 $t—x—y$ 图。通常，$t—x—y$ 关系的数据由实验测得。对理想溶液，也可用纯组分的饱和蒸气压数据进行计算，如例 1-2 所示。

在图 1-1 中，以温度 t 为纵坐标，以平衡组成 x 或 y 为横坐标。图中有两条曲线：下方曲线为 $t—x$ 线，代表平衡时泡点温度与液相组成间的关系，此曲线称为饱和液体线或泡点线；上方曲线为 $t—y$ 线，代表露点

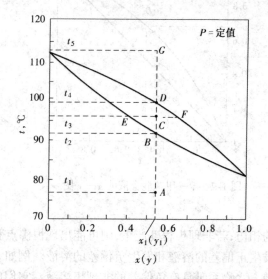

图 1-1 苯—甲苯混合液的 $t—x—y$ 图

温度与气相组成间的关系，此曲线称为饱和蒸气线或露点线。上述两条曲线将 $t—x—y$ 图分成三个区域：饱和液体线以下区域代表未沸腾的液体，称为液相区；饱和蒸气线以上区域代表过热蒸气，称为过热蒸气区；两曲线之间的区域表示气、液两相同时存在，称为气、液共存区。

若将组成为 x_1、温度为 t_1 的混合液（图中点 A）加热升温至泡点 t_2（点 B），开始出现气相，成为两相物系，继续升温至点 C，即是两相区，两相温度相同，气、液相组成分别如点 F 和 E 所示，气相组成（苯的摩尔分数，下同）比平衡的液相组成及原料液组成都高，两相的量可根据杠杆规则确定，即

$$\frac{液相量}{气相量} = \frac{\overline{CF}}{\overline{EC}}$$

继续升温至露点 t_3（点 D），全部液相完全汽化，气相组成与原料液组成相同；再加热至点 G，气相成为过热蒸气。若将过热蒸气降温，则经历与升温时的过程相反。

溶液的平衡温度—组成图是分析蒸馏原理及影响蒸馏操作因素的理论基础。

二、$x—y$ 图

在蒸馏过程计算中，多采用一定外压下的 $x—y$ 图。图 1-2 为苯—甲苯混合液在外压为 101.33 kPa 下的 $x—y$ 图。图中以 x 为横坐标，以 y 为纵坐标。图中的曲线代表液相组成和与之平衡的气相组成间的关系，称为平衡曲线。图中曲线上任意点 D 表示组成为 x_1 的液相与组成为 y_1 的气相互成平衡，且表示点 D 有唯一确定的状态。

图中对角线为 $x = y$ 的直线，此线为蒸馏图解计算时的参考线。对大多数溶液，气、液相呈平衡时，y 总是大于 x，故平衡曲线位于对角线的上方。平衡曲线偏离对角线愈远，表示该溶液愈易分离。

对于非理想溶液，若非理想程度不严重，则其 $t—x—y$ 图及 $x—y$ 图的形状与理想溶液

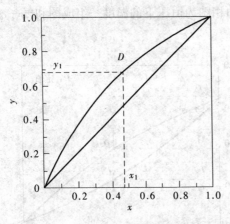

图 1-2 苯—甲苯混合液的 x—y 图

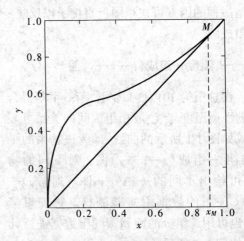

图 1-3 乙醇—水溶液的 x—y 图

的相仿;若非理想程度严重,则可能出现恒沸点和恒沸组成。非理想溶液可分为与理想溶液发生正偏差的溶液和发生负偏差的溶液。例如,乙醇—水物系是具正偏差的非理想溶液;硝酸—水物系是具有负偏差的非理想溶液。它们的 x—y 图分别如图 1-3 和图 1-4 所示。由图可见,平衡曲线与对角线分别交于点 M 和点 N,交点处的组成称为恒沸组成,表示气、液两相组成相等。因此,用普通的蒸馏方法不能分离恒沸溶液。

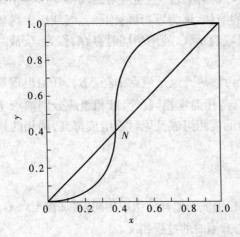

图 1-4 硝酸—水溶液的 x—y 图

[例 1-2] 试利用拉乌尔定律,计算苯—甲苯混合液在总压为 101.33 kPa 下的气液平衡数据,并绘出相图。该溶液可视为理想溶液。苯(A)和甲苯(B)的饱和蒸气压与温度的关系数据见例 1-1 附表。

解:因苯—甲苯混合液是理想溶液,且操作压强为常压,故可用式 1-7 和式 1-8 计算气、液相平衡组成。下面以温度 $t = 90$ ℃为例,计算过程如下。

(1)从例 1-1 附表中查出,在 90 ℃下组分的饱和蒸气压分别为:

$$p_A^0 = 135.5 \text{ kPa}$$

$$p_B^0 = 54.0 \text{ kPa}$$

(2)由式 1-7 计算平衡液相组成,即:

$$x_A = \frac{P - p_B^0}{p_A^0 - p_B^0} = \frac{101.33 - 54.0}{135.5 - 54.0} = 0.581$$

(3)由式 1-8 计算平衡气相组成,即:

$$y = \frac{p_A^0}{P} x_A = \frac{135.5}{101.33} \times 0.581 = 0.777$$

其他温度下的计算结果列于本例附表中。

例 1-2 附表

t, ℃	80.1	85	90	95	100	105	110.6
x	1.000	0.780	0.581	0.412	0.258	0.130	0.00
y	1.000	0.900	0.777	0.633	0.456	0.262	0.00

根据以上结果,即可标绘得到如图 1-1 所示的 t—x—y 图和图 1-2 所示的 x—y 图。用上述方法计算得到的 t—x—y 数据与实验测得的结果十分相近,说明常压下苯—甲苯混合液接近理想物系。

[例 1-3] 利用例 1-1 中苯和甲苯的饱和蒸气压数据,计算苯—甲苯混合液的平均相对挥发度,写出气液平衡方程,并计算该混合液在总压为 101.33 kPa 下的气液平衡数据。

解:因苯—甲苯混合液为理想溶液,故相对挥发度可用式 1-13 计算,即:

$$\alpha = \frac{p_A^0}{p_B^0}$$

通常,在利用相对挥发度法求平衡关系时,可取操作温度范围内的平均相对挥发度。在本题的条件下,即例 1-2 附表中两端温度下数据应除外(因对应的是纯组分,即为 x—y 曲线上两端点),因此 α 可取为温度 85 ℃和 105 ℃下的平均值。

$t = 85$ ℃时　$p_A^0 = 116.9$ kPa

$p_B^0 = 46.0$ kPa

$$\alpha_1 = \frac{116.9}{46.0} = 2.54$$

$t = 105$ ℃时　$p_A^0 = 204.2$ kPa

$p_B^0 = 86.0$ kPa

$$\alpha_2 = \frac{204.2}{86.0} = 2.37$$

故平均相对挥发度为:

$$\alpha_m = \frac{\alpha_1 + \alpha_2}{2} = \frac{2.54 + 2.37}{2} = 2.46$$

将 α_m 值代入式 1-14 中,即可得到气液平衡方程:

$$y = \frac{2.46x}{1 + 1.46x}$$

为便于比较,按例 1-2 附表中的各 x 值,由上式求算出平衡气相组成,计算结果列于本例附表中。

例 1-3　附表

t, ℃	80.1	85	90	95	100	105	110.6
x	1.000	0.780	0.581	0.412	0.258	0.130	0.00
y	1.000	0.897	0.773	0.633	0.467	0.269	0.00

比较例 1-2 中的附表和本例的附表,可以看出两种方法求得的 x、y 数据基本相同,而利用平均相对挥发度表示气液平衡关系更为简便。

第 3 节　平衡蒸馏和简单蒸馏

1.3.1　平衡蒸馏

一、平衡蒸馏装置

平衡蒸馏是一种单级的蒸馏操作。通常,将液体混合物在蒸馏釜内部分汽化,并使气、液两相达到平衡状态,将气、液两相分离的过程,称为平衡蒸馏。这种操作既可以间歇方式又可以连续方式进行。

连续操作的平衡蒸馏又称闪蒸。图 1-5 为闪蒸的装置示意图。

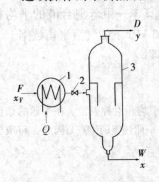

图 1-5　平衡蒸馏装置
1—加热器　2—减压阀　3—分离器

混合液先经加热器升温到指定温度(略高于分离器压强下液体的泡点),然后通过减压阀使其降压后进入分离器中。在减压后液体泡点下降,液体变为过热状态,致使液体突然蒸发,部分汽化,汽化所需的汽化热由液体的显热提供,因此液体的温度下降。最后气、液两相达到平衡,气、液两相分别从分离器的顶部和底部排出,即为平衡蒸馏的产品。通常,分离器又称为闪蒸罐(塔)。

平衡蒸馏的分离效果不高,一般用于原料液的粗分或多组分的初步分离。

二、平衡蒸馏的计算

在平衡蒸馏计算中,通常已知原料液流量、组成、温度及汽化率(或液化率),要求计算平衡的气、液相组成及温度。计算时所应用的基本关系为物料衡算、热量衡算和气液平衡关系。

(一)物料衡算

对图 1-5 所示的整个平衡蒸馏装置作物料衡算,可得:

总物料　　　　$F = D + W$　　　　　　　　　　　　　　　　　　　(1-15)

易挥发组分　　$Fx_F = Dy + Wx$　　　　　　　　　　　　　　　　(1-15a)

式中　F、D、W——分别为原料液、气相与液相产品流量,kmol/h;

　　　x_F、y、x——分别为原料液、气相与液相产品组成,摩尔分数。

联立式 1-15 和式 1-15a,并整理得:

$$y = \left(1 - \frac{F}{D}\right)x + \frac{F}{D}x_F$$

若令 $\dfrac{W}{F} = q$,则 $\dfrac{D}{F} = 1 - q$,代入上式可得:

$$y = \frac{q}{q-1}x - \frac{x_F}{q-1}$$　　　　　　　　　　　　　　(1-16)

式中 q 称为液化率。式 1-16 表示平衡蒸馏时气、液相组成间的关系。

(二)热量衡算

对图 1-5 所示的加热器作热量衡算,并设加热器的热损失可忽略,则有:

$$Q = Fc_F(T - t_F)$$　　　　　　　　　　　　　　　　　　　(1-17)

式中　Q——加热器的热负荷,kJ/h 或 kW;

　　　F——原料液流量,kmol/h 或 kmol/s;

　　　c_F——原料液比热容,kJ/(kmol·℃);

　　　t_F——原料液温度,℃;

　　　T——通过加热器后原料液的温度,℃。

原料液节流减压后进入分离器,此时原料液温度由 T 降到 t_e 所放出的显热恰等于汽化液体所需的汽化热,即:

10

$$Fc_F(T - t_e) = (1 - q)Fr \tag{1-18}$$

式中 t_e——分离器中的平衡温度，℃；

   r——产品的汽化热，kJ/kmol。

原料液离开加热器的温度可由式 1-18 解出，即：

$$T = t_e + (1 - q)\frac{r}{c_F} \tag{1-18a}$$

（三）气液平衡关系

平衡蒸馏中，气、液两相呈平衡状态，即两相温度相等、组成呈平衡关系。若为理想溶液，平衡关系可表示为：

$$y = \frac{\alpha x}{1 + (\alpha - 1)x}$$

及 $t_e = f(x)$ （1-19）

联立物料衡算、热量衡算和平衡关系三个关系式，就可以进行平衡蒸馏的各种计算。

[例 1-4]   常压下将含苯 0.4（摩尔分数）的苯—甲苯混合液进行平衡蒸馏，若已知物系的平均相对挥发度为 2.47，要求汽化率为 0.45，试求平衡的气、液相组成。

解：据题意知液化率 $q = 1 - 0.45 = 0.55$。

由物料衡算知：

$$\begin{aligned}
y &= \frac{q}{q-1}x - \frac{x_F}{q-1} \\
&= \frac{0.55}{0.55-1}x - \frac{0.4}{0.55-1} \\
&= -1.222x - 0.889
\end{aligned} \tag{1}$$

由平衡关系知：

$$y = \frac{\alpha x}{1 + (\alpha - 1)x} = \frac{2.47x}{1 + 1.47x} \tag{2}$$

联立式（1）和式（2）解得气、液相组成为：

$$y = 0.519$$
$$x = 0.303$$

1.3.2   简单蒸馏

一、简单蒸馏装置

简单蒸馏又称微分蒸馏，也是一种单级蒸馏过程。简单蒸馏装置如图 1-6 所示。

原料液加入蒸馏釜 1 中，釜内用饱和蒸汽间接加热，溶液温度升至泡点并部分汽化，产生的蒸气随即进入冷凝器 2 中，冷凝液按不同的组成范围进入各贮罐 3 中，即得到馏出液产品。由于气相组成大于液相组成，因此随着蒸馏过程的进行，釜中液相组成不断地下降，相应产生的气相组成也随之降低。通常当馏出

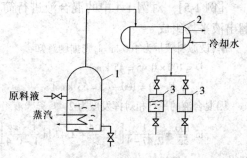

图 1-6   简单蒸馏装置
1—蒸馏釜   2—冷凝器   3—贮罐

液平均组成或釜液组成降到某一规定值后,即停止蒸馏操作。可见简单蒸馏是非定态过程,物系的温度和组成均随时间而变。

简单蒸馏多用于混合液的初步分离。

二、简单蒸馏的计算

简单蒸馏计算的主要内容是根据原料液的量和组成来确定馏出液与釜残液的量和组成间的关系。需用的基本关系是物料衡算和气液平衡关系。由于在简单蒸馏过程中,釜残液的量和组成均随时间而变,因此应作微分衡算。

假设蒸馏某瞬间釜液量为 W kmol,组成为 x,经微分时间 $d\tau$ 后,釜液量变为 $W + dW$,组成变为 $x + dx$,而蒸出的馏出液量为 dD,其组成为 y。

在 $d\tau$ 时间内作物料衡算,可得:

总物料 $\qquad dD = - dW$ $\hfill (1\text{-}20)$

易挥发组分 $\qquad Wx = (W + dW)(x + dx) + ydD$ $\hfill (1\text{-}20a)$

将式 1-20 代入式 1-20a,展开式 1-20a,并忽略 $dWdx$ 项,可得:

$$\frac{dW}{W} = \frac{dx}{y - x}$$

积分上式,并取积分上、下限为:

$$W = F, \quad x = x_1$$
$$W = W_2, \quad x = x_2$$

则可得:

$$\ln \frac{F}{W_2} = \int_{x_2}^{x_1} \frac{dx}{y - x} \qquad (1\text{-}21)$$

只要已知气液平衡关系,就可求出上式等号右侧的积分值,从而可得到 F、W_2、x_1 及 x_2 间的关系。

若气液平衡关系可用式 1-14 表示,则将该式代入式 1-21 中,积分可得:

$$\ln \frac{F}{W_2} = \frac{1}{\alpha - 1}\left[\ln \frac{x_1}{x_2} + \alpha \ln \frac{1 - x_2}{1 - x_1} \right] \qquad (1\text{-}22)$$

馏出液量 D 和平均组成 x_D 可通过一批操作的物料衡算求得,即:

总物料 $\qquad D = F - W_2$ $\hfill (1\text{-}23)$

易挥发组分 $Dx_D = Fx_1 - W_2x_2$ $\hfill (1\text{-}23a)$

[**例 1-5**]　对例 1-4 中的混合液进行简单蒸馏,若汽化率仍为 0.45,试求釜残液组成和馏出液平均组成。

解:设原料液量为 100 kmol,则据题意知:

$$D = 100 \times 0.45 = 45 \text{ kmol}$$
$$W_2 = F - D = 100 - 45 = 55 \text{ kmol}$$

因混合液的平均相对挥发度为 2.47,釜残液组成 x_2 可用式 1-22 求得:

$$\ln \frac{100}{55} = \frac{1}{2.47 - 1}\left[\ln \frac{0.4}{x_2} + 2.47 \ln \frac{1 - x_2}{1 - 0.4} \right] = 0.598$$

解得 $\qquad x_2 \approx 0.27$

馏出液平均组成可由式 1-23a 求得,即:

$$45x_D = 100 \times 0.4 - 55 \times 0.27$$

12

所以　　$x_D = 0.559$

　　计算结果表明,若汽化率相同,简单蒸馏较平衡蒸馏可得到更好的分离效果,即馏出液的平均组成更高。但是平衡蒸馏的优点是连续操作。

第4节　精馏原理和流程

　　上述的平衡蒸馏和简单蒸馏都是单级分离过程,即对混合液进行一次部分汽化,因此只能使混合液得到部分分离。精馏是多级分离过程,即对混合液进行多次部分汽化和部分冷凝,因此可使混合液得到近乎完全的分离。不管何种操作方式,混合液中各组分间挥发度的差异是蒸馏分离的前提和基础。回流(后面详细介绍)则是实现精馏操作的条件,它是精馏与普通蒸馏的本质区别。

1.4.1　精馏原理

　　精馏原理可用气液平衡相图说明:如图 1-7 所示,若将组成为 x_F、温度低于泡点的某混合液加热到泡点以上,使其部分汽化,并将气相和液相分开,则所得气相组成为 y_1,液相组成为 x_1,且 $y_1 > x_F > x_1$,此时气、液相量可用杠杆规则确定。若将组成为 y_1 的气相混合物进行部分冷凝,则可得到组成为 y_2 的气相和组成为 x_2 的液相;又若将组成为 y_2 的气相部分冷凝,则可得到组成为 y_3 的气相和组成为 x_3 的液相,且 $y_3 > y_2 > y_1$。可见,气体混合物经多次部分冷凝后,在气相中可获得高纯度的易挥发组分。同时,若将组成为 x_1 的液相经加热器加热,使其部分汽化,则可得到组成为 x_2' 的液相和组成为 y_2'

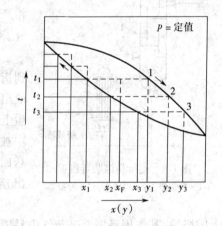

图 1-7　多次部分汽化和冷凝的 $t-x-y$ 图

(图中未标出)的气相,再将组成为 x_2' 的液相进行部分汽化,可得到组成为 x_3' 的液相和组成为 y_3' 的气相(图中未标出),且 $x_3' < x_2' < x_1$。可见液体混合物经过多次部分汽化,在液相中可获得高纯度的难挥发组分。

　　上述分别进行的气相多次部分冷凝过程和液相多次部分汽化过程,理论上可获得两组分的完全分离,但是因产生大量中间馏分而使产品量极少,且设备庞大。工业生产中的精馏过程是在精馏塔内进行的,即在精馏塔中将部分汽化过程和部分冷凝过程有机结合而实现操作的。

　　典型的精馏设备是连续精馏装置,包括精馏塔、冷凝器、再沸器等,如图 1-8 所示。精馏塔内通常有若干塔板或充填一定高度的填料。塔板或填料是供气、液两相接触的场所,进行热和质的交换(即气相部分冷凝、液相部分汽化)。位于塔顶的冷凝器将上升蒸气冷凝成液体,部分凝液作为回流液返回塔内,其余部分为塔顶产品。位于塔底的再沸器使液体部分汽化,蒸气沿塔上升,余下的液体作为塔底产品。进料加在塔中间,进料中的蒸气和塔下段来的蒸气一起沿塔上升;进料中的液体和塔上段来的液体一起沿塔下降。在整个精馏塔中,气液两相逆流接触,进行相际传质,使液相中的易挥发组分进入气相,气相中的难挥发组分进入液相。对不形成恒沸液的物系,只要有足够的塔板数或填料层高度,塔顶产品将是高纯度的易挥发组分,塔底产品将是高纯度的难挥发组分。

为实现精馏分离操作,除了需要有足够层数塔板或足够高的填料层的精馏塔外,还必须从塔底引入上升的蒸气流和从塔顶引入下降的液流(回流)。上升气流和液体回流是造成气、液两相以实现精馏定态操作的必要条件。因此精馏是一种利用回流使混合液得到高纯度分离的蒸馏方法。

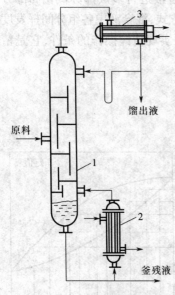

图 1-8　连续精馏装置流程
1—精馏塔　2—再沸器　3—冷凝器

1.4.2　精馏装置流程

根据精馏原理可知,单有精馏塔不能完成精馏操作,还必须同时有塔顶冷凝器和塔底再沸器。有时还配有原料液加热器、回流液泵等附属设备。再沸器的作用是提供一定流量的上升蒸气流,冷凝器的作用是提供塔顶液相产品及保证有适当的液相回流,精馏塔的作用是提供气、液接触进行传热和传质的场所。

典型的连续精馏流程如图1-8所示。原料液经预热到指定温度后,送入精馏塔内。操作时,连续地从再沸器取出部分液体作为塔底产品(釜残液),部分液体汽化,产生上升蒸气,依次通过各层塔板。塔顶蒸气进入冷凝器中被全部冷凝,并将部分凝液借重力作用(也可用泵送)送回塔顶作为回流液体,其余部分经冷却器(图中未画出)后被送出作为塔顶产品(馏出液)。

通常,将原料液进入的那层板称为加料板,加料板以上的塔段,其作用是把上升蒸气中易挥发组分进一步提浓,称为精馏段;加料板以下的塔段(包括加料板)作用是从下降液体中提取易挥发组分,称为提馏段。

精馏过程也可间歇操作,此时原料液一次加入塔釜中,而不是连续地加入精馏塔中。因此间歇精馏只有精馏段而没有提馏段。同时,因间歇精馏釜液浓度不断地变化,故一般产品组成也逐渐降低。当釜中液体组成降到规定值后,精馏操作即被停止。

第5节　两组分连续精馏的计算

精馏过程的计算可分为设计型和操作型两类。本节重点讨论板式精馏塔的设计型计算。

精馏过程设计型计算,通常已知条件为原料液流量、组成及分离程度,需要计算和确定的内容有:①选定操作压强和进料热状态等;②确定产品流量(或组成);③确定精馏塔的理论板数和加料位置;④选择精馏塔的类型,确定塔径、塔高和塔板结构尺寸,并进行流体力学验算;⑤计算冷凝器和再沸器的热负荷,并确定两者的类型和尺寸。

本节重点讨论上述的前三项,其中第④项将在第3章中讨论。

1.5.1　理论板的概念及恒摩尔流假定

一、理论板的概念

如前所述,精馏操作涉及气、液两相间的传热和传质过程。塔板上两相间的传热速率和传质速率不仅取决于物系的性质和操作条件,而且还与塔板结构有关,因此它们很难用简单方程加以描述。引入理论板的概念,可使问题简化。

所谓理论板,是指在其上气、液两相都充分混合,且传热及传质过程阻力均为零的理想化塔板。因此不论进入理论板的气、液两相组成如何,离开该板时气、液两相达到平衡状态,即两相温度相等,组成互成平衡。

实际上,由于板上气、液两相接触面积和接触时间是有限的,因此在任何形式的塔板上,气、液两相难以达到平衡状态,即理论板是不存在的。理论板仅用作衡量实际板分离效率的依据和标准。通常,在精馏计算中,先求得理论板数,然后利用塔板效率予以修正,即可求得实际板数。引入理论板的概念对精馏过程的分析和计算是十分有用的。

若已知某物系的气液平衡关系,即离开任意理论板(n 层)的气、液两相组成 y_n 与 x_n 之间的关系已被确定。若还能已知由任意板(n 层)下降的液相组成 x_n 与由下一层板($n+1$ 层)上升的气相组成 y_{n+1} 之间的关系,则精馏塔内各板的气、液相组成将可逐板予以确定,因此即可求得在指定分离要求下的理论板数,而上述的 y_{n+1} 和 x_n 间的关系是由精馏条件决定的,这种关系可由塔板间的物料衡算求得,并称之为操作关系。

二、恒摩尔流假定

为简化精馏计算,通常引入塔内恒摩尔流动的假定。

1.恒摩尔气流

恒摩尔气流是指在精馏塔内,在没有中间加料(或出料)条件下,各层板的上升蒸气摩尔流量相等,即:

精馏段　$V_1 = V_2 = V_3 = \cdots = V = $ 常数

提馏段　$V_1' = V_2' = V_3' = \cdots = V' = $ 常数

但两段的上升蒸气摩尔流量不一定相等。

2.恒摩尔液流

恒摩尔液流是指在精馏塔内,在没有中间加料(或出料)条件下,各层板的下降液体摩尔流量相等,即:

精馏段　$L_1 = L_2 = L_3 = \cdots = L = $ 常数

提馏段　$L_1' = L_2' = L_3' = \cdots = L' = $ 常数

但两段的下降液体摩尔流量不一定相等。

在精馏塔的塔板上气、液两相接触时,若有 n kmol/h 的蒸气冷凝,相应有 n kmol/h 的液体汽化,这样恒摩尔流动的假定才能成立。为此必须符合以下条件:①混合物中各组分的摩尔汽化热相等;②各板上液体显热的差异可忽略(即两组分的沸点差较小);③塔设备保温良好,热损失可忽略。

15

由此可见,对基本上符合以上条件的某些系统,在塔内可视为恒摩尔流动。以后介绍的精馏计算是以恒摩尔流为前提的。

1.5.2　物料衡算和操作线方程

一、全塔物料衡算

通过对精馏塔的全塔物料衡算,可以求出精馏产品的流量、组成以及进料流量、组成之间的关系。

对图 1-9 所示的连续精馏装置作物料衡算,并以单位时间为基准,则:

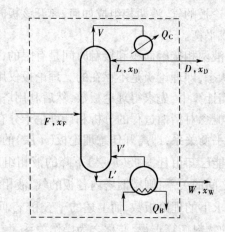

图 1-9　精馏塔的物料衡算

总物料　　　$F = D + W$　　　　　　　　　　　　　　　　　　　　　　　　　　　　(1-24)

易挥发组分 $Fx_F = Dx_D + Wx_W$　　　　　　　　　　　　　　　　　　　　　　　(1-24a)

式中　F——原料液流量,kmol/s;

　　　D——塔顶产品(馏出液)流量,kmol/s;

　　　W——塔底产品(釜残液)流量,kmol/s;

　　　x_F——原料液中易挥发组分的摩尔分数;

　　　x_D——馏出液中易挥发组分的摩尔分数;

　　　x_W——釜残液中易挥发组分的摩尔分数。

在式 1-24 和式 1-24a 中,通常 F 和 x_F 为已知,因此只要给定两个参数,即可求出其他参数。

应指出,在精馏计算中,分离要求可以用不同形式表示。例如以下三种情况。

(1)规定易挥发组分在馏出液和釜残液的组成 x_D 和 x_W。

(2)规定馏出液组成 x_D 和馏出液中易挥发组分的回收率。后者的定义为馏出液中易挥发组分的量与其在原料液中的量之比,即

$$\eta_D = \frac{Dx_D}{Fx_F}$$
　　　　　　　　　　　　　　　　　　　　　　　　　　　　　　　　　　(1-25)

式中 η_D 为馏出液中易挥发组分的回收率。

(3)规定馏出液组成 x_D 和塔顶采出率 D/F,等等。

[**例 1-6**]　在连续精馏塔中分离苯—甲苯混合液。已知原料液流量为 10 000 kg/h,苯

16

的组成为40%(质量分数,下同)。要求馏出液组成为97%,釜残液组成为2%。试求馏出液和釜残液的流量(kmol/h)及馏出液中易挥发组分的回收率。

解: 苯的摩尔质量为78 kg/kmol,甲苯的摩尔质量为92 kg/kmol。

原料液组成(摩尔分数)为:

$$x_F = \frac{40/78}{40/78 + 60/92} = 0.44$$

馏出液组成为:

$$x_D = \frac{97/78}{97/78 + 3/92} = 0.975$$

釜残液组成为:

$$x_W = \frac{2/78}{2/78 + 98/92} = 0.023\ 5$$

原料液的平均摩尔质量为:

$$M_F = 0.44 \times 78 + 0.56 \times 92 = 85.8 \text{ kg/kmol}$$

原料液摩尔流量为:

$$F = 10\ 000/85.8 = 116.6 \text{ kmol/h}$$

全塔物料衡算,可得:

$$D + W = F = 116.6 \tag{1}$$

及

即

$$Dx_D + Wx_W = Fx_F$$

$$0.975\,D + 0.023\ 5\,W = 116.6 \times 0.44 \tag{2}$$

联立式(1)和式(2)解得:

$$D = 51.0 \text{ kmol/h}$$

$$W = 65.6 \text{ kmol/h}$$

馏出液中易挥发组分回收率为:

$$\eta_D = \frac{Dx_D}{Fx_F} = \frac{51.0 \times 0.975}{116.6 \times 0.44} = 0.97 = 97\%$$

二、操作线方程

在连续精馏塔中,由于原料液不断地进入塔内,因此精馏段与提馏段两者的操作关系是不相同的,应予以分别讨论。

(一)精馏段操作线方程

按图1-10虚线范围(包括精馏段第 $n+1$ 层塔板以上塔段和冷凝器)作物料衡算,以单位时间为基准,即:

总物料 $\qquad V = L + D \qquad$ (1-26)

易挥发组分 $\quad Vy_{n+1} = Lx_n + Dx_D \qquad$ (1-26a)

式中 $\quad x_n$ ——精馏段中任意第 n 层板下降液体的组成,摩尔分数;

$\qquad y_{n+1}$ ——精馏段中任意第 $n+1$ 层板上升蒸气的组成,摩尔分数。

将式1-26代入式1-26a,并整理得:

$$y_{n+1} = \frac{L}{L+D}x_n + \frac{D}{L+D}x_D \tag{1-27}$$

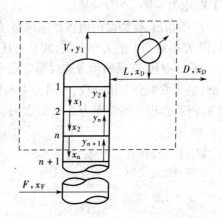

图1-10 精馏段操作线方程的推导

若将上式等号右边的两项的分子和分母同时除以 D,可得:

17

$$y_{n+1} = \frac{L/D}{L/D+1}x_n + \frac{1}{L/D+1}x_D$$

令 $\frac{L}{D} = R$，代入上式得：

$$y_{n+1} = \frac{R}{R+1}x_n + \frac{1}{R+1}x_D \tag{1-28}$$

式中 R 称为回流比，它是精馏操作的重要参数之一，其值一般由设计者选定。R 值的确定和影响将在后面讨论。

式 1-27 和式 1-28 称为精馏段操作线方程。该方程的物理意义是表达在一定的操作条件下，精馏段内自任意第 n 层板下降液相组成 x_n 与其相邻的下一层（即 $n+1$ 板上升蒸气组成 y_{n+1} 之间的关系。根据恒摩尔流假定，L 为定值，且在连续定态操作时 R、D、x_D 均为定值，因此该式为直线方程，即在 x—y 图上为一直线，直线的斜率为 $R/(R+1)$，截距为 $x_D/(R+1)$。

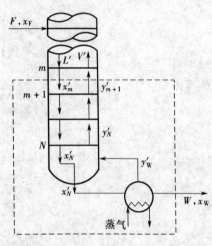

图 1-11 提馏段操作线方程的推导

（二）提馏段操作线方程

按图 1-11 虚线范围（即自提馏段任意相邻两板 m 与 $m+1$ 间至塔底釜残液出口）作物料衡算，即：

总物料　　　$L' = V' + W$ (1-29)

易挥发组分　$L'x'_m = V'y'_{m+1} + Wx_W$ (1-29a)

联立式 1-29 和式 1-29a，可得：

$$y'_{m+1} = \frac{L'}{L'-W}x'_m - \frac{W}{L'-W}x_W \tag{1-30}$$

式 1-30 称为提馏段操作线方程。该式的物理意义是表达在一定的操作条件下，提馏段内自任意第 m 板下降的液相组成与相邻的下一层（即 $m+1$）板上升的蒸气组成之间的关系。根据恒摩尔流的假定，L' 为定值，且在连续定态操作中 W 和 x_W 也是定值，故式 1-30 为直线方程，它在 x—y 图上也是一直线。该线的斜率为 $L'/(L'-W)$，截距为 $-Wx_W/(L'-W)$。

应予指出，提馏段内液体摩尔流量 L' 不如精馏段液体摩尔流量 $L(L=RD)$ 那样容易求得，因 L' 不仅与 L 的大小有关，而且它还受进料量及进料热状况的影响。

[例 1-7]　在某两组分连续精馏塔中，精馏段内自第 n 层理论板下降的液相组成 x_n 为 0.65（易挥发组分摩尔分数，下同），进入该板的气相组成为 0.75，塔内气、液摩尔流量比 V/L 为 2，物系的相对挥发度为 2.5，试求回流比 R、从该板上升的气相组成 y_n 和进入该板的液相组成 x_{n-1}。

解：（1）回流比 R

由回流比定义知：

$$R = \frac{L}{D}$$

其中　　$D = V - L$

故　　$R = \frac{L}{V-L} = \frac{1}{\dfrac{V}{L}-1} = \frac{1}{2-1} = 1$

或由精馏段操作线斜率知：

$$\frac{R}{R+1} = \frac{L}{V} = \frac{1}{2}$$

解得　　$R = 1$

　　(2)气相组成 y_n

　　离开第 n 层理论板的气、液相组成符合平衡关系，即：

$$y_n = \frac{\alpha x_n}{1 + (\alpha - 1) x_n}$$

其中　　$\alpha = 2.5$　　$x_n = 0.65$

所以　　$y_n = \dfrac{2.5 \times 0.65}{1 + (2.5 - 1) \times 0.65} = 0.823$

　　(3)液相组成 x_{n-1}

　　由精馏段操作线方程知：

$$y_{n+1} = \frac{R}{R+1} x_n + \frac{x_D}{R+1}$$

其中　　$y_{n+1} = 0.75, x_n = 0.65, R = 1$

即　　　$0.75 = \dfrac{1}{2} \times 0.65 + \dfrac{x_D}{1+1}$

解得　　$x_D = 0.85$

又　　　$y_n = \dfrac{R}{R+1} x_{n-1} + \dfrac{x_D}{R+1}$

即　　　$0.823 = \dfrac{1}{2} x_{n-1} + \dfrac{0.85}{2}$

解得　　$x_{n-1} = 0.796$

另一解法：

x_{n-1} 也可由第 n 板的物料衡算确定。

$$V(y_n - y_{n+1}) = L(x_{n-1} - x_n)$$

即　　　$x_{n-1} = \dfrac{V}{L}(y_n - y_{n+1}) + x_n = 2(0.823 - 0.75) + 0.65 = 0.796$

1.5.3　进料热状况的影响

一、进料热状况

　　在实际生产中,加入精馏塔中的原料液可能有五种热状况:①温度低于泡点的冷液体;②泡点下的饱和液体;③温度介于泡点和露点间的气液混合物;④露点下的饱和蒸气;⑤温度高于露点的过热蒸气。

　　进料热状况影响精馏段和提馏段的液体流量 L 与 L' 间的关系以及上升蒸气流量 V 与 V' 之间的关系。图 1-12 定性地表示在不同进料热状况下对进料板上、下各流股流量的影响。从图中可看出以下几点。

1.冷液体进料

　　提馏段内下降液体流量包括三部分:①精馏段内下降的液体流量 L;②原料液流量 F;③由于将原料液加热到进料板上液体的泡点温度,必然会有一部分自提馏段上升的蒸气被冷凝,即这部分冷凝液量也成为 L' 的一部分,且精馏段内上升蒸气流量 V 比提馏段内上升蒸气流量 V' 要少,其差值即为冷凝的蒸气量。由此可见:

$$L' > L + F \qquad V' > V$$

2.饱和液体进料

由于原料液的温度与进料板上液体的温度相近,因此原料液全部进入提馏段,而两段的上升蒸气流量相等,即:

$$L' = L + F \quad V' = V$$

3.气、液混合物进料

进料中液相部分成为 L' 的一部分,其中蒸气部分成为 V 的一部分,即:

$$L < L' < L + F \quad V' < V$$

4.饱和蒸气进料

进料成为 V 的一部分,而两段的液体流量则相等,即:

$$L = L' \quad V = V' + F$$

5.过热蒸气进料

精馏段上升蒸气流量包括三部分:①提馏段上升蒸气流量 V';②原料液流量 F;③由于原料温度降至进料板上温度,必然会放出一部分热量,使来自精馏段的下降液体被汽化,汽化的蒸气量也成为 V 的一部分,而提馏段下降的液体流量 L' 也就比精馏段的下降液体流量 L 要少,差值即为被汽化的部分液体量。由此可知:

$$L' < L \quad V > V' + F$$

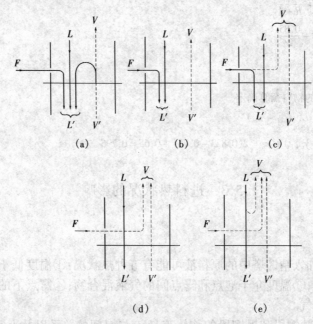

图 1-12 进料热状况对进料板上、下各流股的影响

(a)冷液体进料 (b)饱和液体进料 (c)气、液混合物进料 (d)饱和蒸气进料 (e)过热蒸气进料

由以上分析可知,精馏塔中两段的气、液摩尔流量间的关系受进料量及进料热状况的影响,通用的定量关系可通过进料板上的物料衡算和焓衡算求得。

二、进料热状况参数

对图 1-13 所示的虚线范围部分分别作进料板的物料衡算和焓衡算,以单位时间为基准,即：

总物料衡算 $\quad F + V' + L = V + L'$ (1-31)

焓衡算 $\quad FI_F + V'I_{V'} + LI_L = VI_V + L'I_{L'}$ (1-31a)

式中 I_F——原料液的焓，kJ/kmol；

$\quad\quad I_V$、$I_{V'}$——分别为进料板上、下处饱和蒸气的焓，kJ/kmol；

$\quad\quad I_L$、$I_{L'}$——分别为进料板上、下处饱和液体的焓，kJ/kmol。

由于与进料板相邻的上、下板的温度及气、液相组成各自都很相近，故有：

$$I_{V'} \approx I_V$$

和 $\quad\quad I_{L'} \approx I_L$

将上述关系代入式 1-31a，则联解式 1-31 和式 1-31a，可得：

$$\frac{L' - L}{F} = \frac{I_V - I_F}{I_V - I_L}$$ (1-32)

令

$$q = \frac{I_V - I_F}{I_V - I_L} \approx \frac{1\ kmol\ 原料变为饱和蒸气所需热量}{原料液的千摩尔汽化热}$$ (1-32a)

q 称为进料热状况参数。对各种进料热状况，可用式 1-32a 计算 q 值。根据式 1-32 和式 1-32a 可得：

$$L' = L + qF$$ (1-33)

将式 1-33 代入式 1-31，可得：

$$V = V' + (1 - q)F$$ (1-34)

式 1-33 和式 1-34 表示在精馏塔内精馏段和提馏段的气、液相流量与进料量及进料热状况参数之间的基本关系。

根据 q 的定义可得：

冷液进料 $\quad q > 1$

饱和液体进料 $\quad q = 1$

气、液混合物进料 $\quad q = 0 \sim 1$

饱和蒸气进料 $\quad q = 0$

过热蒸气进料 $\quad q < 0$

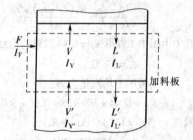

图 1-13 进料板上的物料衡算和焓衡算

若将式 1-33 代入式 1-30，则提馏段方程可改写为：

$$y'_{m+1} = \frac{L + qF}{L + qF - W}x'_m - \frac{W}{L + qF - W}x_W$$ (1-35)

[例 1-8] 分离例 1-6 中的苯—甲苯混合液，若进料为饱和液体，操作回流比为 3.5，试求精馏段操作线方程和提馏段操作线方程，并说明提馏段操作线的斜率和截距。

解：由例 1-6 知：

$F = 116.6\ kmol/h \quad\quad x_W = 0.023\ 5 \quad\quad x_D = 0.975$

$D = 51.0\ kmol/h \quad\quad W = 65.6\ kmol/h$

精馏段操作线方程由操作回流比 R 及馏出液组成 x_D 所决定，而与进料状况无关。将有关数据代入式 1-28，可整理得到精馏段操作线方程为：

$$y_{n+1} = \frac{R}{R+1}x_n + \frac{1}{R+1}x_D$$

$$= \frac{3.5}{3.5+1} x_n + \frac{0.975}{3.5+1} = 0.778 x_n + 0.217$$

精馏段下降液体流量为：

$$L = RD = 3.5 \times 51.0 = 178.5 \text{ kmol/h}$$

因饱和液体进料，故 $q = 1$。将有关的数据代入式 1-35，可整理得到提馏段操作线方程为：

$$y'_{m+1} = \frac{L + qF}{L + qF - W} x'_m - \frac{W}{L + qF - W} x_W$$

$$= \frac{178.5 + 1 \times 116.6}{178.5 + 1 \times 116.6 - 65.6} x'_m - \frac{65.6 \times 0.023\,5}{178.5 + 1 \times 116.6 - 65.6}$$

$$= 1.29\, x'_m - 0.006\,7$$

提馏段操作线斜率 $= 1.29$

截距 $= -0.006\,7$

由计算结果可知，本题的提馏段操作线的截距值很小，一般情况都是如此，且均为负值。

[例 1-9]　分离例 1-8 中的苯—甲苯混合液，若将进料热状况变为 20 ℃的冷液体，试求精馏段操作线方程和提馏段操作线方程，并说明提馏段操作线的斜率和截距的变化。

已知操作条件下苯的汽化热为 389 kJ/kg，甲苯的汽化热为 360 kJ/kg，原料液的平均比热容为 158 kJ/(kmol·℃)。苯—甲苯混合液的气液平衡数据(t—x—y 图)见本章图 1-1。

解：进料热状况由饱和液体变为 20 ℃的冷液体，精馏段操作线方程不变，如例 1-8 中所示。

由例 1-6 和例 1-8 知：$x_F = 0.44$，$R = 3.5$，$F = 116.6$ kmol/h，$D = 51.0$ kmol/h，$W = 65.6$ kmol/h，$x_W = 0.023\,5$。

精馏段内下降液体的流量为：

$$L = RD = 3.5 \times 51.0 = 178.5 \text{ kmol/h}$$

进料热状况参数为：

$$q = \frac{I_V - I_F}{I_V - I_L} = \frac{c_p(t_s - t_F) + r}{r}$$

其中由图 1-1 查得 $x_F = 0.44$ 时进料泡点温度为：

$$t_s = 93 \text{ ℃}$$

原料液的平均汽化热为：

$$r = 0.44 \times 389 \times 78 + 0.56 \times 360 \times 92 = 31\,900 \text{ kJ/kmol}$$

及　　　$c_p = 158$ kJ/(kmol·℃)

故　　　$q = 1 + \dfrac{158(93 - 20)}{31\,900} = 1.362$

将有关的数据代入式 1-35，可整理得提馏段操作线方程为：

$$y'_{m+1} = \frac{L + qF}{L + qF - W} x'_m - \frac{W}{L + qF - W} x_W$$

$$= \frac{178.5 + 1.362 \times 116.6}{178.5 + 1.362 \times 116.6 - 65.6} x'_m - \frac{65.6 \times 0.023\,5}{178.5 + 1.362 \times 116.6 - 65.6}$$

$$= 1.24 x'_m - 0.005\,7$$

由以上二例可知，进料热状况明显影响提馏段操作线方程，随着 q 值增大，提馏段操作线的斜率和截距的绝对值均变小。

1.5.4　理论板数的求法

对两组分连续精馏，通常采用逐板计算法和图解法确定精馏塔的理论板数。在求理论板数时，一般需已知原料液组成、进料热状况、操作回流比及分离要求。计算时利用以下基本关系:①气液平衡关系;②操作线方程。

一、逐板计算法

参见图 1-14,因塔顶采用全凝器,从塔顶第一板上升的蒸气进入冷凝器后被全部冷凝,并在泡点下回流,故塔顶馏出液组成及回流液组成均与第一层板的上升蒸气相同,即:

$$y_1 = x_D = 已知值$$

由于离开每层理论板气、液相组成互相平衡,故可由 y_1 利用气液平衡方程求得 x_1,即:

$$y_1 = \frac{\alpha x_1}{1 + (\alpha - 1) x_1}$$

或

$$x_1 = \frac{y_1}{\alpha - (\alpha - 1) y_1}$$

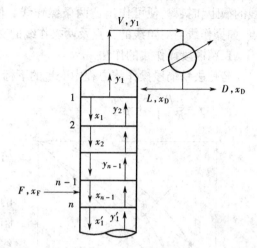

图 1-14　逐板计算法示意图

第 2 层塔板的上升蒸气组成 y_2 与第 1 层塔板下降液体组成 x_1 符合精馏段操作线关系,故利用精馏段操作线方程可由 x_1 求得 y_2,即:

$$y_2 = \frac{R}{R+1} x_1 + \frac{x_D}{R+1}$$

同理,x_2 与 y_2 互成平衡,即可用平衡方程由 y_2 求得 x_2,再用精馏段操作线方程由 x_2 求得 y_3,如此重复计算,直至计算到 $x_n \leqslant x_F$(仅指饱和液体进料的情况)时,表示第 n 层理论板是进料板(即提馏段第 1 层理论板),因此精馏段所需理论板数为 $n-1$。对其他进料热状况,应计算到 $x_n \leqslant x_q$,x_q 为两操作交点处的液相组成。在计算过程中,每使用一次平衡关系,表示需要一层理论板。

此后,可使用提馏段操作线方程和平衡方程,继续用与上述相同的方法求提馏段理论板数。因 $x_1' = x_n$(已知值),故可用提馏段操作线方程求 y_2',即:

$$y_2' = \frac{L + qF}{L + qF - W} x_1' - \frac{W}{L + qF - W} x_W$$

然后利用平衡方程由 y_2' 求 x_2',如此重复计算,直至计算到 $x_m' \leqslant x_W$ 为止。因对塔釜采用间接蒸气加热,再沸器内气、液两相视为平衡,再沸器相当于一层理论板,故提馏段所需理论板数为 $m-1$。精馏塔所需的总理论板数为 $n + m - 2$。

逐板计算法虽然计算过程比较繁琐,但是计算结果准确。若采用电子计算机进行逐板计算则十分方便。因此该法是计算理论板数的基本方法。

二、图解法

图解法求理论板数的基本原理与逐板计算法完全相同,即用平衡线和操作线分别代替平衡方程和操作线方程,将逐板计算法的计算过程改在 $x—y$ 图上图解进行。该法虽然结果准确性较差,但是计算过程简便、清晰,因此目前在两组分连续精馏计算中仍广为采用。

下面介绍图解法求理论板数的基本步骤和方法(参见图 1-15)。

(一)在 x—y 坐标图上作出平衡曲线和对角线

(二)在 x—y 图上作出操作线

如前所述,精馏段和提馏段操作线在 x—y 图上均为直线。根据已知条件分别求出二线的截距和斜率,便可作出这两条操作线。但实际作图时,是分别找出该两直线上的固定点,如操作线与对角线的交点及两操作线的交点等,然后分别作出两条操作线。

1.精馏段操作线的作法

若略去精馏段操作线方程中变量的下标,则该式变为:

$$y = \frac{R}{R+1}x + \frac{x_D}{R+1}$$

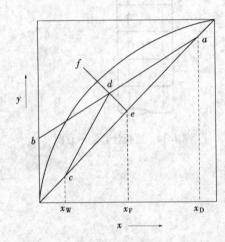

图 1-15　操作线与 q 线

上式与对角线方程 $y = x$ 联立求解,可得到精馏段操作线与对角线的交点,其坐标为 $x = x_D$、$y = x_D$,如图 1-15 中点 a 所示。该精馏段操作线的截距为 $x_D/(R+1)$,依此值定出在 y 轴的截距,如图 1-15 中点 b 所示。连接 a、b 两点的直线即为精馏段操作线。当然也可以从点 a 作斜率为 $R/(R+1)$ 的直线 ab,得到精馏段操作线。

2.提馏段操作线的作法

若略去提馏段操作线方程中变量的上、下标,则该方程式变为:

$$y = \frac{L+qF}{L+qF-W}x - \frac{W}{L+qF-W}x_W$$

上式与对角线方程 $y = x$ 联解,可得到提馏段操作线与对角线的交点坐标为 $x = x_W$、$y = x_W$,如图 1-15 上的点 c 所示。为了反映进料热状况的影响,通常先找出提馏段操作线与精馏段操作线的交点,将点 c 与此交点相连即可得到提馏段操作线。两操作线交点可由联解两操作线方程得到。

因在交点处两操作线方程中变量相同,故可略去式 1-26a 及式 1-29a 中有关变量的上、下标,即:

$$Vy = Lx + Dx_D$$

及　　　　　$$V'y = L'x - Wx_W$$

上两式相减,可得:

$$(V' - V)y = (L' - L)x - (Dx_D + Wx_W)$$

将式 1-34、式 1-33 及式 1-24a 代入上式,并整理可得:

$$y = \frac{q}{q-1}x - \frac{x_F}{q-1} \tag{1-36}$$

式 1-36 称为 q 线方程或进料方程,为代表两操作线交点的轨迹方程。该式也是直线方程。该线的斜率为 $q/(q-1)$,截距为 $-x_F/(q-1)$。q 线必与两操作线相交于一点。

式 1-36 与对角线方程 $y = x$ 联立,解得交点坐标为 $x = x_F$、$y = x_F$,如图 1-15 中的点 e 所示。过点 e 作斜率为 $q/(q-1)$ 的直线 ef,即为 q 线。q 线与精馏段操作段 ab 相交于点 d,连接 c、d 即得到提馏段操作线,如图 1-15 所示。

24

3.进料热状况对 q 线及操作线的影响

进料热状况不同，q 值不同，q 线的位置也就不同，故 q 线和精馏段操作线的交点随之而变，从而提馏段操作线的位置也相应变化。

不同进料热状况对 q 线的影响列于表 1-1 中。

表 1-1　进料热状况对 q 线的影响

进料热状况	进料的焓 I_F	q 值	q 线的斜率 $\dfrac{q}{q-1}$	q 线在 x—y 图上的位置
冷液体	$I_F < I_L$	>1	$+$	$ef_1(\nearrow)$
饱和液体	$I_F = I_L$	1	∞	$ef_2(\uparrow)$
气、液混合物	$I_L < I_F < I_V$	$0<q<1$	$-$	$ef_3(\nwarrow)$
饱和蒸气	$I_F = I_V$	0	0	$ef_4(\leftarrow)$
过热蒸气	$I_F > I_V$	<0	$+$	$ef_5(\swarrow)$

当进料组成 x_F、回流比 R 及分离要求（x_D 及 x_W）一定时，五种不同进料热状况对 q 线及操作线的影响如图 1-16 所示。

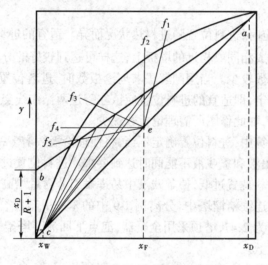

图 1-16　进料热状况对操作线的影响

(三)图解方法

理论板数的图解方法如图 1-17 所示。

由塔顶即图中点 $a(x=x_D,y=x_D)$ 开始，在平衡线和精馏段操作线之间作直角梯级，即首先从点 a 作水平线与平衡线交于点 1，点 1 表示离开第 1 层理论板的液、气组成（x_1,y_1），故由点 1 可定出 x_1。由点 1 作垂直线与精馏段操作线相交，交点 1′表示（x_1,y_2），即由交点 1′可定出 y_2。再由此点作水平线与平衡线交于点 2，可定出 x_2。这样，当在平衡线与精馏段操作线之间作水平线和垂直线所构成的梯级跨过两操作线交点 d 点时，则改用在提馏段操作线与平衡线间绘梯级，直至梯级的垂线达到或越过点 $c(x_W,y_W)$ 为止。图中平衡线上每一个梯级的顶点表示一层理论板。其中过点 d 的梯级为进料板，最后一个梯级为再沸器。

在图 1-17 中，图解结果为：梯级总数为 7，第 4 级跨过两操作线交点 d，即第 4 级为进料板，故精馏段理论板数为 3。因再沸器相当于一层理论板，故提馏段理论板数为 3。该分离过程需 6 层理论板(不包括再沸器)。

图解时也可从塔底点 c 开始绘梯级,所得结果基本相同。

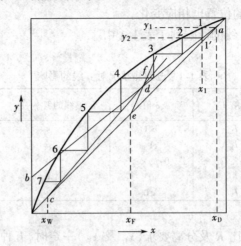

图 1-17　图解法求理论板数

(四)适宜进料位置

在进料组成 x_F 一定时,进料位置随进料热状况而异。适宜的进料位置一般应在塔内液相或气相组成与进料组成相同或相近的塔板上,这样可达到较好的分离效果,或者对一定的分离要求所需的理论板数较少。当用图解法求理论板数时,进料位置应由精馏段操作线与提馏段操作线的交点确定,即适宜的进料位置应该在跨过两操作线交点的梯级上,这是因为对一定的分离任务而言,如此作图所需理论板数最少。

在精馏塔的设计计算中,进料位置确定不当,将使理论板数增多;在实际操作中,进料位置不合适,一般将使馏出液和釜残液不能同时达到要求。进料位置过高,使馏出液中难挥发组分含量增高;反之,进料位置过低,使釜残液中易挥发组分含量增高。

[例1-10]　在常压连续精馏塔中,分离例 1-9 中的苯—甲苯混合液。全塔操作条件下物系的平均相对挥发度为 2.47,塔顶采用全凝器,泡点下回流。塔釜采用间接蒸汽加热,试用逐板计算法求理论板数。

解:由例 1-8 和例 1-9 知:

精馏段操作线方程为:

$$y = \frac{R}{R+1}x + \frac{x_D}{R+1} = 0.778x + 0.217 \tag{1}$$

q 线方程为:

$$y = \frac{q}{q-1}x - \frac{x_F}{q-1} = \frac{1.362}{1.362-1}x - \frac{0.44}{1.362-1}$$

$$= 3.76x - 1.215 \tag{2}$$

提馏段操作线方程为:

$$y = \frac{L'}{V'}x - \frac{W}{V'}x_W = 1.24x - 0.005\,7 \tag{3}$$

相平衡方程为:

$$x_n = \frac{y_n}{\alpha - (\alpha-1)y_n} = \frac{y_n}{2.47 - 1.47y_n} \tag{4}$$

因本题为冷液进料,计算中先用平衡方程和精馏段操作线方程进行逐板计算,直至 $x_n \leqslant x_q$(注意此时

x_q 不是 x_F)为止,然后利用提馏段操作线方程和平衡方程继续逐板计算,直至 $x_m \leqslant x_W$ 为止。

x_q 为 q 线和操作线的交点坐标,可由式(1)和式(2)联立解得:

$$x_q = 0.48$$

因塔顶采用全凝器,故

$$y_1 = x_D = 0.975$$

x_1 由平衡方程式(4)求得,即:

$$x_1 = \frac{0.975}{2.47 - 1.47 \times 0.975} = 0.940\ 4$$

y_2 由精馏段操作线方程式(1)求得,即:

$$y_2 = 0.778 \times 0.940\ 4 + 0.217 = 0.948\ 6$$

依上述方法逐板计算,当求得 $x_n \leqslant 0.48$ 时该板为进料板。然后改用提馏段操作线方程式(3)和平衡方程式(4)进行计算,直至 $x_m \leqslant 0.023\ 5$ 为止。计算结果列于本例附表中。

例 1-10　附表

序　　　号	y	x	备　　　注
1	0.975	0.940 4	
2	0.948 6	0.882 0	
3	0.903 2	0.790 7	
4	0.832 2	0.667 5	
5	0.736 3	0.530 6	
6	0.629 8	0.407 9 < x_q	(进料板)改用提馏段操作线方程
7	0.500 1	0.288 3	
8	0.351 8	0.180 2	
9	0.217 8	0.101 3	
10	0.119 9	0.052 27	
11	0.059 12	0.024 81	
12	0.025 06	0.010 30 < x_W	(再沸器)

计算结果表明,该分离过程所需理论板数为11(不包括再沸器),第6层为进料板。

[例 1-11]　在常压连续精馏塔中分离例1-9的苯—甲苯混合液,试用图解法求理论板数。

解:图解法求理论板数的步骤如下:

(1)在直线坐标图上利用平衡方程绘平衡曲线,并绘对角线,如本例附图所示。

(2)在对角线上定点 a(0.975,0.975),在 y 轴上截距为:

$$\frac{x_D}{R+1} = \frac{0.975}{3.5+1} = 0.216$$

据此在 y 轴上定出点 b,连接 ab 即为精馏段操作线。

(3)在对角线上定点 e(0.44,0.44),过点 e 作斜率为3.76的直线 ef,即为 q 线。q 线与精馏段操作线相交于点 d(q 线斜率由例1-10求出)。

(4)在对角线上定点 c(0.023 5,0.023 5),连接 cd,该直线即为提馏段操作线。

(5)当自点 a 开始在平衡线和精馏段操作线间由水平线和垂直线所构成的梯级跨过点 d 后更换操作线,即在平衡线和提馏段操作线间绘梯级,直到梯级达到或跨过点 c 为止。

图解结果所需理论板数为11(包括再沸器),自塔顶往下的第5层为进料板。

图解结果与上例逐板计算的结果是基本一致的。

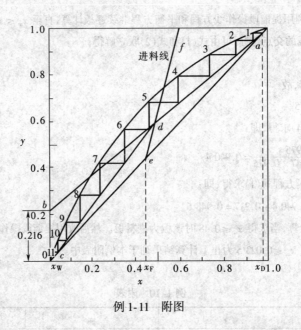

例 1-11 附图

1.5.5 回流比的影响及选择

前已指出,回流是保证精馏塔连续定态操作的基本条件,因此回流比是精馏过程的重要变量,它的大小影响精馏的投资费用和操作费用,也影响精馏塔的分离程度。在精馏塔的设计中,对于一定的分离任务(α、F、x_F、q、x_D 及 x_W 一定),设计者应选定适宜的回流比。

回流比有两个极限值,上限为全回流(即回流比为无穷大),下限为最小回流比,适宜回流比介于两极限值之间的某一适宜值。

一、全回流和最少理论板数

精馏塔塔顶上升蒸气经全凝器冷凝后,冷凝液全部回流至塔内,这种回流方式称为全回流。在全回流操作下,塔顶产品量 D 为零,通常进料量 F 和塔底产品量 W 均为零,即既不向塔内进料,也不从塔内取出产品。此时生产能力为零,因此对正常生产无实际意义。但在精馏操作的开工阶段或在实验研究中,多采用全回流操作,这样便于过程的稳定控制和比较。全回流时回流比为:

$$R = \frac{L}{D} = \frac{L}{0} = \infty$$

因此,精馏段操作线的斜率 $R/(R+1)$ 为 1,在 y 轴上的截距 $x_D/(R+1)$ 为零。此时在 x—y 图上,精馏段操作线及提馏段操作线与对角线重合,全塔无精馏段和提馏段之区分。全回流时操作线方程可写为:

$$y_{n+1} = x_n$$

全回流时操作线距平衡线最远,表示塔内气、液两相间的传质推动力最大,因此对于一定的分离任务而言,所需的理论板数为最少,以 N_{min} 表示。

N_{min} 可由在 x—y 图上平衡线和对角线之间绘梯级求得,同样也可用平衡方程和对角线方程逐板计算得到。后者可推导得到求算 N_{min} 的解析式，称为芬斯克方程，即：

$$N_{min} = \frac{\lg\left[\left(\frac{x_D}{1-x_D}\right)\left(\frac{1-x_W}{x_W}\right)\right]}{\lg \alpha_m} - 1 \tag{1-37}$$

式中　N_{min}——全回流时的最少理论板数(不包括再沸器)；

　　　α_m——全塔平均相对挥发度，可近似取塔顶和塔底 α 的几何均值，为简化计算也可取它们的算术均值。

二、最小回流比

如图 1-18 所示，对于一定的分离任务，若减小回流比，精馏段操作线的斜率变小，两操作线的位置向平衡线靠近，表示气、液两相间的传质推动力减小，因此对特定分离任务所需的理论板数增多。当回流比减小到某一数值后，使两操作线的交点 d 落在平衡曲线上时，图解时不论绘多少梯级都不能跨过点 d，表示所需的理论板数为无穷多，相应的回流比即为最小回流比，以 R_{min} 表示。

在最小回流比下，两操作线和平衡线的交点 d 称为夹点，而在点 d 前后各板之间(通常在进料板附近)区域气、液两相组成基本上没有变化，即无增浓作用，故此区域称恒浓区(又称夹紧区)。

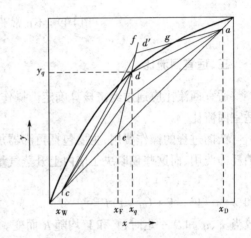

图 1-18　最小回流比的确定

应指出，最小回流比是对于一定料液为达到一定分离程度所需回流比的最小值。实际操作回流比应大于最小回流比，否则不论用多少理论板都不能达到规定的分离程度。当然在精馏操作中，因塔板数已固定，不同回流比下将达到不同的分离程度，因此 R_{min} 也就无意义了。

最小回流比的求法，通常依据平衡曲线的形状，分为以下两种情况。

(1)正常平衡曲线(无拐点)如图 1-18 所示，夹点出现在两操作线与平衡线的交点，此时精馏段操作线的斜率为：

$$\frac{R_{min}}{R_{min}+1} = \frac{x_D - y_q}{x_D - x_q} \tag{1-38}$$

将上式整理，可得：

$$R_{min} = \frac{x_D - y_q}{y_q - x_q} \tag{1-38a}$$

式中 x_q、y_q 为 q 线与平衡线的交点坐标，可由图中读得。

(2)不正常平衡曲线(有拐点，即平衡线有下凹部分)如图 1-19 所示，此种情况下夹点可能在两操作线与平衡线交点前出现，如该图(a)的夹点 g 先出现在精馏段操作线与平衡线相切的位置，所以应根据此时的精馏段操作线斜率求 R_{min}。该图(b)的夹点先出现在提馏段操作线与平衡线相切的位置，同样，应根据此时的提馏段操作线斜率求得 R_{min}。

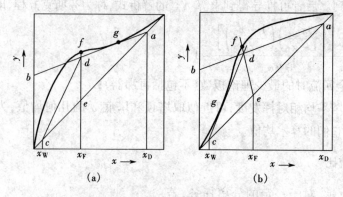

图 1-19 不正常平衡曲线的 R_{min} 的确定

三、适宜回流比

适宜回流比应通过经济核算确定。操作费用和投资费用之和为最低时的回流比,称为适宜回流比。

精馏过程的操作费用,主要包括再沸器加热介质消耗量、冷凝器冷却介质消耗量及动力消耗等费用,而这些量取决于塔内上升蒸气量,即:

$$V = (R + 1)D$$

和

$$V' = V + (q - 1)F$$

故当 F、q 和 D 一定时,V 和 V' 均随 R 而变。当回流比 R 增加时,加热及冷却介质用量随之增加,精馏操作费用增加。操作费和回流比的大致关系如图 1-20 中曲线 2 所示。

精馏过程的设备主要包括精馏塔、再沸器和冷凝器,若设备的类型和材料一经选定,则此项费用主要取决于设备的尺寸。当回流比为最小回流比时,需无穷多理论板数,故设备费为无穷大。当 R 稍大于 R_{min} 时,所需理论板数即变为有限数,设备费急剧减小。但随着 R 的进一步增加,所需理论板数减少的趋势变缓,N 和 R 的关系如图 1-21 所示。同时因 R 的增大,即 V 和 V' 的增加,而使塔径、塔板尺寸及再沸器和冷凝器的尺寸均相应增大,所以在 R 增大至某值后,设备费反而增加。设备费和 R 的大致关系如图 1-20 中曲线 1 所示。总费用为设备费和操作费之和,它与 R 的大致关系如图 1-20 中曲线 3 所示。曲线 3 最低点对应的回流比即为适宜回流比(即最佳回流比)。

在精馏设计计算中,一般不进行经济衡算,操作回流比可取经验值。根据生产数据统计,适宜回流比的范围可取为 $R = (1.1 \sim 2)R_{min}$。   (1-39)

[**例 1-12**] 在常压连续精馏塔中分离苯—甲苯混合液。原料液组成为 0.4(苯的摩尔分数,下同),馏出液组成为 0.95,釜残液组成为 0.05。操作条件下物系的平均相对挥发度为 2.47。试分别求以下两种进料热状况下的最小回流比:(1)饱和液体进料;(2)饱和蒸气进料。

解:(1)饱和液体进料

最小回流比可由下式计算:

$$R_{min} = \frac{x_D - y_q}{y_q - x_q}$$

因饱和液体进料,上式中的 x_q 和 y_q 分别为:

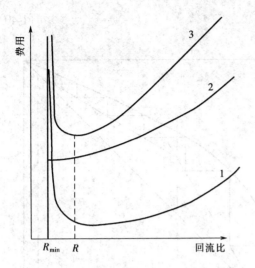

图 1-20 适宜回流比的确定

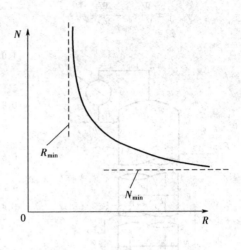

图 1-21 N 和 R 的关系

$$x_q = x_F = 0.4$$

$$y_q = y_F = \frac{\alpha x_F}{1 + (\alpha - 1) x_F} = \frac{2.47 \times 0.4}{1 + (2.47 - 1) \times 0.4} = 0.622$$

故 $$R_{min} = \frac{0.95 - 0.622}{0.622 - 0.4} = 1.48$$

(2)饱和蒸气进料

在求 R_{min} 的计算式中，x_q 和 y_q 分别为：

$$y_q = x_F = 0.4$$

$$x_q = \frac{y_q}{\alpha - (\alpha - 1) y_q} = \frac{0.4}{2.47 - 1.47 \times 0.4} = 0.213$$

故 $$R_{min} = \frac{0.95 - 0.4}{0.4 - 0.213} = 2.94$$

计算结果表明，不同进料热状况下，R_{min} 值是不相同的，一般热进料时的 R_{min} 较冷进料时的 R_{min} 为高。

1.5.6 直接蒸汽加热精馏塔的计算

当欲分离的混合物为水溶液，且水为难挥发组分时，可采用直接蒸汽加热方式，以提高传热效果，并节省再沸器。但是由于精馏塔中加入水蒸气，使从塔底排出的水量增加，当 x_W 一定时，随釜残液带出的易挥发组分量相应增加，使其回收率降低。若保持易挥发组分的回收率不变，必须要求 x_W 降低，致使提馏段理论板数略有增加。

直接蒸汽加热时理论板数的求法原则上与间接蒸汽加热时的求法相同。精馏段操作线和 q 线都不变。由于塔底增加了一股蒸汽，故提馏段操作线方程应予修正。

对图 1-22 所示的提馏段范围内作物料衡算，即：

总物料 $\qquad L' + V_0 = V' + W$

易挥发组分 $\qquad L' x'_m = V' y'_{m+1} + W x_W$

式中 V_0 为直接加热蒸汽流量，kmol/h。

若塔内仍为恒摩尔流动，则 $V' = V_0$，$L' = W$，所以提馏段操作线方程可写为：

$$y'_{m+1} = \frac{W}{V_0} x'_m - \frac{W}{V_0} x_W \qquad (1-40)$$

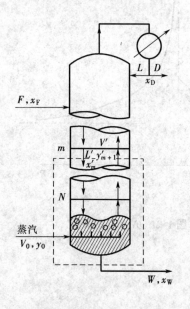

图 1-22　直接蒸汽加热精馏塔

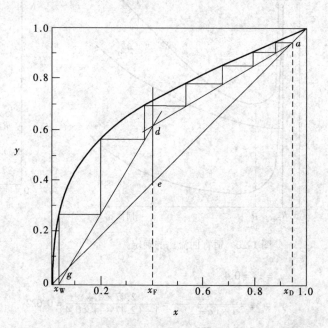

图 1-23　直接蒸汽加热时理论板数的图解法

由式 1-40 可见，直接蒸汽加热时提馏段操作线方程与间接蒸汽加热时的形式相同，它和精馏段操作线的交点轨迹方程仍是 q 线方程，但它与对角线的交点不在点 $c(x_W, y_W)$ 上。根据式 1-40，当 $x'_m = x_W$ 时，$y'_{m+1} = 0$，因此提馏段操作线应通过 $x—y$ 图横轴上 $x = x_W$ 的点，如图 1-23 中的 g 点，连接 dg，该线即为提馏段操作线。此后，便可从点 a 开始绘梯级，直至 $x'_m \leqslant x_W$ 为止，如图 1-23 所示。

1.5.7　塔高和塔径的计算

一、塔高的计算

精馏塔有板式塔和填料塔两类。对于板式精馏塔，首先根据全塔效率将理论板数折算为实际板数，然后由实际板数和板间距计算精馏塔塔高。对于填料精馏塔，则需已知等板高度（相当于一层理论板的填料层高度），然后由理论板数和等板高度相乘即可求得填料层高度。由上述方法计算得到的塔高均是精馏塔的有效塔高，不包括精馏塔塔釜和塔顶空间等所需的其他高度。

（一）板效率和板式塔高度

当气、液两相在实际板上接触传质时，一般不能达到平衡状态，因此实际板数总应多于理论板数。理论板只是衡量实际板分离效果的标准。实际板偏离理论板的程度用塔板效率表示。塔板效率有多种表示方法，常用的有点效率、单板效率和总板（全塔）效率，以下介绍后两种效率。

1.单板效率 E_M

单板效率又称默弗里板效率,它用气相(或液相)经过一实际板时组成的变化与经过一理论板时组成变化的比值来表示。对任意的第 n 层塔板,单板效率可分别用气相或液相表示,即:

$$E_{MV} = \frac{y_n - y_{n+1}}{y_n^* - y_{n+1}} \tag{1-41}$$

$$E_{ML} = \frac{x_{n-1} - x_n}{x_{n-1} - x_n^*} \tag{1-42}$$

式中　E_{MV}——气相默弗里效率;

　　　E_{ML}——液相默弗里效率;

　　　y_n^*——与 x_n 成平衡的气相组成,摩尔分数;

　　　x_n^*——与 y_n 成平衡的液相组成,摩尔分数。

单板效率一般通过实验测定得到。

应予指出,单板效率可反映该层塔板的传质效果,因此各层塔板的单板效率通常并不相等,即使塔内各板效率相等,全塔效率在数值上也不等于单板效率。这是因为两者的定义并不相同,单板效率是基于该板理论增浓程度,而全塔效率是基于理论板数的概念。

2.全塔效率

全塔效率又称总板效率,是指一定分离任务下所需理论板数和实际板数的比值,即:

$$E_T = \frac{N_T}{N_P} \times 100\% \tag{1-43}$$

式中　E_T——全塔效率,%;

　　　N_T——理论板数;

　　　N_P——实际板数。

全塔效率反映全塔各层塔板的平均效率(注意不是全塔各板单板效率的平均值),其值恒低于100%。若已知在一定操作条件下的全塔效率,则可由式1-43求得实际板数。

由于影响塔效率的因素很多,且非常复杂,因此目前还不能用纯理论公式计算全塔效率。设计时一般全塔效率可用经验或半经验公式估算,也可采用生产实际或经验数据。

3.塔高的计算

板式塔的有效高度是指气、液接触段的高度,其值依据板间距而定,即:

$$z = (N_P - 1)H_T \tag{1-44}$$

式中　z——板式塔有效高度,m;

　　　H_T——两相邻塔板间的距离,m。

板间距 H_T 为经验值,通常由设计者选定。具体选择方法见第3章。

(二)理论板当量高度和填料层高度

若精馏操作在填料塔中进行,为计算所需的填料层高度,常引入理论板当量高度的概念。

假想在填料塔内,将填料层分为若干个高度单元,每一单元的作用相当于一层理论板,即气、液通过这一高度单元后,上升蒸气和下降液体互成平衡。此单元填料高度称为理论板当量高度,又称等板高度,以 $HETP$ 表示。因此填料层高度为:

$$z = N_T(HETP) \tag{1-45}$$

等板高度的数值反映了填料的传质性能,其值与板效率一样,与许多因素有关。目前在设计中等板高度多利用生产实测或经验数据,有时也采用经验公式估算。

[例 1-13] 在连续操作的板式精馏塔中,分离某两组分理想溶液。在全回流下测得塔中相邻两层塔板下降液相的组成分别为 0.38 和 0.26(摩尔分数),试求其中下一层塔板的单板效率(以气相表示)。在实验条件和组成范围内,气液平衡关系可表示为:

$$y^* = 1.25x + 0.09$$

解:相邻两板中下一板的单板效率可表示为:

$$E_{\mathrm{MV},n} = \frac{y_n - y_{n+1}}{y_n^* - y_{n+1}}$$

因在全回流下操作,故操作线方程为:

$$y_{n+1} = x_n$$

依据已知的液相组成,可得:

$$y_{n+1} = x_n = 0.26$$

$$y_n = x_{n-1} = 0.38$$

而

$$y_n^* = 1.25 \times 0.26 + 0.09 = 0.415$$

故

$$E_{\mathrm{MV},n} = \frac{0.38 - 0.26}{0.415 - 0.26} = 0.77 = 77\%$$

二、塔径的计算

精馏塔的塔径可由上升蒸气的体积流量和空塔气速计算,即:

$$D = \sqrt{\frac{4V_\mathrm{s}}{\pi u}} \tag{1-46}$$

式中 D——塔内径,m;

　　　　u——空塔气速,m/s;

　　　　V_s——塔内上升蒸气的体积流量,m³/s。

适宜的空塔气速通常取为液泛气速的 0.6~0.8。液泛气速是精馏操作的上限气速,其值与塔型(板式塔还是填料塔)、结构尺寸、物系性质及操作条件等因素有关。具体计算方法见第 3 章。

精馏塔内上升蒸气体积流量可由下式计算,即:

$$V_\mathrm{s} = \frac{VM_\mathrm{m}}{3\,600\rho_\mathrm{V}} \tag{1-47}$$

式中 V——塔内上升蒸气摩尔流量,kmol/h;

　　　　M_m——上升蒸气平均摩尔质量,kg/kmol;

　　　　ρ_V——上升蒸气的平均密度,kg/m³。

若操作压强较低,气相可视为理想气体混合物,则:

$$V_\mathrm{s} = \frac{22.4V}{3\,600} \frac{Tp_0}{T_0 p} \tag{1-48}$$

式中 T、T_0——分别为操作的平均温度和标准状况下的热力学温度,K;

　　　　p、p_0——分别为操作的平均压强和标准状况下的压强,Pa。

由于精馏塔内精馏段和提馏段的上升蒸气体积流量可能不同,因此两段的塔径应分别计算,计算结果通常取其中大值,并按容器标准圆整后作为精馏塔的塔径。

[例 1-14]　在连续操作的板式精馏塔中,分离某两组分理想溶液。原料液流量为 45 kmol/h,组成为 0.3(易挥发组分的摩尔分数,下同),泡点下进料。馏出液组成为 0.95,釜残液组成为 0.025。操作回流比为 2.5,图解所需理论板数为 21(包括再沸器)。全塔效率为 50%,空塔气速为 0.8 m/s,板间距为 0.4 m,全塔平均操作温度为 62 ℃,平均压强为 101.33 kPa。试求塔的有效高度和塔径。

解:(1)塔的有效高度

实际板数为:

$$N_P = \frac{N_T - 1}{E_T} = \frac{21 - 1}{0.5} = 40$$

塔的有效高度为:

$$z = (N_P - 1)H_T = (40 - 1) \times 0.4 = 15.6 \text{ m}$$

(2)塔径

因泡点进料,$q = 1$,则:

$$V' = V = (R + 1)D$$

由精馏塔物料衡算,得:

$$D + W = F = 45 \tag{1}$$

$$0.95D + 0.025W = 45 \times 0.3 \tag{2}$$

联立式(1)和式(2),解得:

$$D = 13.38 \text{ kmol/h}$$

$$W = 31.62 \text{ kmol/h}$$

$$V = V' = (2.5 + 1) \times 13.38 = 46.83 \text{ kmol/h}$$

上升蒸气体积流量为:

$$V_s = \frac{22.4V}{3\,600}\frac{Tp_0}{T_0 p} = \frac{22.4 \times 46.83}{3\,600} \times \frac{(273 + 62)}{273} \times \frac{101.33}{101.33} = 0.358 \text{ m}^3/\text{s}$$

塔径为:

$$D = \sqrt{\frac{4V_s}{\pi u}} = \sqrt{\frac{4 \times 0.358}{\pi \times 0.8}} = 0.76 \text{ m}$$

圆整塔径,可取为 $D = 0.8$ m。

1.5.8　精馏装置的热量衡算

精馏装置主要包括精馏塔、再沸器和冷凝器。根据要求可对精馏装置的不同范围进行热量衡算,以求得再沸器和冷凝器的热负荷、加热及冷却介质的消耗量等。

一、再沸器的热量衡算

对前面图 1-9 所示的再沸器作热量衡算,可得:

$$Q_B = V'I_{VW} + WI_{LW} - L'I_{Lm} + Q_L \tag{1-49}$$

式中　Q_B——再沸器的热负荷,kJ/h;

Q_L——再沸器的热损失,kJ/h;

I_{VW}——再沸器中上升蒸气的焓,kJ/kmol;

I_{LW}——釜残液的焓,kJ/kmol;

I_{Lm}——提馏段底部流出液体的焓,kJ/kmol。

若近似取 $I_{LW} = I_{Lm}$，且 $V' = L' - W$，则：

$$Q_B = V'(I_{VW} - I_{LW}) + Q_L \qquad (1-50)$$

加热介质消耗量可由下式计算，即：

$$W_h = \frac{Q_B}{I_{B,1} - I_{B,2}} \qquad (1-51)$$

式中　W_h——加热介质消耗量，kg/h；

　　　$I_{B,1}$、$I_{B,2}$——分别为加热介质进、出再沸器的焓，kJ/kg。

若用饱和蒸汽加热，且冷凝液在饱和温度下排出，则加热蒸汽消耗量可按下式计算，即：

$$W_h = \frac{Q_B}{r} \qquad (1-52)$$

式中 r 为加热蒸汽的汽化热，kJ/kg。

二、冷凝器的热量衡算

对前面图 1-9 所示的全凝器作热量衡算，若忽略热损失，则可得：

$$Q_C = VI_{VD} - (LI_{LD} + DI_{LD})$$

因 $V = L + D = (R+1)D$，代入上式得：

$$Q_C = (R+1)D(I_{VD} - I_{LD}) \qquad (1-53)$$

式中　Q_C——全凝器的热负荷，kJ/h；

　　　I_{VD}——塔顶上升蒸气的焓，kJ/kmol；

　　　I_{LD}——馏出液的焓，kJ/kmol。

冷却介质消耗量可按下式计算，即：

$$W_c = \frac{Q_C}{c_{pc}(t_2 - t_1)} \qquad (1-54)$$

式中　W_c——冷却介质消耗量，kg/h；

　　　c_{pc}——冷却介质的平均比热容，kJ/(kg·℃)；

　　　t_1、t_2——分别为冷却介质在冷凝器的进、出口温度，℃。

[例 1-15]　分离例 1-9 中的苯—甲苯混合液，若再沸器间接蒸汽加热，加热蒸汽绝压为 200 kPa，冷凝液在饱和温度下排出，再沸器热损失为 1.5×10^6 kJ/h。塔顶采用全凝器，泡点下回流，冷却水进、出口温度分别为 25 ℃和 35 ℃，冷凝器的热损失可忽略。试求：

(1)再沸器的热负荷和加热蒸汽消耗量；

(2)全凝器的热负荷和冷却水消耗量。

苯和甲苯的汽化热见例 1-9，冷却水的平均比热容可取为 4.187 kJ/(kg·℃)。

解：由例 1-9 知精馏段和提馏段上升蒸气流量分别为：

$$V = (R+1)D = (3.5+1) \times 51.0 = 230 \text{ kmol/h}$$

$$V' = V + (q-1)F = 230 + (1.362-1) \times 116.6 = 272.2 \text{ kmol/h}$$

(1)再沸器的热负荷和加热蒸汽消耗量

由式 1-50 计算再沸器的热负荷，即：

$$Q_B = V'(I_{VW} - I_{LW}) + Q_L$$

因釜残液几乎为纯甲苯，故 $I_{VW} - I_{LW}$ 可取为纯甲苯的汽化热，即：

$$I_{VW} - I_{LW} = r' = 360 \times 92 = 33\,120 \text{ kJ/kmol}$$

36

所以 $\quad Q_B = 272.2 \times 33\,120 + 1.5 \times 10^6 = 1.05 \times 10^7 \text{ kJ/h}$

由附录查得绝压为 200 kPa 时蒸汽的汽化热为 2 205 kJ/kg,故加热蒸汽消耗量为:

$$W_h = \frac{Q_B}{r} = \frac{1.05 \times 10^7}{2\,205} = 4\,760 \text{ kg/h}$$

(2)冷凝器热负荷和冷却水消耗量

由式 1-53 计算冷凝器热负荷,即:

$$Q_C = V(I_{VD} - I_{LD})$$

因馏出液近似为纯苯,且回流液在饱和温度下进入塔内,则:

$$I_{VD} - I_{LD} = r = 389 \times 78 = 30\,340 \text{ kJ/kmol}$$

所以 $\quad Q_C = 230 \times 30\,340 = 6.98 \times 10^6 \text{ kJ/h}$

冷却水消耗量为:

$$W_c = \frac{Q_C}{c_{pc}(t_2 - t_1)} = \frac{6.98 \times 10^6}{4.187(35 - 25)} = 1.67 \times 10^5 \text{ kg/h}$$

1.5.9　精馏塔的操作型计算

一、影响精馏操作的主要因素

精馏塔操作的基本要求是在连续定态和最经济的条件下使该装置具有较大的生产能力(处理更多的原料液),并能达到预定的分离要求(规定的产品组成或回收率)。

通常,对特定的精馏塔和物系,影响精馏操作的因素有:①塔操作压强;②进、出塔的物料流量;③回流比;④进料组成和热状况;⑤再沸器和冷凝器的传热性能和条件;⑥设备散热情况等。可见影响精馏操作的因素十分复杂,并相互制约。以下简要分析其中主要因素。

1.物料平衡的影响和制约

根据精馏塔的全塔衡算可知,对于一定的原料液流量 F 和组成 x_F,只要规定了分离程度 x_D 和 x_W,则馏出液流量 D 和釜残液流量 W 也就被确定了。而 x_D 和 x_W 决定于气液平衡关系(α)、x_F、q、R 和 N_T(适宜的进料位置)等,因此 D 和 W 或采出率 D/F 和 W/F 只能根据 x_D 和 x_W 来确定,不能任意增减,否则进、出塔的两个组分的量不平衡,导致塔内组成变化,操作波动,使操作不能达到预期的分离要求。

2.回流比和回流液温度的影响

回流比是影响精馏塔分离效果的重要因素,生产中经常用回流比来调控产品的质量。例如,当回流比增大时,塔内气、液传质推动力增加,在一定理论板数下使馏出液组成变大,釜残液组成变小。反之,当回流比减小时,x_D 减小而 x_W 增大,即分离效果变差。

回流液温度的变化会引起塔内蒸气量的变化,如回流液温度低于泡点时,上升到塔顶的第一板的蒸气将有一部分被冷凝,以放出潜热将回流液加热到泡点。这部分冷凝液成为塔内回流液中的一部分,称为内回流。内回流增加了塔内气、液两相流量,提高了分离效果,但同时能量消耗相应加大。

回流比变化或回流液温度改变时,再沸器和冷凝器的传热负荷也相应地发生变化。此外还应考虑气、液负荷改变后塔效率是否可保持正常,若塔效率下降,此时应减小原料液流量。

3.进料组成和进料热状况的影响

当进料状况(x_F 和 q)发生变化时,应适当改变进料位置,否则将引起馏出液组成和釜残液组成的变化。一般精馏塔常设几个进料口,以适应生产中进料状况的变化,使精馏过程在适宜的进料位置下进行。

对特定的精馏塔,若 x_F 减小,将使 x_D 和 x_W 均减小,欲保持 x_D 不变,则应增大回流比。

二、精馏过程的操作型计算

以上对精馏过程的主要影响因素作了定性分析,若需要定量计算(或估算)时,则所用的计算基本方程或关系与设计型计算的完全相同,不同之处在于操作型计算更为繁杂,这是由于众多变量之间呈非线性关系,一般都用试差计算或试差作图方法求得结果。通常,精馏过程的操作型计算在生产中可用来预估:操作条件(因素)改变时,产品质量和采出量的变化;为保证产品质量应该采取什么措施等。

第6节　间歇精馏

间歇精馏又称分批精馏。操作时原料液一次加入蒸馏釜中,并受热汽化,产生的蒸气自塔底逐板上升,与回流的液体在塔板上进行热、质传递。自塔顶引出的蒸气经冷凝器冷凝后,一部分作为塔顶产品,另一部分作为回流送回塔内。精馏过程一般进行到釜残液组成或馏出液的平均组成达到规定值为止,然后放出釜残液,重新加料进行下一批操作。

间歇精馏通常有两种典型的操作方式。

1)恒回流比操作　当采用这种操作方式时,随精馏过程的进行,塔顶馏出液组成和釜残液组成均随时间不断地降低。

2)恒馏出液组成操作　因在精馏过程中釜残液组成随时间不断地下降,所以为了保持馏出液组成恒定,必须不断地增大回流比,精馏终了时,回流比达到最大值。

在实际生产中,常将以上两种操作方式联合进行。在精馏初期,采用逐步加大回流比的操作,以保持馏出液组成近于恒定;在精馏后期,保持恒回流比的操作,将所得馏出液组成较低的产品作为次级产品,或将它加入下一批料液中再次精馏。操作方式不同,计算方法也有区别。

与连续精馏相比,间歇精馏有以下特点。

(1)间歇精馏为非定态操作。在精馏过程中,塔内各处的组成和温度等均随时间而变,从而使过程计算变得更为复杂。

(2)间歇精馏塔只有精馏段。若要得到与连续精馏时相同的塔顶及塔底组成,则需要更高的回流比和更多的理论板,需要消耗更多的能量。

(3)塔内存液量对精馏过程及产品的组成和产量都有影响。为减少塔的存液量,间歇精馏宜采用填料塔。

间歇精馏适用于小批量、多品种的生产或实验场合,也适用于多组分的初步分离。

一、恒回流比的间歇精馏

恒回流比下间歇精馏计算的主要内容是已知原料液量 F 和组成 x_F、釜残液的最终组成 x_{We} 和馏出液的平均组成 x_{Dm},确定适宜的回流比和理论板数等。计算方法在原则上与连续精馏的相同。

（一）确定理论板数

1.计算最小回流比和确定适宜回流比

恒回流比下间歇精馏时,馏出液组成与釜残液组成具有对应的关系。一般按操作初始条件计算 $R_{\min}$,即釜残液的组成为 x_F,最初馏出液组成为 x_{D1}(此值高于馏出液平均组成,由设计者假定),则:

$$R_{\min} = \frac{x_{D1} - y_F}{y_F - x_F}$$

式中 y_F 为与 x_F 呈平衡的气相组成,摩尔分数。

操作回流比可取为最小回流比的某一倍数,即 $R = (1.1 \sim 2)R_{\min}$。

2.图解法求理论板数

在 $x—y$ 图上,由 x_{D1} 和 R 可绘出精馏段操作线,然后由点 a 开始绘梯级,直至 $x_n \leqslant x_F$ 为止,如图 1-24 所示。图中表示需要 3 层理论板(包括再沸器)。

（二）对一定的理论板数,确定操作瞬间的 x_D 和 x_W 的关系

由于 R 恒定,因此各操作瞬间的操作线的斜率 $R/(R+1)$ 都相同,各操作线彼此平行。若已知某瞬间的馏出液组成 x_{Di},则通过点 (x_{Di}, x_{Di}) 作一系列斜率为 $R/(R+1)$ 的平行线,这些直线分别为对应某 x_{Di} 的瞬间操作线;然后在平衡线和各操作线间绘梯级,使其等于规定的理论板数,最后一个梯级所达到的液相组成即为与 x_{Di} 相对应的 x_{Wi} 值,如图 1-25 所示。

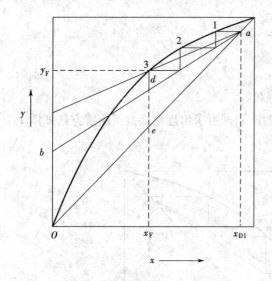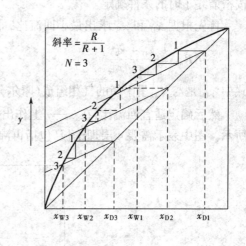

图 1-24　恒回流比间歇精馏理论板数的确定　　图 1-25　恒回流比间歇精馏时 x_D 和 x_W 的关系

（三）对一定的理论板数,确定 x_D(或 x_W)与 W、D 间的关系

恒回流比下间歇精馏时,x_D(或 x_W)与 W、D 间的关系应通过微分衡算得到。其结果与简单蒸馏时导出的式 1-21 完全相同,仅需将式 1-21 中的 y 和 x 用瞬间的 x_D 和 x_W 代替,即:

$$\ln \frac{F}{W_e} = \int_{x_{We}}^{x_F} \frac{\mathrm{d}x_W}{x_D - x_W} \tag{1-55}$$

式中 W_e 为与釜液组成 x_{We} 相应的釜液量,kmol。

式 1-55 中 x_D 和 x_W 均为变量,它们之间的关系可由上述第(二)项作图法求出,积分值可用图解积分或数值积分求得,从而可求得任一 x_{We} 下的 W 值。

若已知 W_e 和 x_{We},则可由一批操作的物料衡算求得 D 和 x_{Dm},即

$$F = D + W_e \tag{1-56}$$

$$Fx_F = Dx_{Dm} + W_e x_{We} \tag{1-56a}$$

一批操作中塔釜的总汽化量为:

$$V = (R+1)D$$

根据汽化总量和一批操作的时间,可以求得汽化速率、塔径和蒸馏釜的传热面积。

二、恒馏出液组成的间歇精馏

恒馏出液组成的间歇精馏的计算内容与恒回流比的计算内容相似,一般已知 F、x_F、x_D 和 x_W,计算 D、W、R 和 N_T。

1. 确定 D 和 W

D 和 W 可由式 1-56 和式 1-56a 求得。

2. 确定 R 和 N_T

对于恒 x_D 的间歇精馏,在操作过程中 x_W 不断降低,使分离变得困难,因此 R 和 N_T 应按精馏终了时的条件确定。

首先根据 x_D 和 x_{We} 求出最小回流比,即:

$$R_{min} = \frac{x_D - y_{We}}{y_{We} - x_{We}}$$

式中 y_{We} 是与 x_{We} 呈平衡的气相组成(摩尔分数)。

然后确定适宜回流比,在 x—y 上作出操作线,即可求出理论板数。图解方法如图 1-26 所示。图中表示需要 4 层理论板(包括再沸器)。

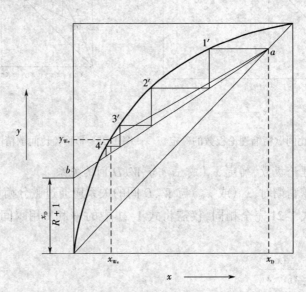

图 1-26 恒 x_D 间歇精馏时 N_T 的确定

第7节　恒沸精馏和萃取精馏

生产中若待分离物系中两组分的挥发度非常接近，为完成一定分离任务所需塔板数很多，这样可能在经济上不合适或在操作上难于实现；又若待分离的物系是恒沸液，则根本不能用普通精馏方法实现完全的分离。对此，一般可采用恒沸精馏或萃取精馏的方法，以分离上述混合液。这两种特殊精馏的基本原理都是在物系中加入第三组分，使待分离的原组分之间的挥发度增大，得以分离。本节仅讨论它们的流程和特点。

1.7.1　恒沸精馏

在混合液(恒沸液)中加入第三组分(称为夹带剂)，该组分与原混合液中的一个或两个组分形成新的恒沸液，且其沸点较原组分和原恒沸液的沸点更低，使组分间相对挥发度增大，从而使原料液能用普通精馏的方法予以分离，这种精馏方法称为恒沸精馏。

用苯作为夹带剂，从工业乙醇中制取无水乙醇是恒沸精馏的典型例子。乙醇与水形成共沸液(常压下恒沸点为 78.15 ℃，恒沸组成为 0.894)，用普通精馏只能得到乙醇含量接近恒沸组成的工业乙醇，不能得到无水乙醇。若在原料液中加入苯，可形成苯、乙醇及水的三元最低恒沸液，常压下其恒沸点为 64.6 ℃，恒沸组成为含苯 0.554、乙醇 0.230、水 0.226(均为摩尔分数)。制取无水乙醇的工艺流程如图 1-27 所示。原料液与苯进入恒沸精馏塔 1 中，塔底得到无水乙醇产品，塔顶蒸出苯—乙醇—水三元恒沸物，在冷凝器 4 中冷凝后，部分液相回流至塔内，其余的进入分层器 5 中，上层为富苯层，返回塔 1 作为补充回流，下层为富水层(含少量苯)。富水层进入苯回收塔 2 顶部，塔 2 顶部引出的蒸气也进入冷凝器 4 中，底部的稀乙醇溶液进入乙醇回收塔 3 中。塔 3 中的塔顶产品为乙醇—水恒沸液，送回塔 1 作

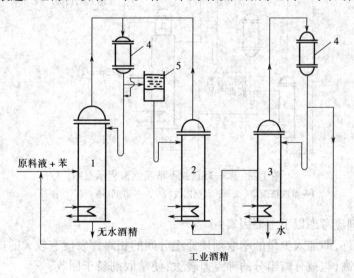

图 1-27　工业乙醇恒沸精馏流程示意图

1—恒沸精馏塔　2—苯回收塔　3—乙醇回收塔　4—冷凝器　5—分层器

为原料。在精馏过程中,苯是循环使用的,但要损失一部分,故需及时补充。

恒沸精馏的关键是选择合适的夹带剂。对夹带剂的主要要求是:①形成新的恒沸液沸点低,与被分离组分的沸点差大,一般两者沸点差不小于 10 ℃;②新恒沸液所含夹带剂少,这样夹带剂用量与汽化量均少,热量消耗低;③新恒沸液宜为非均相混合物,可用分层法分离夹带剂;④使用安全、性能稳定、价格便宜等。

1.7.2 萃取精馏

萃取精馏也是在待分离的混合液加入第三组分(萃取剂或溶剂),以改变原组分间的相对挥发度而得到分离的。不同的是萃取剂的沸点较原料液中各组分的沸点要高,且不与组分形成恒沸液。

萃取精馏常用于分离相对挥发度近于 1 的物系(组分沸点十分相近)。例如苯与环己烷的沸点(分别为 80.1 ℃ 和 80.73 ℃)十分接近,难于用普通精馏方法予以分离。若在苯—环己烷溶液中加入萃取剂糠醛(沸点为 161.7 ℃),由于糠醛分子与苯分子间的作用力较强,从而使环己烷和苯间的相对挥发度增大。

图 1-28 为分离苯—环己烷溶液的萃取精馏流程示意图。原料液从萃取精馏塔 1 的中部进入,萃取剂糠醛从塔顶加入,使它在塔中每层塔板上与苯接触,塔顶蒸出的是环己烷。为避免糠醛蒸气从顶部带出,在精馏塔顶部设萃取剂回收段 2,用回流液回收。糠醛与苯一起从塔釜排出,送入溶剂回收塔 3 中,因苯与糠醛的沸点相差很大,故两者容易分离。塔 3 底部排出的糠醛可循环使用。

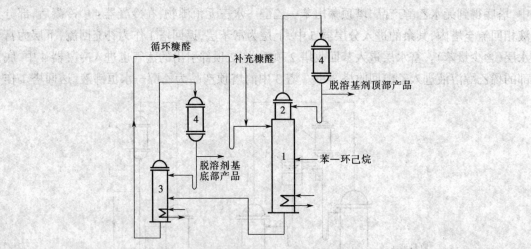

图 1-28 苯—环己烷萃取精馏流程示意图
1—萃取精馏塔 2—萃取剂回收段 3—苯回收塔 4—冷凝器

选择萃取剂应考虑以下主要因素:
(1)选择性好,即加入少量的萃取剂使原组分间的相对挥发度有较大的提高;
(2)沸点较高,与被分离组分的沸点差较大,使萃取剂易于回收;
(3)与原料液的互溶性好,不产生分层现象;
(4)性能稳定,使用安全,价格便宜等。

习　题

1. 已知苯—甲苯混合液中苯的质量分数为 0.25,试求其摩尔分数和混合液的平均摩尔质量。

答:$x = 0.282, M = 88.1 \text{ kg/mol}$

2. 苯—甲苯混合液在压强为 101.33 kPa 下的 t—x—y 图见本章图 1-1。若该混合液苯初始组成为 0.4 (摩尔分数),试求:

(1)该溶液的泡点温度及其瞬间平衡气相组成。

(2)将该溶液加热到 100 ℃时,试问溶液处于什么状态? 各相组成为若干?

(3)将该溶液加热到什么温度,才能使其全部汽化为饱和蒸气? 此时的蒸气组成为若干?

答:略

3. 苯—甲苯混合液中苯的初始组成为 0.4(摩尔分数,下同),若将其在一定总压下部分汽化,测得平衡的液相组成为 0.258,气相组成为 0.455,试求该条件下的气液比。

答:$V/L = 2.58$

4. 某两组分理想溶液在总压为 26.7 kPa 下的泡点温度为 45 ℃,试求气、液平衡组成和物系的相对挥发度。设在 45 ℃下组分的饱和蒸气压为:$p_A^0 = 29.8 \text{ kPa}, p_B^0 = 9.88 \text{ kPa}$。

答:$x = 0.844, y = 0.942, \alpha = 3.02$

5. 在常压下将某原料液组成为 0.5(易挥发组分的摩尔分数)的两组分溶液进行平衡蒸馏,若汽化率为 1/3,试求气、液相组成。

假设在操作条件下气液平衡关系为:$y = 0.46x + 0.55$。

答:$x = 0.386, y = 0.728$

6. 在连续精馏塔中分离二硫化碳(A)和四氯化碳(B)混合液。原料液流量为 1 000 kg/h,组成为 0.30 (组分 A 的质量分数,下同)。若要求釜残液组成不大于 0.05,馏出液中二硫化碳回收率为 90%,试求馏出液流量(kmol/h)和组成(组分 A 的摩尔分数)。

答:$D = 4.4 \text{ kmol/h}, x_D = 0.808$

7. 在常压连续精馏塔中分离某两组分理想溶液。原料液流量为 100 kmol/h,组成为 0.3(易挥发组分的摩尔分数,下同),泡点进料,馏出液组成为 0.95,釜残液组成为 0.05,操作回流比为 3.5。试求:

(1)塔顶和塔底产品流量,kmol/h;

(2)精馏段与提馏段的上升蒸气流量和下降液体流量,kmol/h。

答:(1)$D = 27.8 \text{ kmol/h}, W = 72.2 \text{ kmol/h}$;(2)$V' = 125.1 \text{ kmol/h}, L' = 197.3 \text{ kmol/h}$

8. 在连续精馏塔中分离两组分理想溶液,原料液流量为 75 kmol/h,泡点进料。若已知精馏段操作线方程和提馏段操作线方程分别为

$$y = 0.723x + 0.263 \tag{a}$$

$$y = 1.25x - 0.018 \tag{b}$$

试求:(1)精馏段和提馏段的下降液体流量,kmol/h;

(2)精馏段和提馏段的上升蒸气流量,kmol/h。

答:(1)$L = 102.8 \text{ kmol/h}, L' = 177.8 \text{ kmol/h}$;(2)$V = V' = 142.3 \text{ kmol/h}$

9. 在常压连续精馏塔中,分离甲醇—水溶液。若原料液组成为 0.4(甲醇的摩尔分数),温度为 30 ℃,试求进料热状况参数。

已知进料的泡点温度为 75.3 ℃,操作条件下甲醇和水的汽化热分别为 1 055 kJ/kg 和 2 320 kJ/kg,甲醇和水的比热容分别为 2.68 kJ/(kg·℃)和 4.19 kJ/(kg·℃)。

答:$q = 1.094$

10. 在连续精馏塔中,已知精馏段操作线方程和 q 线方程分别为

$$y = 0.75x + 0.21 \tag{a}$$
$$y = -0.5x + 0.66 \tag{b}$$

试求:(1)进料热状况参数 q;

(2)原料液组成 x_F;

(3)精馏段操作线和提馏段操作线的交点坐标 x_q 和 y_q。

答:(1) $q = 0.333$;(2) $x_F = 0.44$;(3) $x_q = 0.36$, $y_q = 0.48$

11. 在连续精馏塔中分离两组分理想溶液。原料液流量为 100 kmol/h,组成为 0.4(易挥发组分的摩尔分数,下同),泡点进料,馏出液组成为 0.95,釜残液组成为 0.05,操作回流比为 2.3,试写出精馏段操作线方程和提馏段操作线方程。

答:$y_{n+1} = 0.697x_n + 0.288$, $y'_{m+1} = 1.476\ x'_m - 0.023\ 8$

12. 在连续精馏塔中分离两组分理想溶液。已知原料液组成为 0.5(易挥发组分的摩尔分数,下同),泡点进料,馏出液组成为 0.95,操作回流比为 2.0,物系的平均相对挥发度为 3.5,塔顶为全凝器,试用逐板计算法求精馏段理论板数。

答:$n = 2$

13. 在常压连续精馏塔中分离苯—甲苯混合液。原料液组成为 0.44(苯的摩尔分数,下同),气液混合物进料,其中液化率为 1/3。若馏出液组成为 0.975,釜残液组成为 0.023 5,回流比为 3.5,试求理论板数和适宜的进料位置。气液平衡数据见例 1-2 附表。

答:$N_T = 12$,进料板为自塔顶往下的第 7 层

14. 在连续精馏塔中分离两组分理想溶液。原料液组成为 0.35(易挥发组分的摩尔分数,下同),馏出液组成为 0.9,物系的平均相对挥发度为 2.0,回流比为最小回流比的 1.4 倍,试求以下两种进料情况下的操作回流比:

(1)饱和液体进料;

(2)饱和蒸气进料。

答:(1) $R = 3.14$;(2) $R = 5.59$

15. 在连续精馏塔中分离两组分理想溶液。塔顶采用全凝器。实验测得塔顶第一层塔板的单板效率 $E_{ML1} = 0.6$。物系的平均相对挥发度为 3.0,精馏段操作线方程为 $y = 0.833x + 0.15$。试求离开塔顶第二层塔板的上升蒸气组成 y_2。

答:$y_2 = 0.825$

16. 在常压连续精馏塔中,分离习题 13 中的苯—甲苯混合物。原料液流量为 100 kmol/h,全塔操作平均温度可取为 90 ℃,空塔气速为 0.8 m/s,板间距为 0.35 m,全塔效率为 50%,试求:

(1)塔径;

(2)塔的有效高度。

答:(1) $D = 1.6$ m;(2) $z = 8.05$ m

17. 在常压连续精馏中,分离苯—甲苯混合液。原料液流量为 10 000 kg/h,组成为 0.50(苯的摩尔分数,下同),泡点进料。馏出液组成为 0.99,釜残液组成为 0.01。操作回流比为 2.0,泡点回流。塔底再沸器用绝压为 200 kPa 的饱和蒸汽加热,冷凝水在饱和温度下排出。塔顶全凝器中冷却水的进、出口温度分别为 25 ℃和 35 ℃。试求:

(1)再沸器的热负荷和加热蒸汽消耗量;

(2)冷凝器的热负荷和冷却水消耗量。

假设设备的热损失可忽略。苯的汽化热为 389 kJ/kg,甲苯的汽化热为 360 kJ/kg。

答:(1) $Q_B = 5.85 \times 10^6$ kJ/h, $W_h = 2\ 650$ kg/h;(2) $Q_c = 5.36 \times 10^6$ kJ/h, $W_c = 1.28 \times 10^5$ kg/h

第 2 章　气体吸收

本章符号说明

英文字母

a——填料层的有效比表面积,m^2/m^3;

A——吸收因子,量纲为1;

c——组分浓度,$kmol/m^3$;

C——总浓度,$kmol/m^3$;

d——直径,m;

d_e——填料层的当量直径,m;

D——在气相中的分子扩散系数,m^2/s;塔径,m;

D'——在液相中的分子扩散系数,m^2/s;

D_e——涡流扩散系数,m^2/s;

E——亨利系数,kPa;

g——重力加速度,m/s^2;

G——气相的空塔质量速度,$kg/(m^2\cdot s)$;

Ga——伽利略数,量纲为1;

G_A——吸收负荷,即单位时间吸收的 A 物质的量,kmol/s;

H——溶解度系数,$kmol/(m^3\cdot kPa)$;

H_G——气相传质单元高度,m;

H_L——液相传质单元高度,m;

H_{OG}——气相总传质单元高度,m;

H_{OL}——液相总传质单元高度,m;

J——扩散通量,$kmol/(m^2\cdot s)$;

k_G——气膜吸收系数,$kmol/(m^2\cdot s\cdot kPa)$;

k_L——液膜吸收系数,$kmol/(m^2\cdot s\cdot \dfrac{kmol}{m^3})$;

k_x——液膜吸收系数,$kmol/(m^2\cdot s)$;

k_y——气膜吸收系数,$kmol/(m^2\cdot s)$;

K_G——气相总吸收系数,$kmol/(m^2\cdot s\cdot kPa)$;

K_L——液相总吸收系数,$kmol/(m^2\cdot s\cdot \dfrac{kmol}{m^3})$;

K_X——液相总吸收系数,$kmol/(m^2\cdot s)$;

K_Y——气相总吸收系数,$kmol/(m^2\cdot s)$;

l——特性尺寸,m;

L——吸收剂用量,kmol/s;

m——相平衡常数,量纲为1;

N——总体流动通量,$kmol/(m^2\cdot s)$;

N_A——组分 A 的传递通量,$kmol/(m^2\cdot s)$;

N_G——气相传质单元数,量纲为1;

N_L——液相传质单元数,量纲为1;

N_{OG}——气相总传质单元数,量纲为1;

N_{OL}——液相总传质单元数,量纲为1;

N_T——理论板层数;

p——组分分压,kPa;

P——总压强,kPa;

R——通用气体常数,$kJ/(kmol\cdot K)$;

Re——雷诺数,量纲为1;

S——脱吸因子,$S=mV/L$,量纲为1;

Sc——施密特数,量纲为1;

Sh——舍伍德数,量纲为1;

T——热力学温度,K;

u——气体的空塔速度,m/s;

u_0——气体通过填料空隙的速度,m/s;

U——喷淋密度,$m^3/(m^2\cdot s)$;

v——分子体积,cm^3/mol;

V——惰性气体流量,kmol/s;

V_s——混合气体的体积流量,m^3/s;

V_p——填料层体积,m^3;

W——液相空塔质量速度,$kg/(m^2\cdot s)$;

x——组分在液相中物质的量的分数(即摩尔分数),量纲为1;

X——组分在液相中物质的量的比(即摩尔比),量纲为1;

y——组分在气相中物质的量的分数(即摩尔分数),量纲为1;

Y——组分在气相中物质的量的比(即摩尔比),量纲为1;

z——扩散距离,m;

z_G——气膜厚度,m;

z_L——液膜厚度,m;

z——填料层高度,m。

希腊字母

α、β、γ——常数;

ε——填料层的空隙率,量纲为1;

θ——时间,s;

μ——黏度,Pa·s;

ρ——密度,kg/m³;

φ——相对吸收率,量纲为1;

φ_A——吸收率或回收率,量纲为1;

Ω——塔截面积,m²。

下标

A——组分A的;

B——组分B的;

d——分子扩散的;

e——当量的或涡流扩散的;

G——气相的;

L——液相的;

m——对数平均的;

N——第N层板的;

P——填料的;

max——最大的;

min——最小的;

1——塔底的或截面1的;

2——塔顶的或截面2的。

第1节 概述

2.1.1 气体吸收过程和工业应用

利用混合气体中各组分在同一种液体(溶剂)中溶解度差异而实现组分分离的过程称为气体吸收。混合气体中,能够溶解于溶剂中的组分称为吸收质或溶质,以A表示;不溶解的组分称为惰性组分或载体,以B表示;吸收所采用的溶剂称为吸收剂,以S表示;吸收操作终了时所得到的溶液称为吸收液,其成分为吸收剂S和溶质A;排出的气体称为吸收尾气,其主要成分应是惰性组分B和未被吸收的组分A。

气体吸收是一种重要的分离操作,它在化工生产中主要用来达到以下几种目的。

(1)分离混合气体以获得一定的组分。例如用硫酸处理焦炉气以回收其中的氨,用洗油处理焦炉气以回收其中的芳烃,用液态烃处理裂解气以回收其中的乙烯、丙烯等。

(2)除去有害组分以净化气体。例如用水和碱液脱除合成氨原料气中的二氧化碳,用丙酮脱除裂解气中的乙炔等。

(3)制备某种气体的溶液。例如用水吸收二氧化氮以制造硝酸,用水吸收氯化氢以制备盐酸,用水吸收甲醛以制备福马尔林溶液等。

(4)工业废气治理,以保护大气环境。例如工业排放气中含有NO_x、H_2S、SO_x等有毒气体,用吸收方法加以除去。

作为一种完整的分离方法,吸收过程应包括"吸收"和"脱吸"两个步骤。"吸收"仅起到把溶质从混合气体中分出的作用,在塔底得到的是由溶剂和溶质组成的混合液,此液相混合物还需进行"脱吸"才能得到纯溶质并回收溶剂。

吸收过程常在吸收塔中进行。吸收塔既可是填料塔，也可是板式塔。图 2-1 为逆流操作的填料吸收塔示意图。

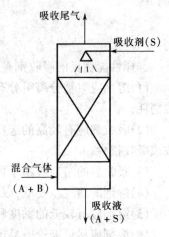

图 2-1　吸收操作示意图

2.1.2　吸收过程的分类

吸收过程可按多种方法分类。

1. 物理吸收和化学吸收

在吸收过程中，如果溶质与溶剂之间不发生明显的化学反应，可看做是气体中可溶组分单纯溶解于液相的物理过程，称为物理吸收。用水吸收二氧化碳、用洗油吸收芳烃等过程都视作物理吸收。如果溶质与溶剂发生显著的化学反应，则称为化学吸收。用硫酸吸收氨、用碱液吸收二氧化碳等过程均为化学吸收。

2. 单组分吸收和多组分吸收

若混合气体中只有一个组分进入液相，其余组分不溶解于溶剂中，称为单组分吸收；如果混合气体中有两个或多个组分进入液相，则称为多组分吸收。例如，合成氨原料气中含有 N_2、H_2、CO、CO_2 等几个组分，而只有 CO_2 一个组分在高压水中有较为明显的溶解度，这种吸收过程属于单组分吸收过程；用洗油处理焦炉气时，气相中的苯、甲苯、二甲苯等几个组分都可明显地溶解于洗油中，这种吸收过程属于多组分吸收。

3. 等温吸收和不等温吸收

气体溶解于液体时常伴随着热效应，若进行化学吸收，还会有反应热，从而引起液相温度升高，这样的吸收过程称为非等温吸收。若被吸收组分在气相中浓度很低而吸收剂的用量又相当大时，热效应很小，几乎觉察不到液相温度的升高，则可视作等温吸收。如果吸收设备散热良好，能及时引出热量而维持液相温度大体不变，自然也属于等温吸收之列。

4. 低浓度吸收与高浓度吸收

一般说来，溶质在气、液两相中浓度均不太高的吸收过程，即为低浓度吸收过程；反之，若溶质在气、液两相浓度都比较高，则称为高浓度吸收。高浓度气体吸收过程中，在吸收设备的不同截面上，气、液两相的流量变化明显，且伴随显著的热效应，大都属于不等温吸收过程。一般，溶剂对气体的溶解度都不会很大，所以吸收操作适用于低浓度气体混合物的分离，对高浓度气体混合物往往使之液化后再用精馏分离。例如，用空气作原料制备氧和氮（俗称"空分"）即是采用液化精馏的技术路线。

5. 膜基气体吸收

随着膜分离技术应用领域的扩大，绝大多数气体的吸收和脱吸都可采用微孔膜来进行操作。目前，在生物医学、生物化工及化工生产中，利用膜基气体吸收和脱吸取得良好效果。

气体吸收属于溶质从气相向液相转移的过程，其前提是溶质在气相的实际分压应高于与液相成平衡的分压。反之，若溶质在气相中的实际分压低于与液相成平衡的分压时，溶质便由液相向气相转移，即进行"脱吸"过程。吸收与脱吸过程遵循相同的原理，而且可在相同的设备中进行，所以，吸收过程的处理原则和方法完全适用于脱吸过程。

本章只讨论低浓度单组分等温物理吸收的原理与计算。

2.1.3 吸收剂的选择

选择性能优良的吸收剂是吸收过程的关键,选择吸收剂时一般应考虑如下因素:

(1)溶剂应对被分离组分有较大的溶解度,以减少吸收剂用量,从而降低回收溶剂的能量消耗;

(2)吸收剂应有较高的选择性,即对于溶质 A 能选择性溶解,而对其余组分则基本不吸收或吸收很少;

(3)吸收后的溶剂应易于再生,以减少"脱吸"的设备费和操作费用;

(4)溶剂的蒸气压要低,以减少吸收过程中溶剂的挥发损失;

(5)溶剂应有较低的黏度和较高的化学稳定性;

(6)溶剂应尽可能价廉易得、无毒、不易燃、腐蚀性小。

2.1.4 吸收操作的特点

气体的吸收与液体的蒸馏同属分离均相混合物的气、液传质操作,因而对吸收过程的研究方法与蒸馏过程有许多共性之处,但二者又有重要的区别。

(1)建立两相体系的方法不同。一般说来,为使均相混合物分离成较纯净的组分,必须出现第二个物相。蒸馏操作中采用加热与冷凝等方法,使混合物系内部产生第二个物相,而吸收操作则采用从外界引入液相(吸收剂)的办法建立两相体系。因此,经过蒸馏(精馏)操作可以直接获得较纯净的轻、重两组分,但在吸收过程中,还需经过第二个分离操作(脱吸)才能获得较纯净的溶质组分。

(2)操作条件和组分传递方式不同。精馏操作中,液相的部分汽化与气相的部分冷凝同时发生,每层塔板上的液体和蒸气都接近饱和温度,在相界面两侧,重、轻组分进行着相反方向的传递,即气相中的重组分向液相一侧转移,液相中的轻组分则向气相一侧转移。在吸收操作中,液相温度远远低于其沸点,溶剂没有明显的汽化现象,只有溶质分子由气相进入液相的单方向传递,而气相中的惰性组分和溶剂组分则处于相对"停滞"状态。

控制吸收分离过程速率的因素是传质速率,故本章要讨论传质机理、速率方程、相平衡关系及吸收(脱吸)过程计算。

第 2 节 吸收过程的相平衡关系

判断溶质传递的方向和极限、进行吸收过程和设备的计算,都是以相平衡关系为基础,故先介绍吸收操作中的相平衡。

2.2.1 气体在液体中的溶解度

在一定的温度和压强下,使混合气体与一定量的吸收剂相接触,溶质便向液相转移,直至液相中溶质达到饱和浓度为止,这种状态称为相际动平衡,简称相平衡或平衡。平衡状态下气相中的溶质分压称为平衡分压或饱和分压;液相中的溶质浓度称为平衡浓度或饱和浓度,也即气体在液体中的溶解度。溶解度表明一定条件下吸收过程可能达到的极限程度,习惯上用单位质量(或体积)的液体中所含溶质的质量来表示。

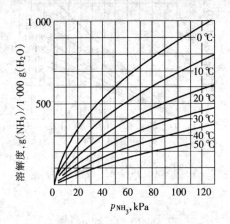

图 2-2　氨在水中的溶解度

气体的溶解度通过实验测定。图 2-2、图 2-3 及图 2-4 分别示出常压下氨、二氧化硫和氧在水中的溶解度与其在气相中的分压之间的关系(以温度为参数)。图中的关系线称为溶解度曲线。由图可以看出:

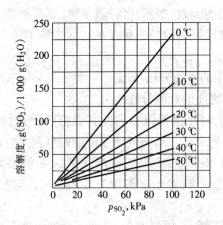

图 2-3　二氧化硫在水中的溶解度

(1)在同一种溶剂(水)中,不同气体的溶解度有很大差异。例如,当温度为 20 ℃、气相中溶质分压为 20 kPa 时,每 1 000 kg 水中所能溶解的氨、二氧化硫和氧的质量分别为 170 kg、22 kg 和 0.009 kg。这表明氨易溶于水,氧难溶于水,而二氧化硫居中。

(2)同一溶质在相同的温度下,随着气体分压的提高,在液相中的溶解度加大。例如在 10 ℃时,当氨在气相中的分压分别为 40 kPa 和 100 kPa 时,每 1 000 kg 水中溶解氨的质量分别为 395 kg 和 680 kg。

(3)同一溶质在相同的气相分压下,溶解度随温度降低而加大。例如,当氨的分压为 60 kPa 时,温度从 40 ℃降至 10 ℃,每 1 000 kg 水中溶解的氨从 220 kg 增加至 515 kg。

由溶解度曲线所显示的共同规律可知:加压和降温可提高气体的溶解度,对吸收操作有利;反之,升温和减压对脱吸操作有利。

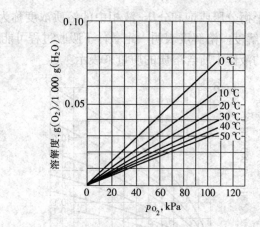

图 2-4　氧在水中的溶解度

2.2.2　亨利定律

亨利定律是描述互成平衡的气、液两相间组成关系的。它的适用范围是溶解度曲线低浓度的直线部分。由于相组成有多种表示方法,致使亨利定律有多种表达式。

1.以 p 及 x 表示的平衡关系

当液相组成用物质的量的分数(摩尔分数)表示时,则稀溶液上方气体中溶质的分压与其在液相中物质的量的分数(摩尔分数)之间存在如下关系,即:

$$p^* = Ex \tag{2-1}$$

式中　p^*——溶质在气相中的平衡分压,kPa;

　　　x——溶质在液相中物质的量的分数;

　　　E——亨利系数,单位与压强单位一致。其数值随物系特性及温度而变,由实验测定。表 2-1 中列出了若干种气体水溶液的亨利系数值。

从表 2-1 所示的数据看出:同一溶剂中,难溶气体的 E 值很大,易溶气体的 E 值很小;对一定的气体和一定的溶剂,一般 E 值随温度升高而加大,体现出气体溶解随温度升高而减小的变化趋势。

这里需指出,对于理想溶液,在压强不高、温度不变的条件下,亨利定律与拉乌尔定律一致,此时亨利系数即为该温度下纯溶质的饱和蒸气压。但是,吸收操作所涉及的系统多为非理想溶液,因而亨利系数不等于纯溶质的饱和蒸气压。

2.以 p 及 c 表示的平衡关系

若用物质的量浓度 c 表示溶质在液相中的组成,则亨利定律可写成如下形式,即:

$$p^* = \frac{c}{H} \tag{2-2}$$

式中　c——单位体积溶液中溶质的物质的量,$kmol/m^3$;

　　　H——溶解度系数,$kmol/(m^3 \cdot kPa)$。

溶解度系数的数值随物系而变,同时也是温度的函数。对一定的溶质和溶剂,H 值随温度升高而减小。易溶气体有很大的 H 值,难溶气体的 H 值则很小。

表 2-1　若干气体水溶液的亨利系数

气体	温　度,℃															
	0	5	10	15	20	25	30	35	40	45	50	60	70	80	90	100
	$E \times 10^{-6}$,kPa															
H_2	5.87	6.16	6.44	6.70	6.92	7.16	7.39	7.52	7.61	7.70	7.75	7.75	7.71	7.65	7.61	7.55
N_2	5.35	6.05	6.77	7.48	8.15	8.76	9.36	9.98	10.5	11.0	11.4	12.2	12.7	12.8	12.8	12.8
空气	4.38	4.94	5.56	6.15	6.73	7.30	7.81	8.34	8.82	9.23	9.59	10.2	10.6	10.8	10.9	10.8
CO	3.57	4.01	4.48	4.95	5.43	5.88	6.28	6.68	7.05	7.39	7.71	8.32	8.57	8.57	8.57	8.57
O_2	2.58	2.95	3.31	3.69	4.06	4.44	4.81	5.14	5.42	5.70	5.96	6.37	6.72	6.96	7.08	7.10
CH_4	2.27	2.62	3.01	3.41	3.81	4.18	4.55	4.92	5.27	5.58	5.85	6.34	6.75	6.91	7.01	7.10
NO	1.71	1.96	2.21	2.45	2.67	2.91	3.14	3.35	3.57	3.77	3.95	4.24	4.44	4.54	4.58	4.60
C_2H_6	1.28	1.57	1.92	2.66	2.90	3.06	3.47	3.88	4.29	4.69	5.07	5.72	6.31	6.70	6.96	7.01
	$E \times 10^{-5}$,kPa															
C_2H_4	5.59	6.62	7.78	9.07	10.3	11.6	12.9	—	—	—	—	—	—	—	—	—
N_2O	—	1.19	1.43	1.68	2.01	2.28	2.62	3.06	—	—	—	—	—	—	—	—
CO_2	0.738	0.888	1.05	1.24	1.44	1.66	1.88	2.12	2.36	2.60	2.87	3.46	—	—	—	—
C_2H_2	0.73	0.85	0.97	1.09	1.23	1.35	1.48	—	—	—	—	—	—	—	—	—
Cl_2	0.272	0.334	0.399	0.461	0.537	0.604	0.669	0.75	0.80	0.86	0.90	0.97	0.99	0.97	0.96	—
H_2S	0.272	0.319	0.372	0.418	0.489	0.552	0.617	0.686	0.755	0.825	0.889	1.04	1.21	1.37	1.46	1.50
	$E \times 10^{-4}$,kPa															
SO_2	0.167	0.203	0.245	0.294	0.355	0.413	0.485	0.567	0.661	0.763	0.871	1.11	1.39	1.70	2.01	—

对于稀溶液,H 值可由下式近似估算,即:

$$H = \frac{\rho}{EM_s} \tag{2-3}$$

式中　ρ——溶液的密度,kg/m^3,对于很稀的溶液,ρ 可取纯溶剂的密度值ρ_s;

　　　M_s——溶剂的摩尔质量。

3.以 y 与 x 表示平衡关系

若溶质在气相与液相中的组成分别用物质的量的分数 y 及 x 表示,亨利定律又可写成如下形式:

$$y^* = mx \tag{2-4}$$

式中　y^*——与液相成平衡的气相中溶质物质的量的分数;

　　　m——相平衡常数,又称分配系数,量纲为1。

式 2-4 可由式 2-1 两边同除以系统的总压 P 而得到,即:

$$y^* = \frac{p^*}{P} = \frac{E}{P}x$$

上式与式 2-4 相比较可得到:

$$m = \frac{E}{P} \tag{2-5}$$

相平衡常数 m 也可通过实验测定。由 m 值的大小可以判断不同气体溶解度的大小,m 值愈小,表明该气体的溶解度愈大。对一定物系,m 值是温度和压强的函数。由式 2-5 看出,温度升高总压下降则 m 变大,不利于吸收操作。

51

4.以 Y 及 X 表示平衡关系

在吸收计算中,为方便起见,常采用物质的量之比 Y 和 X 分别表示气、液两相的组成。物质的量之比定义为:

$$X = \frac{\text{液相中溶质的物质的量}}{\text{液相中溶剂的物质的量}} = \frac{x}{1-x} \tag{2-6}$$

$$Y = \frac{\text{气相中溶质的物质的量}}{\text{气相中惰性组分的物质的量}} = \frac{y}{1-y} \tag{2-7}$$

由上二式可得:

$$x = \frac{X}{1+X} \tag{2-6a}$$

$$y = \frac{Y}{1+Y} \tag{2-7a}$$

当溶液很稀时,式 2-4 又可近似表示为:

$$Y^* = mX \tag{2-8}$$

式 2-8 表明,当液相中溶质含量足够低时,平衡关系在 X—Y 坐标图中也可近似地表示成一条通过原点的直线,其斜率为 m。

亨利定律的各种表达式既可由液相组成计算平衡的气相组成,也可反过来根据气相组成来计算平衡的液相组成,因此,前述的亨利定律各种表达式可分别改写如下:

$$x^* = p/E \tag{2-1a}$$

$$c^* = Hp \tag{2-2a}$$

$$x^* = y/m \tag{2-4a}$$

$$X^* = Y/m \tag{2-8a}$$

[例 2-1]　含有 35%(体积)CO_2 的某种气体混合物与水进行充分接触,系统总压为 101.33 kPa、温度为 35 ℃。试求 CO_2 在液相中的平衡组成 x^* 和 c^*,并计算每千克水中含有的 CO_2 质量(kg)。

解:根据分压定律,可得:

$$p = Py = 101.33 \times 0.35 = 35.47 \text{ kPa}$$

由表 2-1 查得,35 ℃时的亨利系数 $E = 2.12 \times 10^5$ kPa。

(1)液相中的平衡物质的量分数

将 p 和 E 值代入式 2-1a,得到:

$$x^* = p/E = 35.47/2.12 \times 10^5 = 1.673 \times 10^{-4}$$

(2)液相中的平衡浓度 c^*

由于 CO_2 难溶于水,液相浓度很低,溶液密度可按纯水取值,取 $\rho = 1\,000$ kg/m^3,则溶解度系数可按式 2-3 计算,即:

$$H = \frac{\rho}{EM_S} = 1\,000/(2.12 \times 10^5 \times 18) = 2.621 \times 10^{-4} \text{ kmol/(m}^3 \cdot \text{kPa)}$$

所以　　$c^* = Hp = 2.621 \times 10^{-4} \times 35.47 = 9.297 \times 10^{-3}$ kmol/m^3

(3)每千克水吸收 CO_2 的质量

1 m^3 溶液中溶解的 CO_2 质量为:

$$c^* M_A = 9.297 \times 10^{-3} \times 44 = 0.409\,1 \text{ kg}$$

每千克水中吸收的 CO_2 近似取为:

$$\frac{c^* M_A}{\rho} = \frac{0.409\,1}{1\,000} = 4.091 \times 10^{-4} \text{ kg}$$

[例 2-2] 在 101.3 kPa 及 20 ℃条件下测定溶质 A 在水中的溶解度。接触足够长时间后测得 $c_A = 0.56$ kmol/m³，$y^* = 0.02$。平衡关系符合亨利定律。试求该物系的亨利系数 E、溶解度系数 H 及相平衡常数 m。

解： 由平衡数据得：

$$p_A^* = Py_A = 101.3 \times 0.02 = 2.026 \text{ kPa}$$

用式 2-2 求溶解度系数 H，即：

$$H = c_A/p_A^* = 0.56/2.026 = 0.276\ 4 \text{ kmol/(m}^3 \cdot \text{kPa)}$$

分别用式 2-3 及式 2-5 求 E 和 m，即：

$$E = \frac{\rho_S}{HM_S} = \frac{1\ 000}{0.276\ 4 \times 18} = 201.0 \text{ kPa}$$

$$m = \frac{E}{P} = \frac{201.0}{101.3} = 1.984$$

本例也可将 c_A 换算为 x_A，用式 2-1 求得 E，再分别求 H 与 m，所得结果相同。

2.2.3 相平衡关系在吸收操作中的应用

相平衡关系在吸收操作中有下面几项应用。

1. 选择吸收剂和确定适宜的操作条件

性能优良的吸收剂和适宜的操作条件综合体现在相平衡数 m 值上。溶剂对溶质的溶解度大，加压和降温均可使 m 值降低，有利于吸收操作。

2. 判断过程进行的方向

根据气、液两相的实际组成与相应条件下平衡组成的比较，可判断过程进行的方向。

若气相的实际组成 Y 大于与液相呈平衡的组成 Y^*（$Y^* = mX$），则为吸收过程；反之，若 $Y^* > Y$，则为脱吸过程；$Y = Y^*$，系统处于相际平衡状态。

3. 计算过程推动力

气相或液相的实际组成与相应条件下的平衡组成的差值表示传质的推动力。对于吸收过程，传质的推动力为 $Y - Y^*$ 或 $X^* - X$；脱吸过程的推动力则表示为 $Y^* - Y$ 或 $X - X^*$。

4. 确定过程进行的极限

平衡状态即到过程进行的极限。对于逆流操作的吸收塔，无论吸收塔有多高，吸收剂用量有多大，吸收尾气中溶质组成 Y_2 的最低极限是与入塔吸收剂组成呈平衡，即 mX_2；吸收液的最大组成 X_1 不可能高于与入塔气相组成 Y_1 呈平衡的液相组成，即不高于 Y_1/m。总之，相平衡限定了被净化气体离开吸收塔的最低组成和吸收液离开塔时的最高组成。

相平衡关系在吸收操作中的应用在 Y—X 坐标图上表达更为清晰，如图 2-5 所示。气相组成在平衡线上方（点 A_1），进行吸收过程；气相组成处在平衡线下方（点 A_2），则为脱吸操作。吸收过程的推动力为 $Y_1 - Y^*$ 或 $X_1^* - X_c$，脱吸的推动力为 $Y^* - Y$ 或 $X_c - X_c^*$。吸收液的最高组成为 X_1^*；尾气的最低组成为 Y_2^*。

[例 2-3] 在 202.6 kPa 及 20 ℃条件下，溶质体积分数 $y_A = 0.15$ 的大量混合气与少量含溶质摩尔分数 $X_A =$

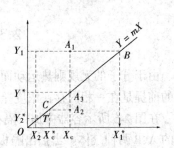

图 2-5 相平衡关系的应用

0.2 的水溶液接触,系统的平衡关系可表达为 $p_A^* = 21.6X_A$。试求:

(1)溶质 A 传递的方向(是吸收还是脱吸);

(2)溶质 A 在液相的最终(最高)组成 X_A^*;

(3)分别以气相和液相组成表示的传质推动力 Δy_A 和 ΔX_A。

解:本例是讨论相平衡关系在吸收操作中的应用。

(1)过程进行的方向

由题条件可知:

$$p_A = py_A = 202.6 \times 0.15 = 30.39 \text{ kPa}$$

$$p_A^* = 121.6X_A = 121.6 \times 0.2 = 24.32 \text{ kPa}$$

由于 $p_A > p_A^*$,故溶质从气相向液相传递,进行吸收过程。

(2)溶质在液相的最终组成

由于大量气体和少量溶液接触,可以近似认为气相组成在接触过程中基本保持不变,则:

$$X_A^* = p_A/121.6 = 30.39/121.6 = 0.249\ 9$$

(3)传质推动力

$$\Delta y_A = y_A - y_A^*$$

$$y_A^* = p_A^*/p = 121.6 \times 0.2/202.6 = 0.12$$

则 $\qquad \Delta y_A = 0.15 - 0.12 = 0.03$

同理 $\qquad \Delta X_A = X_A^* - X_A = 0.249\ 9 - 0.2 = 0.049\ 9$

第 3 节　传质机理与吸收速率

吸收操作是溶质从气相向液相转移的过程,与间壁式换热器中热量从热流体向冷流体的传递过程十分相似,传质也包括溶质由气相主体向气、液界面的传递以及由相界面向液相主体的传递。本节研究物质在单一相(气相或液相)中以及从一相向另一相传递的规律和影响传质速度的因素。

物质在单一相中的传递靠扩散作用。发生在流体中的扩散有分子扩散与涡流扩散两种。发生在静止或滞流流体中的扩散是分子扩散,它是流体分子热运动而产生的传递物质的现象;涡流扩散是凭借流体质点的湍动和旋涡而传递物质的。发生在湍流流体中的扩散主要是涡流扩散。将一滴蓝墨水滴到一杯水中,过一段时间会看到杯中水变蓝,这是分子扩散的表现,若搅动之,则很快变蓝且更均匀,这是涡流扩散的效果。

2.3.1　分子扩散与菲克定律

由于分子的无规则热运动而造成的物质传递现象称为分子扩散,简称为扩散。分子扩散的前提是在一相内存在浓度差或分压差。

在图 2-6 所示容器中加一隔板将容器分为左右两室,两室中分别充入温度和压强均相同的 A、B 两种气体。当抽出隔板后,由于气体分子的无规则热运动及浓度差的存在,左侧的 A 分子会窜入右半部,右侧的 B 分子也会窜入左半部。左右两侧交换的分子数虽然相等,但其净结果是物质 A 自左向右传递而物质 B 则自右向左传递。这个过程一直进行到整个容器里 A、B 两种物质的浓度完全均匀为止。随着容器内各部位浓度的差异逐渐变小,扩散推动力逐渐趋近于零,过程进行得愈来愈慢直至停止。

分子扩散与传热中的热传导相类似,因此,可用类似于傅里叶定律的方程式来描述分子扩散过程进行的速率,这便是菲克定律。

当物质 A 在介质 B 中发生扩散时,任一点的扩散通量(单位面积上单位时间内扩散传递的物质量)与该位置上的浓度梯度成正比,即:

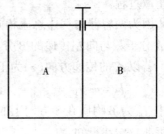

图 2-6 扩散现象

$$J_A = -D_{AB}\frac{dc_A}{dz} \tag{2-9}$$

式中　J_A——物质 A 在 z 方向上的扩散通量,kmol/(m²·s);

$\dfrac{dc_A}{dz}$——物质 A 的浓度梯度,kmol/m⁴;

D_{AB}——比例系数,即物质 A 在介质 B 中的扩散系数,m²/s。

式中负号表示扩散是沿着物质 A 浓度降低的方向进行的。

式 2-9 即为菲克定律的数学表达式。它与导热的傅里叶定律和滞流流动中动量传递的牛顿黏性定律在形式上虽有共同的特点,但是,热量与动量并不单独占有任何空间,而物质本身却要占据一定空间,这就使得物质传递现象较之其他两种传递现象更为复杂。

菲克定律是对物质分子扩散现象基本规律的描述,用它可解决单相中定态分子扩散速率的计算问题。

2.3.2　气相中的定态分子扩散

在工程中常遇到两种简单的分子扩散现象。一种是在精馏操作中相界面两侧轻、重组分同时向彼此相反的方向传递,称为等分子反方向扩散;另一种是吸收操作中遇到的溶质组分通过"停滞"组分的单方向分子扩散。

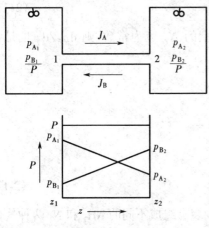

图 2-7　等分子反方向扩散

一、等分子反方向扩散

设想用一段粗细均匀的直管将两个很大的容器连通,如图 2-7 所示。两容器中分别充有组成不同的 A、B 混合气体,$p_{A_1} > p_{A_2}$,$p_{B_1} < p_{B_2}$,但温度及总压都相同。两容器内均装有搅拌器,用以保持各自组成均匀。由于两端存在分压差异,连通管中将发生分子扩散现象,使物质 A 向右传递而物质 B 向左传递。由于容器很大而连通管较细,故在有限时间内扩散作用不会使两容器中的气体组成发生明显的变化,可以认为 1、2 两截面上的 A、B 分压都维持不变,连通管中发生的是定态分

子扩散过程。

因为两容器内气体总压相同,所以连通管内任一截面上单位时间单位面积上向右传递的 A 分子数与向左传递的 B 分子数必定相等。这种情况称为等分子反方向扩散。

若以 A 的传递方向(z)为正方向,则可写出下式,即:

$$J_A = - J_B \tag{2-10}$$

式中 J_B 为 B 物质在 z 方向上的扩散通量,$kmol/(m^2 \cdot s)$,负号表示与 J_A 反向。

根据菲克定律可知:

$$J_A = - D_{AB} \frac{dc_A}{dz}$$

$$J_B = - D_{BA} \frac{dc_B}{dz}$$

在总压不很高的情况下,组分在气相中的浓度 c 可用分压 p 表示,即:

$$c_A = \frac{n_A}{V} = \frac{p_A}{RT}$$

$$c_B = \frac{n_B}{V} = \frac{p_B}{RT}$$

式中　n_A、n_B——分别为 A、B 组分的物质的量,$kmol$;

　　　T——热力学温度,K;

　　　V——气体总体积,m^3;

　　　R——通用气体常数,$kJ/(kmol \cdot K)$,其数值可取为 8.314。

总浓度 C 可用总压 P 表示,即:

$$C = c_A + c_B = \frac{p_A + p_B}{RT} = \frac{P}{RT} = 常数$$

在 A、B 两种气体所组成的混合物中,A 和 B 的扩散系数相等,即 $D_{AB} = D_{BA}$。

在任一固定的空间位置上,单位时间内通过单位面积的 A 物质的量,称为 A 的传递速率,以 N_A 表示,其单位为 $kmol/(m^2 \cdot s)$。在单纯的等分子反方向扩散中,物质 A 的传递速率应等于物质 A 的扩散通量,即:

$$N_A = J_A = - D \frac{dc_A}{dz} = - \frac{D}{RT} \cdot \frac{dp_A}{dz} \tag{2-11}$$

而且,对于上述条件下的定态过程,连通管内各截面上的 N_A 应为常数,则 dp_A/dz 也是常数,即 p_A—z 应成直线关系,如图 2-7 所示。

将式 2-12 分离变量并进行积分,积分限为:

$z_1 = 0$　$p_A = p_{A_1}$(截面 1)

$z_2 = z$　$p_A = p_{A_2}$(截面 2)

解得传递速率为:

$$N_A = \frac{D}{RTz}(p_{A_1} - p_{A_2}) \tag{2-12}$$

[例 2-4]　在图 2-7 所示的左右两个大容器中分别装有组成不同的 NH_3 和 N_2 两种气体混合物。连通管长 0.8 m,内径 24.4 mm,系统的温度为 25 ℃,压强为 101.33 kPa。左侧容器内 NH_3 的分压为 20 kPa,右侧容器内 NH_3 的分压为 6.67 kPa。已知在系统条件下,NH_3—N_2

56

的扩散系数为 $2.30 \times 10^{-5} \, m^2/s$。试求：

(1)单位时间内自容器 1 向容器 2 传递的 NH_3 量(kmol/s)；

(2)连通管中点与截面 1 相距 0.40 m 处的 NH_3 分压(kPa)。

解：(1)传递的 NH_3 量

根据题意可知,应按等分子反方向扩散计算传递速率 N_A。

依式 2-12, NH_3 的传递速率为：

$$N_A = \frac{D}{RTz}(p_{A_1} - p_{A_2})$$

$$= \frac{2.3 \times 10^{-5}}{8.314 \times 298 \times 0.80}(20 - 6.67) = 1.547 \times 10^{-7} \, kmol/(m^2 \cdot s)$$

连通管截面积为：

$$A = \frac{\pi}{4} d^2 = \frac{\pi}{4} \times (0.024\,4)^2 = 4.676 \times 10^{-4} \, m^2$$

所以,单位时间内由容器 1 向容器 2 传递的 NH_3 量为：

$$N_A A = 1.547 \times 10^{-7} \times 4.676 \times 10^{-4} = 7.234 \times 10^{-11} \, kmol/s$$

(2)连通管中点处 NH_3 的分压

因传递过程处于定态下,故连通管各截面上单位时间内传递的 NH_3 量应相等,即 $N_A A$ 为常数,又知 A 为定值,故 N_A 为常量。若以 p'_{A_2} 代表与截面 1 的距离 $z'_2 = 0.40$ m 处 NH_3 的分压,则依式 2-12 可写出下式：

$$\frac{D}{RTz'}(p_{A_1} - p'_{A_2}) = N_A$$

因此

$$p'_{A_2} = p_{A_1} - \frac{N_A RTz'}{D}$$

$$= 20 - \frac{(1.547 \times 10^{-7}) \times 8.314 \times 298 \times 0.40}{2.30 \times 10^{-5}} = 13.36 \, kPa$$

二、一组分通过另一"停滞"组分的扩散

令由 A、B 两组分组成的混合气体与液相接触,假设在相界面处只允许 A 组分通过而不允许 B 组分通过,在操作条件下液相又没有明显的汽化现象,于是进行着 A 组分的单方向扩散过程,如图 2-8 所示。吸收过程中的传递现象即属此情况。

由于 A 组分通过相界面溶于液相中,因而在气、液界面的气膜一侧,A 组分的浓度低于气相主体中的浓度,同时,由于 A 组分的溶解,组分 B 的浓度高于气相主体,故 B 由相界面向气相主体扩散。在浓度差的作用下,两组分进行着扩散通量数值相等而方向相反的传递现象,即单从分子扩散角度来看, $J_A = -J_B$。

同时,由于 A 组分从气相跨过相界面溶于液相中,而液相又不能向气相返回分子,因此在相界面的气膜内必出现空穴,于是气相主体与相界面处之间出现微小的总压差,这样便产生 A、B 两种分子一齐向界面递补空缺的现象。这种递补运动称为"总体流动"。在定态下,A 组分以恒定的速率进入液相,于是总体流动也就以恒定速率持续进行。显然,总体流动的通量 N(即单位时间内单位面积上向界面处递补的 A、B 的总物质量)在数值上应等于 A 组分进入液相的总速率 N_A。A、B 两组分在总体流动通量中各自占有的份额与其在气相中的物质的量分数相同,即：

$$N y_A = N c_A / C$$

$$N y_B = N c_B / C$$

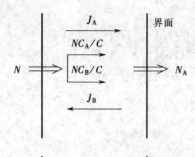

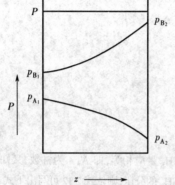

图 2-8 组分 A 通过停滞组分 B 的扩散

综合扩散运动与总体流动两种作用的传递总效果可看出:对 B 组分而言,总体流动中的通量在数值上应等于它从相界面向气相主体扩散的通量,即

$$J_B = -N\frac{c_B}{C}$$

或
$$N_B = J_B + N\frac{c_B}{C} = 0 \tag{2-13}$$

而对 A 组分而言,因其扩散运动方向与总体流动方向一致,所以单位时间通过单位相界面进入液相的总物质量 N_A 应等于其扩散通量与总体流动中的递补通量之和,即:

$$N_A = J_A + N\frac{c_A}{C} \tag{2-14}$$

将 $C = P/RT$ 及 $c_A = p_A/RT$ 及 $N = N_A$ 代入上式,得:

$$N_A = -\frac{D}{RT}\frac{P}{P - p_A}\frac{\mathrm{d}p_A}{\mathrm{d}z} \tag{2-15}$$

积分式 2-15 并整理,得到

$$N_A = \frac{D}{RTz}\frac{P}{p_{B,m}}(p_{A_1} - p_{A_2}) \tag{2-16}$$

$$p_{B,m} = \frac{p_{B_2} - p_{B_1}}{\ln(p_{B_2}/p_{B_1})} \tag{2-17}$$

式中 $p_{B,m}$——1、2 两截面上(见图 2-8)B 组分分压的对数平均值,kPa。

$\dfrac{P}{p_{B,m}}$——漂流因数,量纲为 1。

漂流因数反映总体流动对传质速率的影响。因为 $P > p_{B,m}$,所以漂流因数 $P/p_{B,m} > 1$,表明由于有总体流动而使组分 A 的传递速率较之单纯分子扩散速率 $\dfrac{P}{RTz}(p_{A_1} - p_{A_2})$ 要大一些。

当混合气体中 A 组分的浓度很低时,$p_{B,m} \approx P$,式 2-16 便简化为式 2-12。

式 2-16 适用于描述吸收及脱吸等过程中的传质速率关系。另外,当一种液态物质汽化时,发生在液体表面附近静止(或滞流)的气相中的扩散过程也可用该式计算。

[例 2-5] 若设法改变条件,使图 2-7 所示的连通管中发生 NH_3 通过停滞的 N_2 而向截面 2 定态扩散的过程,且维持 1、2 的两截面上 NH_3 的分压及系统的温度、压强与例 2-4 中的数值相同,再求:

(1)单位时间内传递的 NH_3 量(kmol/s);

(2)连通管中点处 NH_3 的分压(kPa)。

解:(1)传递 NH_3 的量

按式 2-16 计算连通管中 NH_3 的传递速率:

$$N_A = \frac{D}{RTz}\frac{P}{p_{B,m}}(p_{A_1} - p_{A_2})$$

$$p_{B,m} = (p_{B_2} - p_{B_1})/\ln\frac{p_{B_2}}{p_{B_1}}$$

$$p_{B_2} = P - p_{A_2} = 101.33 - 6.67 = 94.66 \text{ kPa}$$

$$p_{B_1} = P - p_{A_1} = 101.33 - 20 = 81.33 \text{ kPa}$$

$$p_{B,m} = (94.66 - 81.33)/\ln\frac{94.66}{81.33} = 87.83 \text{ kPa}$$

在例 2-2 中已算出：

$$\frac{D}{RTz}(p_{A_1} - p_{A_2}) = 1.547 \times 10^{-7} \text{kmol}/(\text{m}^2 \cdot \text{s})$$

故 $\qquad N_A = 1.547 \times 10^{-7} \times \dfrac{101.33}{87.83} = 1.785 \times 10^{-7} \text{ kmol}/(\text{m}^2 \cdot \text{s})$

单位时间内传递 NH_3 的量为：

$$N_A A = (1.785 \times 10^{-7})(4.676 \times 10^{-4}) = 8.347 \times 10^{-11} \text{ kmol/s}$$

(2)NH_3 的分压

以 p'_{A_2}、p'_{B_2} 及 $p'_{B,m}$ 分别代表连通管中点处 NH_3 的分压、N_2 的分压及 1、2′两截面上 N_2 分压的对数平均值，则依式 2-16 可知：

$$N_A = \frac{D}{RTz'}\frac{P}{p'_{B,m}}(p_{A_1} - p'_{A_2})$$

则 $\qquad \dfrac{p_{A_1} - p'_{A_2}}{p'_{B,m}} = \dfrac{N_A RTz'}{DP}$

或 $\qquad \ln\dfrac{p'_{B_2}}{p_{B_1}} = \dfrac{N_A RTz'}{DP} = \dfrac{1.785 \times 10^{-7} \times 8.314 \times 298 \times 0.40}{2.3 \times 10^{-5} \times 101.33} = 7.591 \times 10^{-2}$

又知 $\qquad p_{B_1} = P - p_{A_1} = 101.33 - 20 = 81.33 \text{ kPa}$

所以 $\qquad p'_{B_2} = 1.079 \times 81.33 = 87.76 \text{ kPa}$

则 $\qquad p'_{A_2} = P - p'_{B_2} = 101.33 - 87.76 = 13.57 \text{ kPa}$

由本例计算结果看出，由于总体流动使单位时间内传递 NH_3 的量增大，连通管中点 NH_3 的分压增高。

2.3.3　液相中的定态分子扩散

物质在液相中的扩散与在气相中的扩散具有同等重要的意义。液相中发生等分子反方向扩散的机会很少，而一组分通过另一停滞组分的扩散则遇到较多。吸收操作中发生于相界面附近液相内吸收质 A 通过停滞的溶剂 S 的扩散即属此例。仿照式 2-16 便可写出此种情况下组分 A 在液相中的传质速率关系，即：

$$N'_A = \frac{D'C}{zc_{s,m}}(c_{A_1} - c_{A_2}) \qquad\qquad (2-18)$$

式中 $\quad N'_A$——溶质 A 在液相中的传递速率，$\text{kmol}/(\text{m}^2 \cdot \text{s})$；

$\qquad D'$——溶质 A 在溶剂 S 中的扩散系数，m^2/s；

$\qquad C$——液相的总浓度，$C = c_A + c_B$，kmol/m^3；

$\qquad c_{s,m}$——1、2 两截面上溶剂浓度的对数平均值，kmol/m^3；

$\qquad z$——1、2 两截面间的距离，m；

$\qquad c_{A_1}$、c_{A_2}——1、2 两截面上的溶质浓度，mol/m^3。

2.3.4 扩散系数

分子扩散系数简称扩散系数,它是单位浓度梯度的扩散通量,是物质的特性常数之一。同一物质的扩散系数随介质的种类、温度、压强及浓度的不同而变化。但在气相中的扩散,浓度的影响可忽略;对于液相中的扩散,压强的影响不显著。

物质扩散系数的值可由实验测定,或从有关资料、手册中查得。表 2-2 及表 2-3 中分别列举了若干种物质在空气中及在水中的扩散系数。

表 2-2　一些物质在空气中的扩散系数(0 ℃、101.33 kPa)

扩散物质	扩散系数 $D \times 10^4$ m²/s	扩散物质	扩散系数 $D \times 10^4$ m²/s
H_2	0.611	H_2O	0.220
N_2	0.132	C_6H_6	0.077
O_2	0.178	C_7H_8	0.076
CO_2	0.138	CH_3OH	0.132
HCl	0.130	C_2H_5OH	0.102
SO_2	0.103	CS_2	0.089
SO_3	0.095	$C_2H_5OC_2H_5$	0.078
NH_3	0.17		

表 2-3　一些物质在水中的扩散系数(20 ℃稀溶液)

扩散物质	扩散系数 $D' \times 10^9$ m²/s	扩散物质	扩散系数 $D' \times 10^9$ m²/s
O_2	1.80	C_2H_2	1.56
CO_2	1.50	CH_3COOH	0.88
N_2O	1.51	CH_3OH	1.28
NH_3	1.76	C_2H_5OH	1.00
Cl_2	1.22	C_3H_7OH	0.87
Br_2	1.2	C_4H_9OH	0.77
H_2	5.13	C_6H_5OH	0.84
N_2	1.64	$CH_2OH \cdot CHOH \cdot CH_2OH$(甘油)	0.72
HCl	2.64	NH_2CONH_2(尿素)	1.06
H_2S	1.41	$C_5H_{11}O_5CHO$(葡萄糖)	0.60
H_2SO_4	1.73	$C_{12}H_{22}O_{11}$(蔗糖)	0.45
HNO_3	2.6		
NaCl	1.35		
NaOH	1.51		

当没有资料可查,又缺乏进行实验测定的条件时,可由物质本身的基础物性数据及状态参数,借助某些经验的或半经验的公式进行估算。

一、双组分气体的扩散系数

对于气体 A 在气体 B 中(或 B 在 A 中)的扩散系数,可按麦克斯韦-吉利兰公式估算,即:

$$D = \frac{4.36 \times 10^{-5} T^{1.5} \left(\dfrac{1}{M_A} + \dfrac{1}{M_B} \right)^{1/2}}{P(v_A^{1/3} + v_B^{1/3})^2} \tag{2-19}$$

式中　D——扩散系数，m^2/s；

　　　P——总压强，kPa；

　　　T——热力学温度，K；

　　　M_A、M_B——分别为 A、B 两种物质的摩尔质量，g/mol；

　　　v_A、v_B——分别为 A、B 两种物质的分子体积，cm^3/mol。

分子体积 v 是 1 mol 物质在其正常沸点下呈液态时的体积(cm^3)，它表征分子本身所占据空间的大小。表 2-4 右侧列举了某些结构较简单的气体物质的分子体积。

对结构较复杂的物质，其分子体积可用克普加和法则作近似的估算。表 2-4 左侧列举了若干元素的原子体积数值。将物质分子中各种元素的原子体积按各自的原子数目加和起来，便得到该物质分子体积的近似值。例如，醋酸(CH_3COOH)的分子体积即可按表中查得的 C、H 及 O 的原子体积加和如下：

$$v_{CH_3COOH} = 14.8 \times 2 + 3.7 \times 4 + 12 \times 2 = 68.4 \ cm^3/mol$$

表 2-4　一些元素的原子体积与简单气体的分子体积

原子体积, cm^3/mol		分子体积, cm^3/mol	
H	3.7	H_2	14.3
C	14.8	O_2	25.6
F	8.7	N_2	31.2
Cl　（最后的，如 R—Cl）	21.6	空气	29.9
（中间的，如 R—CHCl—R′）	24.6	CO	30.7
Br	27	CO_2	34
I	37	SO_2	44.8
N	15.6	NO	23.6
（在伯胺中）	10.5	N_2O	36.4
（在仲胺中）	12.0	NH_3	25.8
O	7.4	H_2O	18.9
（在甲酯中）	9.1	H_2S	32.9
（在乙酯及甲、乙醚中）	9.9	Cl_2	48.4
（在高级酯及醚中）	11.0	Br_2	53.2
（在酸中）	12	I_2	71.5
（与 N、S、P 结合）	8.3		
S	25.6		
P	27		

根据式 2-19，可将 T_0、P_0 条件下的扩散系数 D_0 用下式转换为操作温度 T 及压强 P 条件下的扩散系数值，即：

$$D = D_0 \left(\frac{P_0}{P} \right) \left(\frac{T}{T_0} \right)^{1.5} \tag{2-20}$$

二、非电解质稀溶液中的扩散系数

用于估算液体中扩散系数的经验公式很多，对于非电解质稀溶液中 A 组分的扩散系数

可用下式作粗略估算,即:

$$D' = \frac{7.7 \times 10^{-15} T}{\mu(v_A^{1/3} - v_0^{1/3})}$$ （2-21）

式中　　D'——物质在其稀溶液中的扩散系数,m^2/s;

　　　　μ——液体的黏度,$Pa \cdot s$;

　　　　v_0——常数,对于扩散物质在水、甲醇或苯中的稀溶液,v_0 值可分别取为 8、14.9 及 22.8,cm^3/mol。

[例2-6]　试用麦克斯韦-吉利兰公式分别计算在 0 ℃、101.33 kPa 条件下乙醇及苯蒸气在空气中的扩散系数并与文献数据相比较。

解:(1)乙醇蒸气在空气中的扩散系数

乙醇分子式为 C_2H_5OH,故

$$v_A = 2 \times 14.8 + 6 \times 3.7 + 7.4 = 59.2 \ cm^3/mol$$

$$v_B = 29.9 \ cm^3/mol$$

乙醇和空气的摩尔质量分别为:$M_A = 46, M_B = 29$。又知 $T = 273$ K,$P = 101.33$ kPa。

将上面数据代入式 2-19,得:

$$D = \frac{4.36 \times 10^{-5}(273)^{1.5}\left(\frac{1}{46} + \frac{1}{29}\right)^{\frac{1}{2}}}{101.33(59.2^{1/3} + 29.9^{1/3})^2} = 9.391 \times 10^{-6} \ m^2/s$$

从表 2-2 中查得 $D = 1.02 \times 10^{-5} \ m^2/s$。

(2)苯蒸气在空气中的扩散系数

苯的分子式为 C_6H_6,故

$$v_A = 6 \times 14.8 + 6 \times 3.7 = 111 \ cm^3/mol$$

$$v_B = 29.9 \ cm^3/mol$$

苯和空气的摩尔质量分别为:$M_A = 78, M_B = 29$。又知 $T = 273$ K,$P = 101.33$ kPa。

所以　　$$D = \frac{4.36 \times 10^{-5}(273)^{1.5}\left(\frac{1}{78} + \frac{1}{29}\right)^{\frac{1}{2}}}{101.33(111^{1/3} + 29.9^{1/3})^2} = 6.749 \times 10^{-6} \ m^2/s$$

从表 2-2 中查得在相同的条件下 $D = 7.7 \times 10^{-6} \ m^2/s$。

估算值与文献值的误差均在 15% 以内。

2.3.5　对流扩散

一、涡流扩散

湍流流体中,凭借流体质点的湍动与旋涡来传递物质的现象,称为涡流扩散。显然,在湍流流体中,分子扩散与涡流扩散同时发挥着传递作用,但是在湍流主体中质点传递的规模和速度远远大于单个分子,因此涡流扩散的效果占主要地位。此时的扩散通量可用下式表示,即:

$$J_A = -(D + D_e)\frac{dc_A}{dz}$$ （2-22）

式中 D_e 为涡流扩散系数,m^2/s。

涡流扩散系数 D_e 不是物性常数,它与湍动程度有关,且随位置而变,其值难于测定与计算,因而常将分子扩散与涡流扩散两种传质作用综合考虑。

二、对流扩散

对流扩散即湍流主体与相界面之间的分子扩散与涡流扩散两种传质作用的总称。因为对流传质与对流传热过程类似,故可采用与处理对流传热问题类似的方法来处理对流传质问题。

为了能够利用分子扩散速率方程的形式描述对流传质过程,提出了"有效滞流膜层"的简化模型。

在图 2-9(a)所示的湿壁塔内,吸收剂自上而下沿固体表面流动,混合气体自下而上流过液体表面,这两股逆向运动着的流体在液体表面进行接触传质。在定态操作状态下,湿壁塔任一截面的 $m-n$ 处相界面气相一侧溶质 A 的分压分布情况示于图 2-9(b)中。图中,横轴表示离开相界面的距离 z,纵轴表示溶质 A 的分压 p。气体虽然呈湍流流动,但靠近相界面处仍存在一个滞流内层,令其厚度为 z'_G。

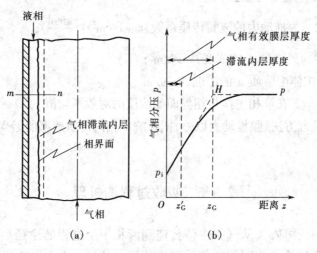

图 2-9 传质的有效滞流膜层

吸收质 A 自气相主体向相界面转移,气相中 A 的分压愈靠近相界面愈低。在定态状况下,$m-n$ 截面中不同 z 值各点上的传质速率应相同。在滞流层内,由于 A 的传递单靠分子扩散作用,因而分压梯度较大,$p—z$ 曲线较为陡峭;在过渡区,由于开始发生涡流扩散作用,故分压梯度逐渐变小,$p—z$ 曲线变得平缓;在湍流主体中,由于流体质点的剧烈混合,使得 A 的分压趋于一致,$p—z$ 曲线变为一水平线。

延长滞流内层的分压线使之与气相主体的水平分压线交于点 H,此点与相界面的距离为 z_G。设想于相界面附近存在厚度为 z_G 的滞流膜层,膜层内流动纯属滞流,因而其中的物质传递形式纯系分子扩散。此虚拟的膜层称为有效滞流膜或停滞膜。由图看出,整个有效滞流膜层内的传质推动力即为气相主体与相界面处的分压差,即意味着从气相主体到相界面处的全部传质阻力都集于此有效滞流膜层之中,于是便可按有效滞流膜层内的分子扩散速率写出由气相主体至相界面的对流传质速率关系式,即:

$$N_A = \frac{DP}{RTz_G p_{B,m}}(p - p_A) \tag{2-23}$$

令 $\qquad k_G = DP/(RTz_G p_{B,m})$

可得到与对流传热中牛顿冷却定律相似的对流传质速率方程式,即:

$$N_A = k_G(p - p_i) \qquad (2\text{-}23a)$$

式中 N_A——气膜中溶质 A 的对流扩散速率,kmol/(m²·s);

     k_G——以 Δp 为推动力的气膜传质系数,kmol/(m²·s·kPa);

     z_G——气相有效滞流膜层厚度,m;

     p——气相主体中溶质 A 的分压,kPa;

     p_i——相界面处溶质 A 的分压,kPa。

同理,有效滞流膜层的设想也可应用于相界面的液相一侧,从而写出液相中对流传质速率关系式,即:

$$N_A = \frac{D'C}{z_L c_{S,m}}(c_i - c) = k_L(c_i - c) \qquad (2\text{-}24)$$

式中 z_L——液相有效滞流膜层厚度,m;

     k_L——以 Δc 为推动力的液膜传质系数,kmol/(m²·s·$\frac{kmol}{m^3}$);

     c_i——相界面处溶质 A 的浓度,kmol/m³;

     c——液相主体中溶质 A 的浓度,kmol/m³;

     $c_{S,m}$——溶剂 S 在液相主体与相界面处浓度的对数平均值。

按照上述的处理方法,除推动力以外,把影响单相内传质速率的因素都包括到传质系数 k_G、k_L 中了。

2.3.6 吸收过程的机理

吸收机理是讨论溶质 A 从气相主体传递到液相中全过程的途径和规律的。前面介绍的单一相内的传递理论为相际间的传质理论奠定了基础。由于影响吸收过程的因素很复杂,许多学者对吸收机理提出了不同的简化模型。目前,路易斯和惠特曼于 20 世纪 20 年代提出的双膜理论一直占有重要的地位。本节前段关于单相内传质机理的分析和处理,都是以双膜理论的基本论点为依据的。

双膜理论(停滞膜模型)的基本论点如下:

(1)相互接触的气、液两流体间存在着定态的相界面,界面两侧各有一个有效滞流膜层,吸收质以分子扩散方式通过此二膜层;

(2)在相界面处,气、液两相处于平衡;

(3)在膜层以外的气、液两相中心区,由于流体充分湍动,吸收质浓度是均匀的,即两相中心区内浓度梯度皆为零,全部组成变化集中在两个有效膜层内。

通过以上假设,就把整个相际传质过程简化为经由气、液两膜的分子扩散过程。图 2-10 即为双膜理论的示意图。

双膜理论认为相界面上处于平衡状态,即图 2-10 中的 p_i 与 c_i 符合平衡关系,这样整个相际传质过程的阻力便全部集中到两个有效膜层内。在两相主体浓度一定的情况下,两膜的阻力便决定了传质速率的大小,因此,双膜理论又称为双阻力理论。

双膜理论对于具有固定相界面的系统(如湿壁塔中)及速度不高的两流体间的传质,与实际情况是相当符合的。根据这一理论所建立的相际传质速率关系,至今仍是传质设备设计的主要依据。但是,对于具有自由相界面的系统(如填料塔中的两相界面),尤其是高度湍动的两流体间的传质,双膜理论表现出它的局限性。针对双膜理论的局限性,后来相继提出了一些新的理论(或称模型),如溶质渗透理论、表面更新理论、膜渗透理论等,它们的共同特

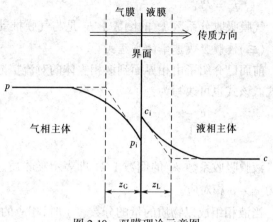

图 2-10 双膜理论示意图

点是放弃定态扩散的观点,建立非定态的"表面更新"模型。这些新的理论目前仍不能作为传质设备设计的依据。所以后面关于吸收速率的讨论,仍以双膜理论为基础。

2.3.7 吸收速率方程式

根据生产任务进行吸收设备的设计计算,或核算混合气体通过指定设备所能达到的吸收程度,都需要知道吸收速率。吸收速率是指单位时间内单位相际传质面积上吸收的溶质量。表明吸收速率与吸收推动力之间关系的数学式即吸收速率方程式。吸收速率关系可表达为"吸收速率 = 吸收系数 × 推动力"的一般形式。由于吸收系数及其相应的推动力的表达方式及范围的不同,出现了多种形式的吸收速率方程式。

一、气膜和液膜吸收速率方程式

单独根据气膜或液膜的推动力及阻力写出的速率关系式即称为膜吸收速率方程式,相应的吸收系数称为膜系数或分系数,用 k 表示。吸收中的膜系数 k 与对流传热中的对流传热系数 α 相当。

(一)气膜吸收速率方程式

前面已经介绍了由气相主体到相界面的对流扩散速率方程式 2-23(a)即为气膜吸收速率方程式,该式也可写成如下形式:

$$N_A = \frac{p - p_i}{\dfrac{1}{k_G}} \tag{2-23b}$$

气膜吸收分系数的倒数 $1/k_G$ 即表示吸收质通过气膜的传质阻力,该阻力与气膜推动力 $p - p_i$ 相对应。

当气相的组成以物质的量的分数表示时,相应的气膜吸收速率方程式为:

$$N_A = k_y(y - y_i) \tag{2-25}$$

式中　y——气相主体中溶质 A 物质的量的分数;

　　　y_i——相界面处溶质 A 物质的量的分数;

　　　k_y——以 Δy 为推动力的气膜吸收分系数,$kmol/(m^2 \cdot s)$。很容易证明:

$$k_y = Pk_G \qquad (2\text{-}26)$$

气膜吸收分系数 k_y 的倒数 $1/k_y$ 是与气膜推动力 $y - y_i$ 相对应的气膜阻力。

(二)液膜吸收速率的方程式

前面已介绍了由相界面到液相主体的对流扩散速率方程,式 2-24 即为液膜吸收速率方程式。该式也可改写为:

$$N_A = \frac{c_i - c}{\dfrac{1}{k_L}} \qquad (2\text{-}24a)$$

液膜吸收系数 k_L 的倒数 $1/k_L$ 即表示吸收质通过液膜的传质阻力,这个阻力与液膜推动力 $c_i - c$ 相对应。

当液相组成以物质的量的分数表示时,相应的液膜吸收速率方程式为:

$$N_A = k_x(x_i - x) \qquad (2\text{-}27)$$

式中　x_i——相界面处溶质 A 物质的量的分数;

　　　x——液相主体中溶质 A 物质的量的分数;

　　　k_x——以 Δx 为推动力的液膜吸收分系数,kmol/($m^2 \cdot s$)。很容易证明:

$$k_x = Ck_L \qquad (2\text{-}28)$$

同样,$1/k_x$ 是与液膜推动力 $x_i - x$ 相对应的液膜阻力。

二、总吸收速率方程式及与其对应的总吸收系数

膜吸收速率方程式中的推动力都涉及相界面处吸收质 A 的组成。为了避开难于确定的界面组成,可仿照间壁换热器中两流体换热问题的处理方法。在研究间壁换热器传热速率时,可以避开壁温而以冷、热两流体主体温度之差来表示传热的总推动力,相应的系数称为总传热系数。对于吸收过程,同样可以采取两相主体组成的某种差值来表示总推动力,以及相应的总吸收速率方程式。这种速率方程式中的吸收系数称为总系数,以 K 表示。总系数的倒数 $1/K$ 即总阻力。总阻力应当是两膜传质阻力之和。但是,由于气、液两相的组成表示方法不同(例如气相用分压、液相用物质量的浓度),二者不能直接相减;即使二者的表示方法相同(如都用摩尔分数表示)时,也不能用其差值代表过程推动力,在这一点上要比传热中更为复杂。

吸收过程能够进行的必要条件是两相主体组成尚未达到平衡,吸收过程的总推动力应该用任何一相的主体组成和另外一相平衡组成的差额来表示。

(一)以气相组成表示总推动力的吸收速率方程式

1.以 $p - p^*$ 表示总推动力的吸收速率方程式

在定态操作的吸收设备内任一部位上,气、液两膜中的传质速率应相等,即式 2-23(a)与式 2-24 可用等号连接起来:

$$N_A = k_G(p - p_i) = k_L(c_i - c)$$

若系统服从亨利定律,则可通过亨利定律将液相浓度用相应的气相分压来表示。令 p^* 表示与液相主体浓度 c 成平衡的气相分压,即:

$$p^* = \frac{c}{H}$$

根据双膜理论,相界面上两相组成互成平衡,即:

$$p_i = \frac{c_i}{H}$$

将上两式代入液膜吸收速率方程式 2-24,得:

$$N_A = k_L H(p_i - p^*)$$

或

$$\frac{N_A}{Hk_L} = p_i - p^*$$

气膜吸收速率方程式 2-23(a)也可改写成如下形式,即:

$$\frac{N_A}{k_G} = p - p_i$$

上两式相加,得:

$$N_A\left(\frac{1}{Hk_L} + \frac{1}{k_G}\right) = p - p^* \tag{2-29}$$

令

$$\frac{1}{K_G} = \frac{1}{Hk_L} + \frac{1}{k_G} \tag{2-29a}$$

则

$$N_A = K_G(p - p^*) \tag{2-30}$$

式中 K_G 为气相总吸收系数,$kmol/(m^2 \cdot s \cdot kPa)$。

式 2-30 即为以 $p - p^*$ 为总推动力的吸收速率方程式,也称为气相总吸收速率方程式。$1/K_G$ 为两膜总阻力。由式 2-29(a)看出,总阻力 $1/K_G$ 是由气膜阻力 $1/k_G$ 与液膜阻力 $1/(Hk_L)$ 两部分组成。

对于易溶气体,H 值很大,在 k_G 与 k_L 数量级相同或相近的情况下存在如下关系:

$$\frac{1}{Hk_L} \ll \frac{1}{k_G}$$

此时传质阻力的绝大部分存在于气膜阻力之中,液膜阻力可以忽略,因而式 2-29(a)可简化为:

$$\frac{1}{K_G} \approx \frac{1}{k_G}$$

或

$$K_G \approx k_G \tag{2-29b}$$

上式表示气膜阻力控制着整个吸收过程的速率,吸收总推动力的绝大部分用于克服气膜阻力,由图 2-11(a)可以看出:

$$p - p^* \approx p - p_i$$

这种情况称为气膜控制。用水吸收氨或氯化氢,用浓硫酸吸收气相中的水蒸气等过程,都可视为气膜控制的吸收例子。对于气膜控制的吸收过程,欲提高吸收速率,在选择设备形式及确定操作条件时应设法减小气膜阻力。

2.以 $Y - Y^*$ 表示总推动力的吸收速率方程式

在吸收计算中,当溶质组成较低时,通常以摩尔比表示组成较为方便,故常用到以 $Y - Y^*$ 为总推动力的吸收速率方程式,即将 $p = Py$ 及 $y = Y/(1 + Y)$ 的关系代入式 2-30,经整理和简化,可得以 $Y - Y^*$ 为总推动力的吸收速率方程式,即:

$$N_A = K_Y(Y - Y^*) \tag{2-31}$$

式中 Y——气相主体中溶质 A 物质的量的比;

Y^*——与液相组成 X 成平衡的气相物质的量的比;

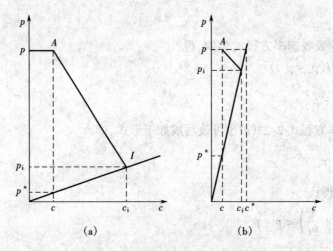

图 2-11　气膜控制与液膜控制示意图

K_Y——气相总吸收系数,$kmol/(m^2 \cdot s)$。

对于低浓度的吸收过程,$K_Y \approx PK_G$。$1/K_Y$ 为两膜的总阻力,它由气膜阻力 $1/k_Y$ 与液膜阻力 m/k_X 两部分组成,即:

$$\frac{1}{K_Y} = \frac{1}{k_Y} + \frac{m}{k_X} \tag{2-32}$$

同样,对易溶气体的气膜控制吸收过程,上式可简化为:

$$\frac{1}{K_Y} \approx \frac{1}{k_Y}$$

或　　　$K_Y \approx k_Y$ 　　　(2-32a)

(二)以液相组成表示总推动力的吸收速率方程式

1. 以 $c^* - c$ 为总推动力的吸收速率方程式

对于服从亨利定律的吸收系统,将式 2-29 两边皆乘以溶解度系数 H,可得:

$$N_A \left(\frac{H}{k_G} + \frac{1}{k_L} \right) = c^* - c \tag{2-33}$$

令　　　$\dfrac{1}{K_L} = \dfrac{H}{k_G} + \dfrac{1}{k_L}$ 　　　(2-33a)

则　　　$N_A = K_L(c^* - c)$ 　　　(2-34)

式中 K_L 为液相总吸收系数,$kmol/(m^2 \cdot s \cdot \dfrac{kmol}{m^3})$ 即 m/s。

式 2-34 即为以 $c^* - c$ 为总推动力的吸收速率方程式,也称液相总吸收速率方程式。$1/K_L$ 为两膜总阻力,此阻力由气膜阻力 H/k_G 与液膜阻力 $1/k_L$ 两部分组成。

对于难溶气体的液膜阻力控制系统,式 2-33(a)可简化为:

$$\frac{1}{K_L} \approx \frac{1}{k_L} \text{或} K_L = k_L \tag{2-33b}$$

对于难溶气体,总推动力的绝大部分用于克服液膜阻力,由图 2-11(b)可看出:

$$c^* - c \approx c_i - c$$

用水吸收氧、氢或二氧化碳的过程,都是液膜控制的吸收过程。对于这样的吸收过程,

68

欲提高吸收速率,在设备选型或确定操作条件时,应特别注意减小液膜阻力。

2.以 $X^* - X$ 表示总推动力的吸收速率方程式

将 $c = Cx$ 及 $x = X/(1 + X)$ 的关系式代入式 2-34,经整理并简化得到:

$$N_A = K_X(X^* - X) \tag{2-35}$$

式中 K_X 为以 ΔX 为推动力的液相总吸收系数,$kmol/(m^2 \cdot s)$。

式 2-35 即为以 $X^* - X$ 表示总推动力的液相总吸收速率方程式,$1/K_X$ 为两膜总阻力。对于低浓度的吸收过程,$K_X \approx CK_L$。

需要指出,一般情况下,对于具有中等溶解度的气体吸收过程,气膜阻力与液膜阻力均不可忽略,要提高过程速率,必须同时降低气、液两膜阻力,方能得到满意的效果。

三、小结

1.吸收速率方程式的形式

由于组成表示方法的不同和推动力所涉及的范围不同,出现了多种形式的吸收速率方程式。可以把它们分为两类。

膜吸收速率方程式:

$$N_A = k_G(p - p_i)$$
$$N_A = k_y(y - y_i) \qquad k_y = Pk_G$$
$$N_A = k_L(c_i - c)$$
$$N_A = k_x(x_i - x) \qquad k_x = Ck_L$$

与总吸收系数相对应的总吸收速率方程式:

$$N_A = K_G(p - p^*) \qquad \frac{1}{K_G} = \frac{1}{k_G} + \frac{1}{Hk_L}$$

$$N_A = K_Y(Y - Y^*) \qquad \frac{1}{K_Y} = \frac{1}{k_Y} + \frac{m}{k_X} \qquad K_Y = PK_G$$

$$N_A = K_L(C^* - C) \qquad \frac{1}{K_L} = \frac{1}{k_L} + \frac{H}{k_G}$$

$$N_A = K_X(X^* - X) \qquad \frac{1}{K_X} = \frac{1}{k_X} + \frac{1}{mk_Y} \qquad K_X = CK_L$$

2.吸收系数的单位

任何吸收系数的单位均可写作 $kmol/(m^2 \cdot s \cdot 单位推动力)$。当推动力以物质的量的分数或物质的量之比表示时,吸收系数的单位便简化为 $kmol/(m^2 \cdot s)$,与吸收速率的单位相同。

3.应用吸收速率方程式时的注意事项

(1)必须注意各速率方程式中吸收系数与推动力的正确搭配及其单位的一致性。吸收系数的倒数即表示吸收阻力,阻力的表达形式也应与推动力的表达形式相对应。例如:

当 $Y - Y^*$ 表示总推动力时,气膜阻力为 $1/k_Y$,液膜阻力为 m/k_X;

当 $X - X^*$ 表示总推动力时,气膜阻力为 $1/mk_Y$,液膜阻力为 $1/k_X$。

(2)前面所介绍的所有吸收速率方程式,都只适用于描述定态操作的吸收塔内任一横截面上的速率关系,不能直接用来描述全塔的吸收速率。在塔内不同横截面上,气、液两相的组成各不相同,吸收速率也不相同。

(3)若采用以总系数表达的吸收速率方程式时,在整个吸收过程所涉及的组成范围内,平衡关系须为直线,符合亨利定律,否则,即使 k_Y、k_X 为常数,总系数仍会随组成而变化,这将不便于用来进行吸收塔的计算。当然,对于一些特例可进行简化。例如,对于易溶气体,$K_Y \approx k_Y$;对于难溶气体,$K_X \approx k_X$。

(4)对于具有中等溶解度的气体而平衡关系不为直线时,不宜采用总系数表示的速率方程式。

[例 2-7] 用清水吸收含低浓度溶质 A 的混合气体,平衡关系服从亨利定律。现已测得吸收塔某横截面上气相主体溶质 A 的分压为 5.1 kPa,液相溶质 A 的物质的量的分数为 0.01,相平衡常数 m 为 0.84,气膜吸收系数 $k_Y = 2.776 \times 10^{-5}$ kmol/(m²·s),液膜吸收系数 $k_X = 3.86 \times 10^{-3}$ kmol/(m²·s)。塔的操作总压为 101.33 kPa。试求:

(1)气相总吸收系数 K_Y,并分析该吸收过程的控制因素;

(2)该塔横截面上的吸收速率 N_A。

解: (1)气相总吸收系数 K_Y

将有关数据代入式 2-32,便可求得气相总吸收系数,即:

$$\frac{1}{K_Y} = \frac{1}{k_Y} + \frac{m}{k_X} = \frac{1}{2.776 \times 10^{-5}} + \frac{0.84}{3.86 \times 10^{-3}}$$

$$= 3.602 \times 10^4 + 2.176 \times 10^2 = 3.624 \times 10^4 \ (m^2 \cdot s)/kmol$$

$$K_Y = 1/3.624 \times 10^4 = 2.759 \times 10^{-5} \ kmol/(m^2 \cdot s)$$

由计算数据可知,气膜阻力 $1/k_Y = 3.602 \times 10^4$ (m²·s)/kmol,而液膜阻力 $m/k_X = 2.176 \times 10^2$ (m²·s)/kmol,液膜阻力约占总阻力的 0.6%,故该吸收过程为气膜阻力控制。

(2)吸收速率

用式 2-31 计算该塔截面上的吸收速率,式中有关参数为:

$$Y = \frac{p}{P - p} = \frac{5.1}{101.33 - 5.1} = 0.053$$

$$X = \frac{x}{1 - x} = \frac{0.01}{1 - 0.01} = 0.010\ 1$$

$$Y^* = mX = 0.84 \times 0.010\ 1 = 0.008\ 48$$

$$N_A = K_Y(Y - Y^*) = 2.759 \times 10^{-5}(0.053 - 0.008\ 48) = 1.228 \times 10^{-6} \ kmol/(m^2 \cdot s)$$

第 4 节　吸收塔的计算

吸收过程既可在板式塔内进行,也可在填料塔内进行。在板式塔中气液逐级接触,而在填料塔中气液则呈连续接触。本章对于吸收操作的分析和计算主要结合连续接触方式进行。

填料塔内充以某种特定形状的固体填料以构成填料层。填料层是塔实现气、液接触的主要部位。填料的主要作用是:①填料层内空隙体积所占比例很大,填料间隙形成不规则的弯曲通道,气体通过时可达到很高的湍动程度;②单位体积填料层内提供很大的固体表面,液体分布于填料表面呈膜状流下,增大了气、液之间的接触面积。

在填料塔内,气、液两相既可逆流,也可并流。在对等条件下,逆流操作可获得较大的平均推动力,从而有利于提高吸收速率。从另一方面看,逆流时,流至塔底的吸收液恰与刚刚进入塔的混合气体接触,有利于提高出塔吸收液的组成,从而可减少吸收剂的用量;升至塔顶的气体恰与刚刚进塔的吸收剂接触,有利于降低出塔气体的组成,从而提高溶质的吸收率。因此,吸收塔通常都采用逆流操作。

通常填料塔的工艺计算包括如下项目:

(1)在选定吸收剂的基础上确定吸收剂的用量;

(2)计算塔的主要工艺尺寸,包括塔径和塔的有效高度。对填料塔,有效高度是填料层高度;对板式塔,则是实际板层数与板间距的乘积。

计算的基本依据是物料衡算,气、液平衡关系及速率关系。

下面的讨论限于如下假设条件:

(1)吸收为低浓度等温物理吸收,总吸收系数为常数;

(2)惰性组分 B 在溶剂中完全不溶解,溶剂在操作条件下完全不挥发,惰性气体和吸收剂在整个吸收塔中均为常量;

(3)吸收塔中气、液两相逆流流动。

2.4.1　吸收塔的物料衡算与操作线方程式

一、全塔物料衡算

图 2-12 所示是一个定态操作逆流接触的吸收塔,图中各符号的意义如下:

V——惰性气体的流量,kmol(B)/s;

L——纯吸收剂的流量,kmol(S)/s;

Y_1、Y_2——分别为进出吸收塔气体中溶质物质量的比,kmol(A)/kmol(B);

X_1、X_2——分别为出塔及进塔液体中溶质物质量的比,kmol(A)/kmol(S)。

注意,本章中塔底截面一律以下标"1"表示,塔顶截面一律以下标"2"表示。

在全塔范围内作溶质的物料衡算,得:

$$VY_1 + LX_2 = VY_2 + LX_1$$

或　　　　$$V(Y_1 - Y_2) = L(X_1 - X_2) \tag{2-36}$$

一般情况下,进塔混合气体的流量和组成是吸收任务所规定的,若吸收剂的流量与组成已被确定,则 V、Y_1、L 及 X_2 为已知数,再根据规定的溶质回收率,便可求得气体出塔时的溶质含量,即:

$$Y_2 = Y_1(1 - \varphi_A) \tag{2-37}$$

式中 φ_A 为溶质的吸收率或回收率。

通过全塔物料衡算式 2-36 可以求得吸收液组成 X_1。于是,在吸收塔的底部与顶部两个截面上,气、液两相的组成 Y_1、X_1 与 Y_2、X_2 均应成为已知数。

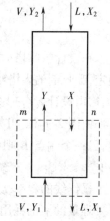

图 2-12　逆流吸收塔的
物料衡算

二、吸收塔的操作线方程式与操作线

在定态逆流操作的吸收塔内,气体自下而上,其组成由 Y_1 逐渐降低至 Y_2;液相自上而下,其组成由 X_2 逐渐增浓至 X_1;而在塔内任意截面上的气、液组成 Y 与 X 之间的对应关系,可由塔内某一截面与塔的一个端面之间作溶质 A 的衡算而得。

例如,在图 2-12 中的 $m-n$ 截面与塔底端面之间作组分 A 的衡算:

$$VY + LX_1 = VY_1 + LX$$

或
$$Y = \frac{L}{V}X + \left(Y_1 - \frac{L}{V}X_1 \right) \tag{2-38}$$

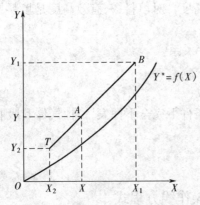

图 2-13 逆流吸收塔的操作线

式 2-38 称为逆流吸收塔的操作线方程式,它表明塔内任一横截面上的气相组成 Y 与液相组成 X 之间成直线关系。直线的斜率为 L/V,且此直线应通过 $B(X_1, Y_1)$ 及 $T(X_2, Y_2)$ 两点,如图 2-13 所示。图中的直线 BT 即为逆流吸收塔的操作线。端点 B 代表吸收塔底的情况,此处具有最大的气、液组成,故称为"浓端";端点 T 代表塔顶的情况,此处具有最小的气、液组成,故称为"稀端";操作线上任一点 A 代表塔内相应截面上的液、气组成 X、Y。

在图 2-12 中的 $m-n$ 截面与塔顶端面之间作组分 A 的衡算,得到

$$Y = \frac{L}{V}X + \left(Y_2 - \frac{L}{V}X_2 \right) \tag{2-39}$$

式 2-39 与式 2-38 具有等效性。

当进行吸收操作时,在塔内任一截面上,溶质在气相中的实际组成总是高于与其接触的液相平衡组成,所以吸收操作线必位于平衡线上方。反之,若操作线位于平衡线下方,则进行脱吸过程。

需要指出,操作线方程式及操作线都是由物料衡算得来的,与系统的平衡关系、操作温度和压强以及塔的结构类型都无任何牵连。

2.4.2 吸收剂用量的确定

在设计吸收塔时,需要处理的惰性气体流量 V 及气体的初、终组成 Y_1 与 Y_2 已由任务规定,吸收剂的入塔组成 X_2 常由工艺条件决定,而吸收剂用量 L 及吸收液组成 X_1 互相制约,需由设计者合理选定。

由图 2-14(a)可知,在 V、Y_1、Y_2 及 X_2 已知的情况下,吸收操作线的一个端点 T 已经固定,另一个端点 B 则可在 $Y = Y_1$ 的水平线上移动。点 B 的横坐标将取决于操作线的斜率 L/V。

操作线的斜率 L/V 称为"液气比",是溶剂与惰性气体物质的量的比值。它反映单位气体处理量的溶剂耗用量大小。在此,V 值已经确定,故若减少吸收剂用量 L,操作线的斜率就要变小,点 B 便沿水平线 $Y = Y_1$ 向右移动,其结果是使出塔吸收液的组成加大,吸收推动力相应减小。若吸收剂用量减小到恰使点 B 移至水平线 $Y = Y_1$ 与平衡线的交点 B^* 时,$X_1 = X_1^*$,意即塔底流出的吸收液与刚进塔的混合气达到平衡。这是理论上吸收液所能达到的最高含量,但此时过程的推动力已变为零,因而需要无限大的相际传质面积。这在实际上是办不到的,只能用来表示一种极限状况。此种状况下吸收操作线(B^*T)的斜率称为最小液气比,以 $(L/V)_{min}$ 表示,相应的吸收剂用量即为最小吸收剂用量,以 L_{min} 表示。

反之，若增大吸收剂用量，则点 B 将沿水平线向左移动，使操作线远离平衡线，过程推动力增大；但超过一定限度后，效果便不明显，而溶剂的消耗、输送及回收等项操作费用急剧增大。

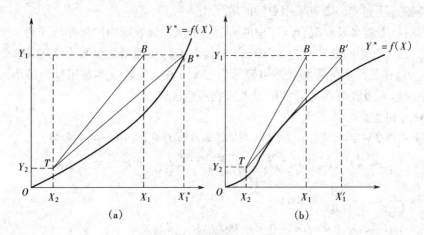

图 2-14　吸收塔的最小液气比

　　最小液气比可用图解法求出。如果平衡曲线符合图 2-14(a)所示的一般情况，则要找到水平线 $Y = Y_1$ 与平衡线的交点 B^*，从而读出 X_1^* 的数值，然后用下式计算最小液气比，即：

$$\left(\frac{L}{V}\right)_{\min} = \frac{Y_1 - Y_2}{X_1^* - X_2} \tag{2-40}$$

或　　　　　$$L_{\min} = V\frac{Y_1 - Y_2}{X_1^* - X_2} \tag{2-40a}$$

　　如果平衡曲线呈现如图 2-14(b)中所示的形状，则应过点 T 作平衡线的切线，找到水平线 $Y = Y_1$ 与此切线的交点 B'，从而读出点 B' 的横坐标 X_1' 的数值，用 X_1' 代替式 2-40 或式 2-40(a)中的 X_1^*，便可求得最小液气比$(L/V)_{\min}$或最小吸收剂用量 $L_{\min}$。

　　若平衡关系符合亨利定律，可用 $X^* = Y/m$ 表示，则可直接用下式算出最小液气比，即：

$$\left(\frac{L}{V}\right)_{\min} = \frac{Y_1 - Y_2}{\dfrac{Y_1}{m} - X_2} \tag{2-41}$$

或　　　　　$$L_{\min} = V\frac{Y_1 - Y_2}{\dfrac{Y_1}{m} - X_2} \tag{2-41a}$$

　　如果用纯溶剂吸收，则 $X_2 = 0$，式 2-41 及式 2-41(a)可表达为

$$\left(\frac{L}{V}\right)_{\min} = \varphi_A m \tag{2-41b}$$

或　　　　　$$L_{\min} = \varphi_A m V \tag{2-41c}$$

　　由以上分析可见，吸收剂用量的大小，从设备费与操作费两方面影响到生产过程的经济效果，应权衡利弊，选择适宜的液气比，使两种费用之和最小。根据生产实践经验，一般情况下取吸收剂用量为最小用量的 $1.1 \sim 2.0$ 倍是比较适宜的，即：

$$\frac{L}{V} = (1.1 \sim 2.0)\left(\frac{L}{V}\right)_{\min} \tag{2-42}$$

73

或 $\qquad L = (1.1 \sim 2.0)L_{min}$ $\hfill (2\text{-}42a)$

必须指出,为了保证填料表面能被液体充分润湿,还应考虑到单位塔截面积上单位时间内流下的液体量不得小于某一最低允许值。如果按式 2-42 算出的吸收剂用量不能满足充分润湿填料的起码要求,则应采用更大的液气比。

[例 2-8]　用清水吸收混合气体中的可溶组分 A。吸收塔内的操作压强为 105.7 kPa,温度为 27 ℃,混合气体的处理量为 1 280 m²/h,其中 A 物质的量的分数为 0.03,要求 A 的回收率为 95%。操作条件下的平衡关系可表示为:$Y = 0.65X$。若取溶剂用量为最小用量的 1.4 倍,求每小时送入吸收塔顶的清水量 L 及吸收液组成 X_1。

解: (1)清水用量 L

平衡关系符合亨利定律,清水的最小用量可由式 2-41(a)计算,式中的有关参数为:

$$V = \frac{V_h}{22.4} \times \frac{T_0}{T} \times \frac{P}{P_0}(1-y_1) = \frac{1\,280}{22.4} \times \frac{273}{273+27} \times \frac{105.7}{101.33}(1-0.03) = 52.62 \text{ kmol/h}$$

$$Y_1 = \frac{y_1}{1-y_1} = \frac{0.03}{1-0.03} = 0.030\,93$$

$$Y_2 = Y_1(1-\varphi_A) = 0.030\,93(1-0.95) = 0.001\,55$$

$$X_2 = 0$$

$$m = 0.65$$

将有关参数代入式 2-41(a)得到:

$$L_{min} = V \frac{Y_1 - Y_2}{\dfrac{Y_1}{m} - X_2} = \frac{52.62(0.030\,93 - 0.001\,55)}{0.030\,93/0.65} = 32.5 \text{ kmol/h}$$

则 $\qquad L = 1.4L_{min} = 1.4 \times 32.5 = 45.5 \text{ kmol/h}$

(2)吸收液组成 X_1

根据全塔的物料衡算可得:

$$X_1 = X_2 + \frac{V(Y_1 - Y_2)}{L} = \frac{52.62(0.030\,93 - 0.001\,55)}{45.5} = 0.033\,98$$

2.4.3　塔径的计算

与精馏塔直径的计算原则相同,吸收塔的直径也可根据圆形管道内的流量公式计算,即:

$$\frac{\pi}{4}D^2 u = V_s$$

则 $\qquad D = \sqrt{\dfrac{4V_s}{\pi u}}$ $\hfill (2\text{-}43)$

式中　D——塔径,m;

　　　V_s——操作条件下混合气体的体积流量,m³/s;

　　　u——空塔气速,即按空塔截面积计算的混合气体线速度,m/s。

在吸收过程中,由于吸收质不断进入液相,故混合气体量由塔底至塔顶逐渐减小。在计算塔径时,一般应以塔底的气量为依据。

计算塔径的关键在于确定适宜的空塔气速 u。如何确定适宜的空塔气速,是属于气液传质设备内的流体力学问题,将在本册第 3 章中讨论。

2.4.4 填料层高度的计算

填料层高度计算的基本思路是:根据吸收塔的传质负荷(单位时间内的传质量,kmol/s)与塔内的传质速率(单位时间内单位气液接触面积上的传质量,kmol/(m²·s))计算完成规定任务所需的总传质面积;然后再由单位体积填料层所提供的气、液接触面积(有效比表面积)求得所需填料层的体积,该体积除以塔的横截面积便得到所需填料层的高度。

计算吸收塔的负荷要依据物料衡算关系,计算传质速率要依据吸收速率方程,而吸收速率方程式中的推动力是实际组成与相应平衡组成的差额,因而要知道相平衡关系。所以,填料层高度的计算将要涉及物料衡算、传质速率与相平衡这三种关系式的应用。

一、填料层高度的基本计算式

在逆流操作的填料塔内,气、液相组成沿塔高不断变化,塔内各截面上的吸收速率各不相同。在 2.3.7 中介绍的所有吸收速率方程式都只适用于吸收塔的任一横截面而不能直接用于全塔。因此,为解决填料层高度的计算问题,需从分析填料吸收塔中某一微元填料层高度 dz 的传质情况入手,如图 2-15 所示。

在微元填料层中,单位时间内从气相转入液相的溶质 A 的物质量为:

$$dG_A = VdY = LdX \tag{2-44}$$

在微元填料层中,因气、液组成变化很小,故可认为吸收速率 N_A 为定值,则

$$dG_A = N_A dA = N_A(a\Omega dz) \tag{2-45}$$

式中　dA——微元填料层内的传质面积,m²;

　　　a——单位体积填料层所提供的有效接触面积,m²/m³;

　　　Ω——塔的横截面积,m²。

微元填料层中的吸收速率方程式可写为:

$$N_A = K_Y(Y - Y^*)$$

$$N_A = K_X(X^* - X)$$

将上二式分别代入式 2-45,得到:

$$dG_A = K_Y(Y - Y^*)(a\Omega dz)$$

及　　$$dG_A = K_X(X^* - X)(a\Omega dz)$$

再将上二式与式 2-44 联立,可得:

$$VdY = K_Y(Y - Y^*)(a\Omega dz)$$

及　　$$LdX = K_X(X^* - X)(a\Omega dz)$$

整理上二式,分别得到:

$$\frac{dY}{Y - Y^*} = \frac{K_Y a \Omega}{V}dz \tag{2-46}$$

及　　$$\frac{dX}{X^* - X} = \frac{K_X a \Omega}{L}dz \tag{2-47}$$

对于定态操作的吸收塔,L、V、a 及 Ω 皆不随时间而变,且不随塔截面位置而变。对于

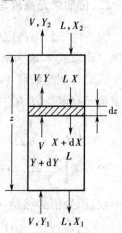

图 2-15　微元填料层的
物料衡算

低浓度吸收，K_Y、K_X 通常也可视作常数。于是，在全塔范围内分别积分式 2-46 及式 2-47 并整理，可得到低浓度气体吸收的计算填料塔高度的基本关系式，即：

$$z = \frac{V}{K_Y a \Omega} \int_{Y_2}^{Y_1} \frac{\mathrm{d}Y}{Y - Y^*} \tag{2-48}$$

及

$$z = \frac{L}{K_X a \Omega} \int_{X_2}^{X_1} \frac{\mathrm{d}X}{X^* - X} \tag{2-49}$$

这里需要注意，上二式中单位体积填料层内的气、液有效接触面积 a 总是小于单位体积填料层中的固体表面积（比表面积 σ）。这是由于堆积填料表面的覆盖和润湿的不均匀性，使一部分固体表面积不能成为气、液接触的有效面积。所以，a 值不仅与填料本身的尺寸、形状及充填状况有关，而且还受流体物性及流动状况所影响，使得 a 的数值难以直接测定。工程上，将有效比表面积 a 与吸收系数的乘积作为一个完整的物理量来看待，并将其称为"体积吸收系数"。式中的 $K_Y a$ 及 $K_X a$ 分别称为气相总体积吸收系数及液相总体积吸收系数，其单位均为 $\mathrm{kmol}/(\mathrm{m}^3 \cdot \mathrm{s})$。体积吸收系数的物理意义是：当推动力为一个单位时，单位时间内单位体积填料层内吸收的溶质量。

读者可以仿照式 2-48 与式 2-49 写出以膜吸收系数与相应推动力表示的计算填料层高度的基本关系式。

二、传质单元高度与传质单元数

为了使填料层高度的计算更方便，通常将式 2-48 与式 2-49 的右端分解为两个部分分别处理。现以式 2-48 为例进行分析。

该式右端的数群 $V/(K_Y a \Omega)$ 是过程条件所决定的数组，具有高度的单位，称为"气相总传质单元高度"，以 H_{OG} 表示，即：

$$H_{OG} = \frac{V}{K_Y a \Omega} \tag{2-50}$$

积分项 $\int_{Y_2}^{Y_1} \frac{\mathrm{d}Y}{Y - Y^*}$ 反映取得一定吸收效果的难易情况，积分号内的分子与分母具有相同的单位，积分值必然是一个纯数，称为"气相总传质单元数"，以 N_{OG} 表示，即：

$$N_{OG} = \int_{Y_2}^{Y_1} \frac{\mathrm{d}Y}{Y - Y^*} \tag{2-51}$$

于是式 2-48 可写成如下形式：

$$z = H_{OG} N_{OG} \tag{2-48a}$$

同理，式 2-49 可写成如下形式：

$$z = H_{OL} N_{OL} \tag{2-49a}$$

$$H_{OL} = \frac{L}{K_X a \Omega} \tag{2-52}$$

$$N_{OL} = \int_{X_2}^{X_1} \frac{\mathrm{d}X}{X^* - X} \tag{2-53}$$

式中　H_{OL}——液相总传质单元高度，m；

　　　N_{OL}——液相总传质单元数。

于是，可写出计算填料层高度的通式，即：

填料层高度 = 传质单元高度 × 传质单元数

当溶质具有中等溶解度且平衡关系不服从亨利定律时,则可用"膜传质单元高度"与"膜传质单元数"来计算填料高度,即:

$$z = H_G N_G$$

及 $\quad z = H_L N_L$

式中 H_G、H_L——分别为气相传质单元高度与液相传质单元高度,m;

$\quad\quad$ N_G、N_L——分别为气相传质单元数与液相传质单元数。

今以 H_{OG} 为例说明传质单元高度的物理意义。

如果气体经一段填料层前后的组成变化$(Y_1 - Y_2)$恰好等于此段填料层内以气相组成差表示总推动力的平均值$(Y - Y^*)_m$时,这段填料层的高度就是一个气相总传质单元高度。

对于常用的填料吸收塔,传质单元高度的数值范围在 0.15 m ~ 1.5 m 之间,可根据填料类型和操作条件计算或查找有关资料。在缺乏可靠资料时需通过实验测定。

三、传质单元数的求法

求算传质单元数有多种方法,可根据平衡关系的不同情况选择使用。

(一)图解积分法或数值积分法

图解积分法或数值积分法是适用于各种平衡关系的求算传质单元数的最普通的方法。

以气相总传质单元数 N_{OG} 为例,只要有平衡线和操作线图,便可确定 $\int_{Y_2}^{Y_1} \dfrac{dY}{Y - Y^*}$ 的数值,其步骤如下(参见图 2-16):

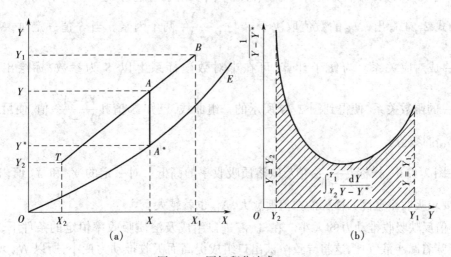

图 2-16 图解积分法求 N_{OG}

(1)根据已知条件在 Y—X 坐标系上作出平衡线与操作线,如图 2-16(a)所示;

(2)在 Y_1 与 Y_2 范围内任选若干个 Y 值,从图上读出相应的 $Y - Y^*$ 值(如图中的线段 AA^* 所示),并计算 $\dfrac{1}{Y - Y^*}$ 值;

(3)在 $\dfrac{1}{Y - Y^*}$ 与 Y 的坐标系中标绘 Y 和相应的 $\dfrac{1}{Y - Y^*}$ 值,如图 2-16(b)所示;

（4）算出 $Y = Y_1$、$Y = Y_2$ 及 $\frac{1}{Y - Y^*} = 0$ 三条直线与函数曲线间所包围的面积（图 2-16(b) 中的阴影面积），便是所求的气相总传质单元数 N_{OG}。

定积分值 N_{OG} 亦可通过数值积分近似公式算出，例如用定步长辛普森（Sinipson）数值积分公式运算，不必经过繁琐的画图来计算积分值。

若用图解积分法或数值积分法求液相总传质单元数 N_{OL} 或膜传质单元数 N_G、N_L，其方法步骤与此相同。

（二）解析法

若在吸收过程所涉及的组成范围内平衡关系为直线，即平衡关系可用直线方程 $Y = mX + b$ 表示时，便可根据传质单元数的定义，推导出相应的解析式来计算传质单元数。下面仍以气相总传质单元数 N_{OG} 为例进行介绍。

1.脱吸因数法

将平衡关系代入气相总传质单元数的定义式 2-51：

$$N_{OG} = \int_{Y_2}^{Y_1} \frac{dY}{Y - Y^*} = \int_{Y_2}^{Y_1} \frac{dY}{Y - (mX + b)}$$

为统一变量，把操作线方程 $X = \frac{V}{L}(Y - Y_2) + X_2$ 代入上式并令 $mV/L = S$。

积分上式并化简，得到：

$$N_{OG} = \frac{1}{1 - S} \ln \left[(1 - S) \frac{Y_1 - Y_2^*}{Y_2 - Y_2^*} + S \right] \tag{2-54}$$

式中 S 为脱吸因数，为平衡线斜率与操作线斜率的比值，量纲为 1。

由式 2-54 看出，N_{OG} 的数值取决于 S 与 $\frac{Y_1 - Y_2^*}{Y_2 - Y_2^*}$ 两个因素。当 S 值一定时，N_{OG} 值与 $\frac{Y_1 - Y_2^*}{Y_2 - Y_2^*}$ 成对应关系。为便于计算，可在半对数坐标系上以 S 为参数，标绘出 N_{OG} 与 $\frac{Y_1 - Y_2^*}{Y_2 - Y_2^*}$ 的函数关系，便得到图 2-17 所示的一组曲线，已知 S 值和 $\frac{Y_1 - Y_2^*}{Y_2 - Y_2^*}$ 值，便可方便地读取 N_{OG} 的数值。

在图 2-17 中，横标 $\frac{Y_1 - Y_2^*}{Y_2 - Y_2^*}$ 值反映溶质吸收率的高低。对一定的 Y_1 和 X_2 值，Y_2 值愈低（即要求吸收率愈高），横标的数值便愈大，N_{OG} 也就越大。

S 值反映吸收推动力的大小。在气、液进口组成及溶质吸收率恒定的条件下，增大 S 值就意味着减小液气比，这将导致溶液出口组成提高而吸收推动力变小，所以 N_{OG} 增大；反之，S 值减小，则 N_{OG} 变小。一般吸收操作多着眼于提高溶质吸收率，故 S 值应小于 1，通常认为取 $S = 0.7 \sim 0.8$ 是经济适宜的。由于 S 增大不利于吸收而有利于脱吸，故 S 称为脱吸因子。

图 2-17 用于 N_{OG} 的求算及其他有关吸收过程的分析估算十分方便。但是须知，只有在 $\frac{Y_1 - Y_2^*}{Y_2 - Y_2^*} > 20$ 及 $S < 0.75$ 的范围内使用该图，读数才较准确，否则误差较大。

同理，用类似方法可导出液相总传质单元数 N_{OL} 的关系式，即：

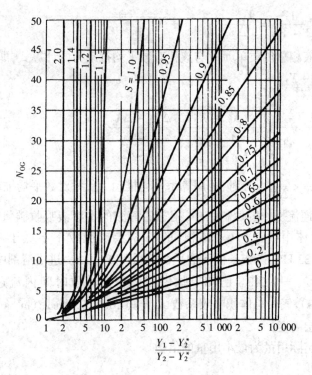

图 2-17 N_{OG}—$\dfrac{Y_1 - Y_2^*}{Y_2 - Y_2^*}$ 关系图

$$N_{OL} = \frac{1}{1 - A} \ln\left[(1 - A)\frac{Y_1 - Y_2^*}{Y_2 - Y_2^*} + A \right] \tag{2-55}$$

$$A = L/(mV)$$

式中 A 称为吸收因子,为脱吸因子的倒数,是操作线斜率与平衡线斜率之比,量纲为 1。

式 2-55 多用于脱吸过程计算。为简化计算,可将图 2-17 的参数 S 改为吸收因子 A,完全可适用于表示 N_{OL} 与 $\dfrac{Y_1 - Y_2^*}{Y_2 - Y_2^*}$ 之间的关系。

2.对数平均推动力法

在吸收操作所涉及的组成范围内,若平衡线和操作线均为直线时,则可仿照传热中对数平均温度差的方法,根据吸收塔进口和出口处的推动力来计算全塔的平均推动力,即:

$$\Delta Y_m = \frac{(Y_1 - Y_1^*) - (Y_2 - Y_2^*)}{\ln\dfrac{Y_1 - Y_1^*}{Y_2 - Y_2^*}} = \frac{\Delta Y_1 - \Delta Y_2}{\ln\dfrac{\Delta Y_1}{\Delta Y_2}} \tag{2-56}$$

这样,填料层中任意截面的速率方程式即可变为适用于整个填料层的吸收速率方程式,即:

$$N_A = K_Y \Delta Y_m \tag{2-57}$$

对于整个吸收塔则应满足如下关系,即:

$$V(Y_1 - Y_2) = K_Y \Delta Y_m (a\Omega z)$$

于是得 $$z = \frac{V}{K_Y a \Omega} \frac{(Y_1 - Y_2)}{\Delta Y_m} \tag{2-58}$$

将式 2-58 与式 2-48 相比较可知:

$$N_{OG} = \int_{Y_2}^{Y_1} \frac{dY}{Y - Y^*} = \frac{Y_1 - Y_2}{\Delta Y_m} \tag{2-59}$$

同理,可写出液相总传质单元数与液相对数平均推动力的计算式,即:

$$N_{OL} = \frac{X_1 - X_2}{\Delta X_m} \tag{2-60}$$

$$\Delta X_m = \frac{(X_1^* - X_1) - (X_2^* - X_2)}{\ln \dfrac{X_1^* - X_1}{X_2^* - X_2}} = \frac{\Delta X_1 - \Delta X_2}{\ln \dfrac{\Delta X_1}{\Delta X_2}} \tag{2-61}$$

当 $\dfrac{1}{2} < \dfrac{\Delta Y_1}{\Delta Y_2} < 2$ 或 $\dfrac{1}{2} < \dfrac{\Delta X_1}{\Delta X_2} < 2$ 时,可用算术平均推动力代替对数平均推动力。

[例2-9] 在逆流操作的填料塔中,用三乙醇胺的水溶液吸收碳氢化合物气体中有害组分 H_2S。入塔气体含 2.91%(体积)的 H_2S,要求吸收率不低于99%。操作温度为 300 K,压强为 101.33 kPa,操作条件下的平衡关系为 $Y = 2X$。进塔溶剂中不含 H_2S。出塔溶剂中 H_2S 的组成 $X_1 = 0.013$。已知单位塔截面积上单位时间内流过的混合气体量为 0.015 6 kmol/(m²·s),气相总体积吸收系数 $K_G a = 0.000\ 395$ kmol/(m³·s·kPa)。试求:

(1)所需填料层高度;

(2)吸收剂的实际用量为最小用量的倍数。

解:(1)填料层高度

用式2-48a求填料层高度,即:

$$z = H_{OL} N_{OG}$$

H_{OG} 用式2-50计算,式中有关参数为:

$$\frac{V}{\Omega} = 0.015\ 6(1 - 0.029\ 1) = 0.015\ 15\ \text{kmol/(m}^2 \cdot \text{s)}$$

$$K_Y a = P K_G a = 101.33 \times 3.95 \times 10^{-4} = 0.04\ \text{kmol/(m}^3 \cdot \text{s)}$$

所以 $$H_{OG} = \frac{0.015\ 15}{0.04} = 0.379\ \text{m}$$

由于平衡关系为直线,N_{OG} 可用解析法计算。

①脱吸因数法

$$Y_1 = \frac{y_1}{1 - y_1} = \frac{0.029\ 1}{1 - 0.029\ 1} = 0.029\ 97$$

$$Y_2 = Y_1(1 - \varphi_A) = 0.029\ 97(1 - 0.99) \approx 0.000\ 3$$

$$X_1 = 0.013$$

$$X_2 = 0 \quad Y_2^* = 0$$

$$S = \frac{mV}{L} = m \frac{X_1 - X_2}{Y_1 - Y_2} = 2 \times \frac{0.013}{0.029\ 97 - 0.000\ 3} = 0.876\ 3$$

$$\frac{Y_1 - Y_2^*}{Y_2 - Y_2^*} = \frac{Y_1}{(1 - \varphi_A)Y_1} = \frac{1}{0.01} = 100$$

将有关数据代入式2-54,得:

$$N_{OG} = \frac{1}{1 - S} \ln\left[(1 - S)\frac{Y_1 - Y_2^*}{Y_2 - Y_2^*} + S\right]$$

$$= \frac{1}{1 - 0.876\ 3} \ln[(1 - 0.867\ 3) \times 100 + 0.867\ 3] = 20.9$$

由 $S = 0.876\ 3$ 及 $\dfrac{Y_1 - Y_2^*}{Y_2 - Y_2^*} = 100$ 查图2-17,得 $N_{OG} = 21$。

②对数平均推动力法

$$\Delta Y_1 = Y_1 - mX_1 = 0.029\ 97 - 2 \times 0.013 = 0.003\ 97$$

$$\Delta Y_2 = Y_2 - mX_2 = 0.000\ 3$$

$$\Delta Y_{\text{m}} = \frac{\Delta Y_1 - \Delta Y_2}{\ln \dfrac{\Delta Y_1}{\Delta Y_2}} = \frac{0.003\ 97 - 0.000\ 3}{\ln \dfrac{0.003\ 97}{0.000\ 3}} = 0.001\ 42$$

$$N_{\text{OG}} = \frac{Y_1 - Y_2}{\Delta Y_{\text{m}}} = \frac{0.029\ 97 - 0.000\ 3}{0.001\ 42} = 20.9$$

则　　　$z = 0.379 \times 21 = 7.96$ m

实取 8 m。

(2)溶剂的实际用量为最小用量的倍数

用式 2-41(a)计算溶剂的最小用量,即:

$$\left(\frac{L}{\Omega}\right)_{\text{min}} = \frac{V}{\Omega}\frac{(Y_1 - Y_2)}{\left(\dfrac{Y_1}{m} - X_2\right)} = \frac{V\varphi_A Y_1}{\Omega Y_1/m} = \frac{V}{\Omega}\varphi_A m$$

$$= 0.015\ 15 \times 0.99 \times 2 = 0.03\ \text{kmol/(m}^2 \cdot \text{s)}$$

$$\frac{L}{\Omega} = \frac{V(Y_1 - Y_2)}{\Omega(X_1 - X_2)} = \frac{V\varphi_A Y_1}{\Omega X_1} = \frac{0.015\ 15 \times 0.99 \times 0.029\ 7}{0.013} = 0.034\ 58\ \text{kmol/(m}^2 \cdot \text{s)}$$

则　　　$\dfrac{L}{L_{\text{min}}} = \dfrac{0.034\ 58}{0.03} = 1.153$

[例 2-10]　在逆流操作的填料塔中用纯煤油吸收混合气体中的苯蒸气。进塔混合气体中含苯 8%(体积),已知平衡线与操作线为互相平行的直线。在其他参数保持不变的条件下,试比较下列情况所需气相总传质单元数 N_{OG} 的变化。

(1)吸收率从 90% 提高到 99%;

(2)入塔气体中苯的含量从 8% 降至 4%,吸收率保持 90% 不变。

解: 由题给条件,平衡线与操作线为互相平行的直线,则在塔内的任何截面上吸收推动力都相等,也即任何截面上的推动力都可代表全塔的平均推动力,故可取塔顶推动力代表 ΔY_{m},即:

$$Y_2 - Y_2^* = \Delta Y_{\text{m}}$$

又因为 $X_2 = 0$(纯溶剂),故 $Y_2^* = 0$,则:

$$Y_2 = \Delta Y_{\text{m}}$$

在本例条件下,用平均推动力法求 N_{OG} 最为方便,即:

$$N_{\text{OG}} = \frac{Y_1 - Y_2}{\Delta Y_{\text{m}}} = \frac{Y_1 - Y_2}{Y_2} = \frac{Y_1 - Y_1(1 - \varphi_A)}{Y_1(1 - \varphi_A)}$$

$$= \frac{\varphi_A}{1 - \varphi_A}$$

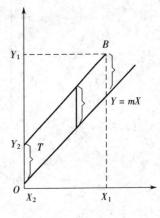

例 2-10　附图

由上式看出,在题给条件下,N_{OG} 仅是吸收率 φ_A 的函数,而与 Y_1 无关。

(1)φ_A 从 90% 提高到 99% 时,N_{OG} 的变化

当 $\varphi_A = 0.9$ 时　$N_{\text{OG}} = \dfrac{0.9}{1 - 0.9} = 9$

当 $\varphi_A = 0.99$ 时　$N_{\text{OG}} = \dfrac{0.99}{1 - 0.99} = 99$

可见,当吸收率从 90% 提高至 99% 时,所需传质单元数增加了 10 倍。

(2)气体入口组成从 8% 降至 4%,$\varphi_A = 0.9$

$$N_{OG} = \frac{0.9}{1 - 0.9} = 9$$

比较上面两种情况可看出,不管 Y_1 如何变化,只要 φ_A 相同,则 N_{OG} 就相同。

同样可以用解析法证明,对于一定的物质和一定的操作条件(即 m、L、V 一定,平衡线与操作线不平行,即 $S \neq 1$),用纯溶剂($X_2 = 0$)吸收溶质 A 时,所需传质单元数仅是吸收率 φ_A 的函数,而与 Y_1 无关。

(三)梯级图解法(贝克法)

梯级图解法是直接根据总传质单元的物理意义引出的一种近似方法,也称贝克法。这种方法适用于在所涉及的浓度范围内,平衡关系为弯曲程度不大的曲线的情况。

前曾提及,如果气体流经一段填料层前后的组成变化($Y_1 - Y_2$)恰好等于此段内气相总推动力的平均值($Y - Y^*$)$_m$,那么这段填料层就可视为一个气相总传质单元。

在图 2-18 中,OE 为平衡线,BT 为操作线,此二线之间的竖直线段 BB^*、AA^*、TT^* 等表示塔内各相应横截面上的气相总推动力($Y - Y^*$),其中点的连线为曲线 MN。

从代表塔顶的端点 T 出发,作水平线交 MN 于点 F,延长 TF 至 F',使 $FF' = TF$,过 F' 作铅垂线交 BT 于点 A;再从点 A 出发作水平线交 MN 于点 S,延长 AS 至点 S',使 $SS' = AS$,过点 S' 作铅垂线交 BT 于 D,再从点 D 出发……如此进行,直至达到或超过操作线上代表塔底的端点 B 为止,所画出的梯级数即为气相总传质单元数 N_{OG}。

不难证明,按照上述方法作出的每一梯级都代表一个气相总传质单元。

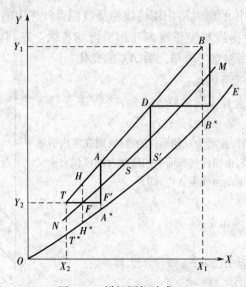

图 2-18　梯级图解法求 N_{OG}

利用操作线 BT 与平衡线之间的水平线段中点轨迹线,可求得液相总传质单元数,其步骤与上述求 N_{OG} 的基本相同。

[例 2-11]　用洗油吸收焦炉气中的芳烃,其中芳烃物质量分数为 0.02,要求芳烃的回收率不低于 95%。进入吸收塔的洗油中芳烃物质量的分数为 0.005,进入吸收塔的惰性气体流量为 35.64 kmol/h,吸收剂的流量为 6.06 kmol/h,已知气相总传质单元高度 $H_{OG} = 0.875$ m,试求所需填料层高度。

操作条件下的相平衡关系可用下式表达,即:

$$Y^* = \frac{0.125X}{1 + 0.875X}$$

解:求填料层高度的关键在于确定气相总传质单元数 N_{OG}。由平衡方程式可知平衡线为弯曲程度不大的曲线,需采用梯级图解法计算。

由题给条件

$$Y_1 = \frac{0.02}{1-0.02} = 0.020\ 41$$

$$Y_2 = Y_1(1-\varphi_A) = 0.020\ 41(1-0.95) = 0.001\ 02$$

$$X_2 = \frac{0.005}{1-0.005} = 0.005\ 03$$

$$X_1 = \frac{V(Y_1-Y_2)}{L} + X_2 = \frac{35.64(0.020\ 41-0.001\ 02)}{6.06} + 0.005\ 03 = 0.119\ 1$$

根据 Y_1、Y_2、X_1、X_2 各已知数据和平衡关系 $Y^* = \dfrac{0.125X}{1+0.875X}$,在 Y—X 直角坐标系中绘制出平衡线 OE 及操作线 BT,见本例附图。作 MN 线使之平分 BT 及 OE 之间的垂直线段,从点 T 开始作梯级,使每个梯级的水平线都被 MN 等分。由图读得 $N_{OG} = 8.7$。

则　　　　$z = H_{OG}N_{OG} = 0.875 \times 8.7 = 7.61$ m

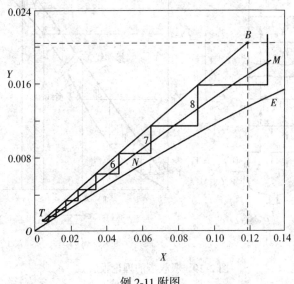

例 2-11 附图

(四)小结

综上所述,传质单元数的不同求法各有其特点及适用场合。对于低浓度气体吸收操作,只要在吸收过程所涉及的组成范围内平衡线为直线,便可用解析法(包含脱吸因子法及平均推动力法);当平衡线为弯曲程度不大的曲线时,可用梯级图解法估算总传质单元数的近似值;当平衡线为任意形状曲线时,则宜采用图解积分法或数值积分法,该方法是求传质单元数值最普遍的方法,它不仅适用于低浓度气体吸收计算,而且可应用于高浓度气体吸收及非等温吸收等复杂情况的计算。

2.4.5　理论板层数的计算

填料层高度的计算除前述的传质单元法外,还可采用"等板高度法",即填料层高度 = 理论板层数 × 等板高度。对于板式吸收塔,则塔高 = $\dfrac{\text{理论板层数}}{\text{全塔效率}}$ × 板间距。理论板的概念与蒸馏一章中介绍的相同。理论板层数的计算方法视平衡关系情况而选择。

一、梯级图解法

计算吸收操作所需的理论板层数时,可仿效计算二元精馏塔理论板数的梯级图解法,在吸收操作线与平衡线之间画梯级,达到规定指标时所画的梯级总数便是塔内所需的理论板层数。

图 2-19(a)表示一个逆流操作的板式吸收塔,假定其中每层塔板都为理论板。图 2-19(b)表示相应的 $Y—X$ 关系,图中 BT 为操作线,OE 为平衡线。由点 T 开始画梯级求理论板层数的过程已示意于图上。

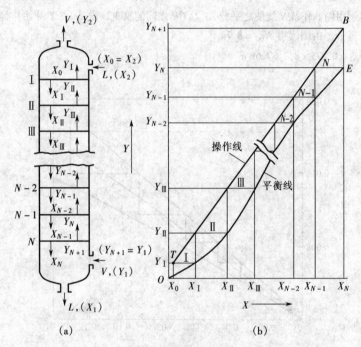

图 2-19　吸收塔的理论板层数

梯级图解法求理论板层数是一种广泛适用的基本方法,不受任何限制。气、液平衡关系可为直线,也可为任意形状的曲线;气、液组成的表示方法既可用物质量的比 Y、X,也可用物质量的分数 y、x 或气相分压 p 与液相浓度 c 表示。此法既可用于低浓度气体吸收,也可用于高浓度气体吸收或脱吸过程计算。

二、解析法

对于平衡关系为直线($Y^* = mX + b$)的低浓度气体吸收操作,可用克伦舍尔等人提出的解析方法求理论板层数。

该法的基本要点是逐板和塔顶之间交替列物料衡算和平衡方程,直至第 N 板(即塔底最下层板)得到如下关系式,即:

$$\frac{Y_1 - Y_2}{Y_1 - Y_2^*} = \frac{A^{N_T + 1} - A}{A^{N_T + 1} - 1} \tag{2-62}$$

式中　N_T——理论板层数;

A——吸收因子,量纲为1。

式2-62即为克伦舍尔方程。该式等号左侧$\dfrac{Y_1 - Y_2}{Y_1 - Y_2^*} = \dfrac{Y_1 - Y_2}{Y_1} \bigg/ \dfrac{Y_1 - Y_2^*}{Y_1}$表示吸收塔内溶质的吸收率与理论最大吸收率(即在塔顶气、液平衡的吸收率)的比值,以φ表示,称为相对吸收率。当进塔液相为纯溶剂时,$\varphi = \dfrac{Y_1 - Y_2}{Y_1}$(即等于溶质的吸收率$\varphi_A$)。

于是,式2-62又可写成如下形式,即:

$$\varphi = \frac{A^{N_T + 1} - A}{A^{N_T + 1} - 1} \tag{2-62a}$$

整理上式可得到N_T的不同计算式,即:

$$N_T = \frac{1}{\ln A} \ln\left[\left(1 - \frac{1}{A}\right)\frac{Y_1 - Y_2^*}{Y_2 - Y_2^*} + \frac{1}{A}\right] \tag{2-63}$$

或

$$N_T = \frac{1}{\ln A} \ln \frac{\Delta Y_1}{\Delta Y_2}\left(= \frac{1}{\ln A} \ln \frac{\Delta X_1}{\Delta X_2}\right) \tag{2-63a}$$

比较式2-63与式2-54可知,同样可以$S\left(\dfrac{1}{A}\right)$为参数,在半对数坐标系中标绘$N_T$—$(Y_1 - Y_2^*)/(Y_2 - Y_2^*)$的关系曲线,如图2-20所示。

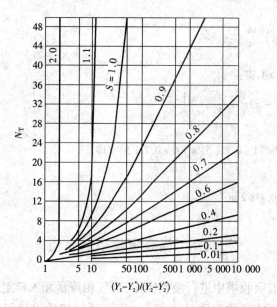

图2-20　N_T—$(Y_1 - Y_2^*)/(Y_2 - Y_2^*)$的关系

当平衡关系虽不为直线但与直线偏离不大时,或因塔内各截面温度不同而使m略有变化时,可取塔顶与塔底两端上吸收因子A(或m)的几何平均值进行计算或查图。

当在操作条件下平衡线与操作线为互相平行的直线时,完成规定的吸收任务所需的理论板层数与气相总传质单元数便一致。此情况下可写出:

$$N_T = N_{OG} = \frac{Y_1 - Y_2}{Y_2 - Y_2^*} \tag{2-64}$$

[例2-12]　在逆流操作的填料塔中用清水吸收空气中的氨,要求氨的回收率为99%。已知吸收塔中填料层高度为4.5 m,实际的吸收剂用量为最小用量的1.4倍,操作条件下的

平衡关系可表示为 $Y = mX$。试求填料塔的气相总传质单元高度及等板高度。

解：已知填料层高度 z，则：

$$H_{OG} = z/N_{OG}$$

及 等板高度($HETP$) $= z/N_T$

现需分别求算 N_{OG} 及 N_T。

(1)气相总传质单元高度

令气相入口组成为 Y_1，则：

$$Y_2 = Y_1(1 - \varphi_A)$$

$$\frac{L}{V} = 1.4\left(\frac{L}{V}\right)_{min} = 1.4\frac{\varphi_A Y_1}{Y_1/m} = 1.4\varphi_A m$$

$$S = \frac{mV}{L} = m/(1.4\varphi_A m) = 1/(1.4 \times 0.99) = 0.721\,5$$

$$\frac{Y_1 - Y_2^*}{Y_2 - Y_2^*} = \frac{Y_1}{Y_1(1 - \varphi_A)} = \frac{1}{1 - \varphi_A} = \frac{1}{1 - 0.99} = 100$$

将有关数据代入式 2-54，得

$$N_{OG} = \frac{1}{1 - S}\ln\left[(1 - S)\frac{Y_1 - Y_2^*}{Y_2 - Y_2^*} + S\right]$$

$$= \frac{1}{1 - 0.721\,5}\ln\left[(1 - 0.721\,5) \times 100 + 0.721\,5\right] = 12.04$$

则 $H_{OG} = \dfrac{4.5}{12.04} = 0.374$ m

(2)等板高度($HETP$)

将有关数据代入式 2-63，得：

$$N_T = \frac{1}{\ln\dfrac{1}{S}}\ln\left[(1 - S)\frac{Y_1 - Y_2^*}{Y_2 - Y_2^*} + S\right]$$

$$= \frac{1}{\ln\dfrac{1}{0.721\,5}}\ln\left[(1 - 0.721\,5) \times 100 + 0.721\,5\right] = 10.27$$

$$HETP = \frac{4.5}{10.27} = 0.438\,2 \text{ m}$$

2.4.6 提高吸收率的途径

一定的物系在已有吸收塔中进行吸收操作,当气相流量和入口组成已被规定时,则操作的控制目标是获得尽可能高的溶质吸收率 φ_A,即降低气相的出口组成 Y_2。提高吸收率的途径如下。

影响溶质吸收率 φ_A 的因素不外乎物系本身的性质、设备情况(结构、传质面积等)及操作条件(温度、压强、液相流量及入口组成)。因为气相入口条件不能随意改变,塔设备又固定,所以吸收塔在操作过程中可调节的因素只能是改变吸收剂的入口条件,其中包括流量、组成和温度三个因素。

一般说来,增大吸收剂用量,降低入口温度和组成,皆可增大吸收推动力,从而提高吸收率。当吸收剂需循环使用时,吸收塔的溶剂入口条件将受再生操作条件的制约,故需综合考虑,合理选择吸收和再生的操作参数。

当 $\dfrac{mV}{L} < 1$（或 $m < \dfrac{L}{V}$）时，若出口气体与入口溶剂已接近平衡，则应降低操作温度或溶剂入口组成 X_2。

当 $\dfrac{mV}{L} > 1$（或 $m > \dfrac{L}{V}$）时，易在塔底出现平衡，此时应增大吸收剂用量 L。但需注意，如果同时希望获得可能高的吸收液组成，则增大 L 显然是不适宜的。

当平衡常数 m 很小，计算出的溶剂用量不足以充分润湿填料时，可采用部分吸收液再循环的操作，以增大吸收因子 $\dfrac{L}{mV}$。

如加强对高选择性吸收剂及利用可逆反应的吸收剂的规律性研究，可以提高吸收剂的选择性和容量，从而达到提高吸收效率的目的。例如，用碳酸氢钠水溶液吸收 CO_2，可使气相出口中 CO_2 的含量接近零。

另外，在填料吸收塔开工时，需进行预液泛操作，以使填料充分润湿。

第 5 节　脱　　吸

为了回收溶质或回收溶剂循环使用，需要对吸收液进行脱吸处理（或称溶剂再生）。使溶解于液相中的气体释放出来的操作称为脱吸（或称解吸）。脱吸操作可以两种方式进行。

（1）通常是使吸收液在塔设备中与惰性气体（或蒸气）进行逆流接触。溶液由塔顶加入，在其下流过程中与来自塔底的气相相遇，溶质逐渐从液相中释放出来，从塔顶得到释放出来的溶质组分与惰性气体（或蒸气）的混合物于塔底得到较纯净的溶剂。此操作是吸收的逆过程。用惰性气体脱吸的方法适合于溶剂的回收；用蒸气的脱吸过程，塔顶气相冷凝后可得到包含溶质的稀溶液或纯净的溶质组分（若溶质不溶于水）。例如，用洗油吸收芳烃所得到的吸收液，用蒸气作脱吸剂便可获得芳烃，并使溶剂得到再生。

（2）稀溶液汽化提取法，即采用间接蒸气加热溶液，使溶质气体和溶剂同时汽化，然后在塔设备中与塔顶加入的液相逆流接触（即进行精馏），在塔顶得到较纯净的溶质组分或一定组成的溶液，塔底得到较纯净的溶剂。这种操作过程属于精馏（或提馏）的内容，此处不再讨论。

用于吸收的设备同样适用于脱吸操作。前面关于吸收的理论和计算方法也适用于脱吸过程。但在脱吸过程中，溶质组分在液相中的实际组成总是大于与气相成平衡的组成，因而脱吸过程的操作线必位于平衡线的下方，即脱吸过程的推动力是吸收推动力的相反值。所以，只需将吸收速率方程式中的推动力（组成差）的前后相对换，所得公式便可用于脱吸计算。

脱吸用气量 V 对于脱吸效果及经济性有很大影响。一般取实际用量为最小用量的 $1.1 \sim 2.0$ 倍。最小用气量 V_{min} 按操作线的最大斜率决定，如图 2-21(b)、(c)所示。

$$\left(\frac{V}{L}\right)_{min} = \frac{X_2 - X_1}{Y_2^* - Y_1} \tag{2-65}$$

当平衡线为图 2-21(c)所示的形状时，以 Y_2' 代替上式的 Y_2^*。

当平衡关系可用式 $Y^* = mX + b$ 表达时，对于脱吸过程，多以液相组成来计算液相总传

质单元数 N_{OL} 或理论板层数 N_T，即：

$$N_{OL} = \frac{1}{1-A}\ln\left[(1-A)\frac{Y_1 - Y_2^*}{Y_1 - Y_1^*} + A\right] \qquad (2\text{-}66)$$

$$N_T = \frac{1}{\ln\frac{1}{A}}\ln\left[(1-A)\frac{Y_1 - Y_2^*}{Y_1 - Y_1^*} + A\right] \qquad (2\text{-}67)$$

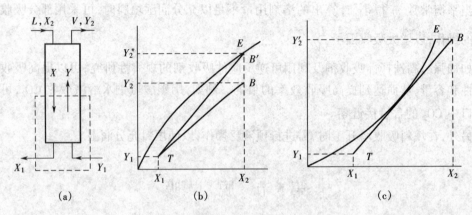

图 2-21　脱吸操作线和最小气液比

用于脱吸的惰性气体或蒸气，一般不含溶质组分，此时，$Y_1 = 0$。

[例 2-13]　在总压为 101.33 kPa 的压强下，用过热水蒸气脱除吸收液中的溶质组分 A。已知：吸收液中溶质物质量的比为 0.096，要求溶质的回收率为 98%，蒸汽用量为最小用量的两倍，操作条件下的平衡关系可表达为：

$$Y^* = 0.526X$$

试求：(1)实际操作的气液比 V/L；

(2)所需的 N_{OL} 和 N_T。

解：由题给条件：

$$X_2 = 0.096, Y_2^* = mX_2 = 0.526 \times 0.096 = 0.050\,5$$

$$X_1 = X_2(1 - \varphi_A) = 0.096(1 - 0.98) = 0.001\,92$$

$$Y_1^* = mX_1 = 0.526 \times 0.001\,92 = 0.001\,01$$

$$Y_1 = 0$$

(1)操作气液比 V/L

$$\left(\frac{V}{L}\right)_{\min} = \frac{X_2 - X_1}{Y_2^* - Y_1} = \frac{\varphi_A X_2}{Y_2^*} = \frac{0.98 \times 0.096}{0.050\,5} = 1.863$$

$$\frac{V}{L} = 2\left(\frac{L}{V}\right)_{\min} = 2 \times 1.863 = 3.726$$

(2)所需的 N_{OL} 及 N_T

$$A = \frac{L}{mV} = \frac{1}{0.526 \times 3.726} = 0.510\,2$$

将有关数据代入式 2-66，得：

$$N_{OL} = \frac{1}{1-A}\ln\left[(1-A)\frac{Y_1 - Y_2^*}{Y_1 - Y_1^*} + A\right]$$

$$= \frac{1}{1 - 0.510\,2}\ln\left[(1 - 0.510\,2)\frac{0.505}{0.001\,01} + 0.510\,2\right] = 6.57$$

88

将有关数据代入式 2-67,得:

$$N_T = \frac{1}{\ln \frac{1}{A}} \ln \left[(1 - A) \frac{Y_1 - Y_2^*}{Y_1 - Y_1^*} + A \right]$$

$$= \frac{1}{\ln \frac{1}{0.510\ 2}} \ln \left[(1 - 0.510\ 2) \frac{0.050\ 5}{0.001\ 01} + 0.510\ 2 \right] = 4.78$$

第6节　吸收系数

传质与传热在过程机理与描述过程速率的关系式等方面都十分类似。吸收系数对吸收的计算正如传热系数对于传热计算一样,具有十分重要的意义。表 2-5 中列出了两者的对比情况。

表 2-5　吸收系数与传热系数对比

	吸　收	传　热
膜速率方程式	$N_A = k_G(p - p_i) = k_L(c_i - c)$	$\dfrac{Q}{S} = a_1(T - T_W) = a_2(t_W - t)$
总速率方程式	$N_A = K_G(p - p^*) = K_L(c^* - c)$	$\dfrac{Q}{S} = K(T - t)$
膜系数	k_G, k_L	a_1, a_2
总系数	K_G, K_L	K_0, K_i

传质过程的影响因素十分复杂,对于不同的物系、不同的设备(填料)类型和尺寸以及不同的流动状况与操作条件,吸收系数各不相同,迄今尚无通用的计算方法和计算公式。目前,在进行吸收设备的设计时,获取吸收系数的途径有三条:一是实验测定;二是选用适当的经验公式进行计算;三是选用适当的准数关联式进行计算。

2.6.1　吸收系数的测定

在中间实验设备上或在条件相近的生产装置上测得的总吸收系数,用作设计计算的依据或参考值具有一定的可靠性。这种测定可针对全塔进行,也可针对任一塔段进行。例如,当过程所涉及的组成范围内平衡关系为直线时,填料层高度的计算式为:

$$z = \frac{V(Y_1 - Y_2)}{K_Y a \Omega \Delta Y_m}$$

故体积吸收总系数为:

$$K_Y a = \frac{V(Y_1 - Y_2)}{\Omega z \Delta Y_m} = \frac{G_A}{V_p \Delta Y_m}$$

式中　G_A——塔的吸收负荷,即单位时间在塔内吸收的溶质量,kmol/s;

　　　V_p——填料层体积,m^3;

　　　ΔY_m——塔内平均气相总推动力。

在定态操作状况下测得进、出口处气、液流量及组成后,可根据物料衡算及平衡关系算

出吸收负荷 G_A 及平均推动力 ΔY_m，再依具体设备的尺寸算出填料层体积 V_p 后，便可按上式计算体积吸收总系数 $K_Y a$。测定值代表所测范围内的平均总体吸收系数。

注意：在测定之前，对填料塔要进行预液泛操作，以保证测得数据的可靠性。

2.6.2　吸收系数的经验公式

吸收系数的经验公式是根据特定物系及特定条件下的实验数据而得出的，应用时要注意其适用范围及条件。

下面介绍几个计算体积吸收系数的经验公式。

一、用水吸收氨

用水吸收氨属于易溶气体的吸收。一般说来，此种吸收的主要阻力在气膜中，但液膜阻力仍占一定比例，如 10% 或更多一些。计算气膜体积系数的经验公式为：

$$k_G a = 6.07 \times 10^{-4} G^{0.9} W^{0.39} \tag{2-68}$$

式中　$k_G a$——气膜体积吸收系数，$kmol/(m^3 \cdot h \cdot kPa)$；

G——气相空塔质量速度，$kg/(m^2 \cdot h)$；

W——液相空塔质量速度，$kg/(m^2 \cdot h)$。

式 2-68 适用于下列条件：

(1) 在填料塔中用水吸收氨；

(2) 直径为 12.5 mm 的陶瓷环形填料。

二、常压下用水吸收二氧化碳

这是难溶气体的吸收。吸收的主要阻力在液膜中，计算液膜体积吸收系数的经验公式为：

$$k_L a = 2.57 U^{0.96} \tag{2-69}$$

式中　$k_L a$——液膜体积吸收系数，$kmol/\left(m^3 \cdot h \cdot \dfrac{kmol}{m^3}\right)$ 即 $1/h$；

U——喷淋密度，单位时间内喷淋在单位塔截面积上的液相体积，$m^3/(m^2 \cdot h)$ 即 m/h。

式 2-69 适用于下述条件：

(1) 常压下在填料塔中用水吸收二氧化碳；

(2) 直径为 10 mm ~ 32 mm 的陶瓷杯；

(3) 喷淋密度 $U = 3\ m^3/(m^2 \cdot h) \sim 20\ m^3/(m^2 \cdot h)$；

(4) 气体的空塔质量速度为 130 $kg/(m^2 \cdot h)$ ~ 158 $kg/(m^2 \cdot h)$；

(5) 温度为 21 ℃ ~ 27 ℃。

2.6.3　吸收系数的准数关联式

根据理论分析和实验结果，可以得到计算气膜及液膜吸收系数的准数关联式。由于影响吸收过程的因素非常复杂，又受实验条件的限制，现有的准数关联式在完备性、准确性与一致性方面都不能令人满意。选用时，还应注意到每一关联式的具体应用条件及范围。

一、传质过程中常用的几个准数

经过量纲分析方法的处理,可以得到几个和传热相对应的量纲为 1 的数群。

1. 舍伍德数

传质中的舍伍德数 Sh 和传热中的努塞尔特数($Nu = \alpha l/\lambda$)相当,它包含待求的吸收膜系数。

气相的舍伍德数为:

$$Sh_G = k_G \frac{RTp_{B,m}}{P} \frac{l}{D} \tag{2-70}$$

式中　l——特征尺寸,可以是填料直径或塔径(湿壁塔)等,依不同关联式而定,m;

　　　D——吸收质在气相中的分子扩散系数,m^2/s;

　　　k_G——气膜吸收系数,$kmol/(m^2 \cdot s \cdot kPa)$;

　　　R——通用气体常数,$kJ/(kmol \cdot K)$;

　　　T——温度,K;

　　　$p_{B,m}$——相界面处与气相主体中的惰性组分分压的对数平均值,kPa;

　　　P——总压强,kPa。

液相的舍伍德数:

$$Sh_L = k_L \frac{c_{s,m}}{C} \frac{l}{D'} \tag{2-71}$$

式中　k_L——液膜吸收系数,m/s;

　　　D'——吸收质在液相中的分子扩散系数,m^2/s;

　　　$c_{s,m}$——相界面处与液相主体中溶剂浓度的对数平均值,$kmol/m^3$;

　　　C——溶液的总浓度,$kmol/m^3$。

（l 的意义与单位同前）

2. 施密特数

传质中的施密特数 Sc 与传热中的普朗特数($Pr = c_p\mu/\lambda$)相当,它反映物性的影响,其表达式为:

$$Sc = \frac{\mu}{\rho D} \tag{2-72}$$

式中　μ——混合气体或溶剂的黏度,$Pa \cdot s$;

　　　ρ——混合气体或溶液的密度,kg/m^3;

　　　D——溶质的分子扩散系数,m^2/s。

3. 雷诺数

雷诺数 Re 反映流动状况的影响。气体通过填料层时的雷诺数 Re_G 为:

$$Re_G = \frac{d_e u_0 \rho}{\mu} = \frac{4G}{\sigma\mu} \tag{2-73}$$

式中　d_e——填料层的当量直径,即填料层中流体通道的当量直径,m;

　　　u_0——流体通过填料层的实际速度,m/s;

　　　G——气体的空塔质量速度,$G = u\rho$,$kg/(m^2 \cdot s)$;

　　　σ——填料层的比表面积,m^2/m^3。

同理,液体通过填料层的雷诺数为:

$$Re_L = \frac{4W}{\sigma \mu_L} \tag{2-74}$$

式中 W——液体的空塔质量速度,$kg/(m^2 \cdot s)$;

μ_L——液体的黏度,$Pa \cdot s$。

4. 伽利略数

伽利略数 Ga 反映液体受重力作用而沿填料表面向下流动时所受重力与黏滞力的相对关系,其表达式为:

$$Ga = \frac{gl^3 \rho^2}{\mu_L^2} \tag{2-75}$$

式中 g 为重力加速度,m/s^2,其他符号的意义和单位同前。

二、计算气膜吸收系数的准数关联式

计算气膜吸收系数的准数关联式为:

$$Sh_G = \alpha (Re_G)^\beta (Sc_G)^\gamma \tag{2-76}$$

或

$$k_G = \alpha \frac{PD}{RTp_{B,m}l} (Re_G)^\beta (Sc_G)^\gamma \tag{2-76a}$$

此式是在湿壁塔中实验得到的,适用范围是:$Re_G = 2 \times 10^3 \sim 3.5 \times 10^4$,$Sc_G = 0.6 \sim 2.5$,$P = 101.33$ kPa(绝压)。式中 $\alpha = 0.023$,$\beta = 0.83$,$\gamma = 0.44$,特征尺寸 l 为湿壁塔塔径。此式也可应用于采用拉西环的填料塔,此时,$\alpha = 0.066$,$\beta = 0.8$,$\gamma = 0.33$,特性尺寸 l 为单个拉西环填料的外径(m)。

三、计算液膜吸收系数的准数关联式

计算填料塔内液膜吸收系数的准数关联式有如下形式:

$$Sh_L = 0.005\,95 (Re_L)^{0.67} (Sc_L)^{0.33} (Ga)^{0.33} \tag{2-77}$$

或

$$k_L = 0.005\,95 \frac{CD'}{c_{s,m}l} (Re_L)^{0.67} (Sc_L)^{0.33} (Ga)^{0.33} \tag{2-77a}$$

式中的特征尺寸指填料直径(m),其他符号的意义与单位同前。

[**例 2-14**] 在直径为 1.0 m、填料层高度为 4.0 m 的吸收塔内,用清水逆流吸收混合气体中的可溶组分 A。混合气体的流量为 36 kmol/h,其中溶质的体积分数为 0.08,出塔时体积分数为 0.01,操作液气比为 2,实验条件下的平衡关系为 $Y = 2X$,试求气相总体积传质系数 $K_Y a$。

解: 气相总体积吸收系数按下式计算:

$$K_Y a = \frac{G_A}{V_p \Delta Y_m} \tag{1}$$

$$Y_1 = \frac{8}{100-8} = 0.086\,96 \quad Y_2 = \frac{1}{100-1} = 0.010\,1$$

$$V = 36(1-0.08) = 33.12 \text{ kmol/h}$$

$$X_2 = 0$$

由题给条件,$m = L/V$,即 $S = mV/L = 1.0$,则

$$\Delta Y_m = Y_2 - mX_2 = Y_2 = 0.010\,1$$

92

$$G_A = V(Y_1 - Y_2) = 33.12(0.086\,96 - 0.010\,1) = 2.546 \text{ kmol/h}$$

$$V_p = \frac{\pi}{4}D_i^2 z = \frac{\pi}{4} \times 1^2 \times 4 = 3.142 \text{ m}^3$$

将有关数据代入(1)式,得:

$$K_Y a = \frac{2.546}{3.142 \times 0.010\,1} = 80.23 \text{ kmol/(m}^3 \cdot \text{h)}$$

习　题

1.每 1 000 g 水中含有 18.7 g 氨,试计算氨的水溶液的浓度 c、物质的量的分数 x 及物质的量的比组成 X。

答:$c = 1.08$ kmol/m^3,$x = 0.019\,42$,$X = 0.019\,8$

2.在 101.33 kPa、10 ℃时,100 g 水中溶解 1 g 氨。已知在此组成范围内溶液服从亨利定律,相平衡常数 $m = 0.5$。试求亨利系数 E、溶解度系数 H 及溶液上方氨的平衡分压 p^*。

答:$E = 50.67$ kPa,$H = 1.096$ kmol/(m$^3 \cdot$ kPa),$p^* = 0.531$ kPa

3.在 101.33 kPa、20 ℃时,氧气在水中的溶解度可用下式表示,即:

$$p = 4.06 \times 10^6 x$$

式中 p 为氧在气相中的分压,kPa;x 为氧在液相中的物质的量分数。试求在上述条件下与空气充分接触后 1 m^3 水中溶有多少克氧。

答:9.317 g(O$_2$)/m^3(水)

4.在 20 ℃、总压为 506.6 kPa 的条件下,含 CO$_2$ 2%的混合气体与水充分接触,试求 CO$_2$ 在水中的平衡溶解度。分别用物质的量的分数 x、浓度 c 和每 1 000 g 水中含 CO$_2$ 的克数来表示。

20 ℃时 CO$_2$ 在水中的亨利系数查表 2-1。

答:$x = 7.035 \times 10^{-5}$,$c = 3.91 \times 10^{-3}$ kmol/m^3,0.172 g/1 000 g

5.在 101.33 kPa、0 ℃下的 O$_2$ 与 CO$_2$ 混合气体发生定态的分子扩散过程。已知相距 0.4 cm 的两截面上的分压分别为 18.6 kPa 与 9.3 kPa,在此条件下的扩散系数为 1.85×10^{-5} m^2/s,试计算下列两种情况下 O$_2$ 的扩散速率,kmol/(m$^2 \cdot$ s):

(1)O$_2$ 与 CO$_2$ 作等分子反方向扩散;

(2)CO$_2$ 为停滞组分。

答:(1)1.895×10^{-5} kmol/(m$^2 \cdot$ s);(2)2.2×10^{-5} kmol/(m$^2 \cdot$ s)

6.一浅盘内盛有 2 mm 厚的水层,在 25 ℃的恒温下逐渐蒸发并扩散到大气中。假定扩散始终是通过一层厚度 5 mm 的静止空气层,此层外空气中的水蒸气分压为 0.98 kPa。扩散系数为 2.65×10^{-5} m^2/s,大气压强为 101.33 kPa。求蒸干水层所需时间。

答:6.458 h

7.含溶质 10%(体积)的气体混合物与 $c_A = 0.015$ kmol/m^3 的水溶液在 101.33 kPa 的恒压下接触。操作条件下的平衡关系为 $p = 164.0c$ kPa。试计算:

(1)溶质是从气相向液相转移还是相反;

(2)以气相组成表示的传质推动力 Δp(kPa);

(3)以液相组成表示的传质推动力 Δc(kmol/m^3)。

答:(1)从气相向液相转移;(2)$\Delta p = 7.673$ kPa;(3)$\Delta c = 0.046\,79$ kmol/m^3

8.试根据麦克斯韦-吉利兰公式分别估算 0 ℃、101.33 kPa 时氨和氯化氢在空气中的扩散系数 D(m^2/s),并将计算结果与表 2-2 中的数据相比较。

答:$D_{NH_3} = 1.615 \times 10^{-5}$ m^2/s,$D_{HCl} = 1.324 \times 10^{-5}$ m^2/s

9. 于 101.33 kPa、27 ℃下用水吸收混于空气中的甲醇蒸气。甲醇在气、液两相中的浓度很低,平衡关系服从亨利定律。已知溶解度系数 $H = 1.995$ kmol/$(m^3 \cdot kPa)$,气膜吸收分系数 $k_G = 1.55 \times 10^{-5}$ kmol/$(m^2 \cdot s \cdot kPa)$,液膜吸收分系数 $k_L = 2.08 \times 10^{-5}$ kmol/$\left(m^2 \cdot s \cdot \dfrac{kmol}{m^3} \right)$。试求吸收总系数 K_G 并算出气膜阻力在总阻力中所占的百分数。

答:$K_G = 1.128 \times 10^{-5}$ kmol/$(m^2 \cdot s \cdot kPa)$,气膜阻力占 72.77%

10. 在逆流操作的塔内用水吸收混于空气中的甲醇,操作温度 27 ℃、压强 101.33 kPa。定态操作下塔某截面上气相中甲醇的分压为 5 kPa,液相中甲醇浓度为 2.11 kmol/m^3。试根据上题中的有关数据计算该截面上的吸收速率。

答:4.447×10^{-5} kmol/$(m^2 \cdot s)$

11. 在逆流操作的吸收塔中,于 101.33 kPa、25 ℃下用清水吸收混合气体中的 H_2S,将其含量由 2% 降至 0.1%(体积分数)。该系统符合亨利定律,且亨利系数 $E = 5.52 \times 10^4$ kPa。

(1)若取吸收剂用量为理论最小用量的 1.2 倍,试计算操作液气比 L/V 及出口液相组成 X_1;

(2)若操作压强改为 1 013.3 kPa,其他条件保持不变,再求 L/V 及 X_1。

答:(1)$L/V = 621.7$,$X_1 = 3.122 \times 10^{-5}$;(2)$L/V = 62.17$,$X_1 = 3.122 \times 10^{-4}$

12. 于常压下操作的填料塔中用清水吸收焦炉气中的氨。焦炉气处理量为 5 000 标准 m^3/h,氨的含量为 10 g/标准 m^3,要求氨的回收率不低于 99%。水的用量为最小用量的 1.5 倍。焦炉气入塔温度为 30 ℃,空塔气速为 1.1 m/s。操作条件下的平衡关系为 $Y = 1.2X$,气相总体积吸收系数为 $K_Y a = 0.061\ 1$ kmol/$(m^2 \cdot s)$。试分别用对数平均推动力法及脱吸因数法求气相总传质单元数,再求所需的填料层高度。

答:$N_{OG} = 10.74$,$z = 7.67$ m

13. 在逆流操作的填料塔中用清水洗涤混合气体中的可溶组分氨。已知:入塔气体中含氨 1.5%(体积),惰性气体质量流速为 0.026 kmol/$(m^2 \cdot s)$,操作液气比 $L/V = 0.92$,操作条件下的相平衡关系为:
$$Y = 0.8X$$
填料层高度为 6 m,气相总体积吸收系数 $K_Y a = 0.06$ kmol/$(m^3 \cdot s)$,试求:

(1)尾气中氨的组成 Y_2;

(2)欲将吸收率提高到 99.5%,此时的用水量 L(kmol/$(m^2 \cdot h)$)。

答:(1)$Y_2 = 0.000\ 381$;(2)$L/\Omega = 105.5$ kmol/$(m^2 \cdot h)$

14. 在一板式塔中用清水吸收混于空气中的丙酮蒸气。混合气体流量为 30 kmol/h,其中含丙酮 1%(体积),要求吸收率不低于 90%,用水量为 90 kmol/h。该塔在 101.33 kPa、27 ℃下等温操作,丙酮在气、液两相中的平衡关系为:
$$Y^* = 2.53X$$
试求所需的理论板层数。

答:$N_T = 5.039$

15. 在一填料层高度为 3 m 的逆流操作填料塔中用清水吸收混于空气中的氨。混合气中含氨 5%(体积),要求吸收率为 90%,操作的脱吸因子 $S = 1$,平衡关系符合亨利定律,可表达为:
$$Y = mX$$
试求气相总传质单元高度 H_{OG} 与等板高度 $HETP$。

答:$H_{OG} = HETP = \dfrac{1}{3}$ m

16. 有一吸收塔,填料层高度 3 m,操作压强为 101.33 kPa,温度为 20 ℃,用清水吸收混于空气中的氨。混合气体质量速度 $G = 580$ kg/$(m^2 \cdot h)$,含氨 6%,吸收率为 99%;水的质量速度 $W = 770$ kg/$(m^2 \cdot h)$。该塔在等温下逆流操作,平衡关系为 $Y^* = 0.9X$。$K_G a$ 与气相质量速度的 0.8 次方成正比而受液体质量速度 W 的影响甚小。试估算当操作条件分别作下列改变时,填料层高度如何变化才能保持原来的吸收率(塔径不

变):

(1)操作压强增加一倍;

(2)液体流量增加一倍;

(3)气体流量增加一倍。

答:(1)$z=1.198$ m,减少 1.802 m;(2)$z=2.395$ m,减少 0.605 m;(3)$z=7.89$ m,增加 4.89 m

17.用过热蒸气在一逆流操作的填料塔中脱除吸收液中的溶质组分 A。已知:操作气液比 $V/L=0.465$,平衡关系为 $Y=3.21X$,吸收液的组成为 0.106 6,要求再生液中溶质含量不超过 0.007 5(以上均为物质量的比),液相总传质单元高度 $H_{OL}=0.68$ m,试求所需填料层高度。

答:$z=3.46$ m

第3章 蒸馏和吸收塔设备

本章符号说明

英文字母

A_a——塔板上鼓泡区面积, m^2;

A_f——降液管截面积, m^2;

A_0——筛孔总面积, m^2;

A_T——塔截面积, m^2;

b——平均液流宽度, m;

c_1、c_2、c_3——默奇公式中的常数;

C——操作条件下的负荷系数,量纲为1;

C_{20}——当液体表面张力为 20 mN/m 时,计算 u_{max} 的负荷系数,量纲为1;

d_0——筛孔直径, m;

D——塔径, m;馏出液摩尔流量, kmol/h;

e_V——雾沫夹带量, kg 液/kg 气;

E——液流收缩系数,量纲为1;

E_M——单板效率(默弗里单板效率),量纲为1;

E_T——总板效率(全塔效率),量纲为1;

F_0——气相动能因数, $\sqrt{kg/m}/s$;

g——重力加速度, m/s^2;

G——气相空塔质量速度, $kg/(m^2 \cdot s)$;

h_1——进口堰与降液管间的水平距离, m;

h_c——与干板压强降相当的液柱高度, m 液柱;

$h_{c,min}$——漏液点时,与干板压强降相当的液柱高度, m 液柱;

h_d——与液体经过降液管的压强降相当的液柱高度, m 液柱;

h_f——板上泡沫层高度, m;

h_1——与板上液层阻力相当的液柱高度, m 液柱;

h_L——板上清液层高度, m;

h_n——齿形堰的齿深, m;

h_0——降液管的底隙高度, m;

h_{0w}——堰上液层高度, m;

h_w——出口堰高度, m;

h'_w——进口堰高度, m;

h_σ——与克服表面张力压强降相当的液柱高度, m 液柱;

H_1——填料层分段高度, m;

H_d——降液管内清液层高度, m;

H_T——板距, m;

$HETP$——等板高度, m;

K——稳定系数,量纲为1;

l_w——堰长, m;

L——液体摩尔流量, kmol/h;

L_h——液体流量, m^3/h;

L_S——液体流量, m^3/s;

L_w——润湿速率, $m^3/(m \cdot h)$;

m——平衡线斜率,量纲为1;

n——筛孔总数;或 1 米^3 填料层中填料的个数;

N_p——实际板层数;

N_T——理论板层数;

Δp_p——通过一层塔板的压强降, Pa/层;

Δp——压强降, Pa;

R——鼓泡区半径, m;或回流比,量纲为1;

t——筛孔的中心距, m;

u——空塔气速, m/s;

u_a——按板上液层上方有效流通面积计的气速, m/s;

u_{max}——极限空塔速度(液泛速度), m/s;

$u_{0,\text{min}}$——漏液点时气体通过筛孔的速度，m/s；

u_0——气体通过筛孔的速度，m/s；

u'_0——液体通过降液管底隙的速度，m/s；

U——喷淋密度，$m^3/(m^2 \cdot h)$；

V_h——气体流量，m^3/h；

V_s——气体流量，m^3/s；

w_L——液体质量流量，kg/s；

w_V——气体质量流量，kg/s；

W_c——边缘无效区宽度，m；

W_d——弓形降液管宽度，m；

W_s——破沫区宽度，m；

x——液相摩尔组成，或鼓泡区 1/2 的宽度，m；

y——气相摩尔组成；

z——板式塔的有效高度，m；或填料层高度，m；

z_1——液流长度，m。

希腊字母

δ——塔板材料厚度，mm 或 m；

Δ——液面落差，m；

ε——空隙率，量纲为 1；

ε'_0——板上液层充气系数，量纲为 1；

θ——液体在降液管内停留时间，s；

μ——黏度，$mPa \cdot s$；

ρ_L——液体密度，kg/m^3；

ρ_V——气体密度，kg/m^3；

ρ_p——填料的堆积密度，kg/m^3；

σ——液体的表面张力，mN/m 或 N/m；填料层的比表面，m^2/m^3；

ϕ——开孔率，量纲为 1；计算液泛时的系数，量纲为 1；填料的填料因子，1/m；

ψ——液体密度校正系数，量纲为 1。

下标

max——最大的；

min——最小的；

L——液体的；

V——气体的。

蒸馏和吸收虽然原理不同，但都是气、液两相在塔设备内直接接触并同时进行动量、热量和质量传递的操作，因此蒸馏和吸收操作可以在同样设备内进行。

塔设备为两相提供充分的接触时间、面积和空间，以达到理想传递效果。因此塔设备是化工和石油化工生产中最重要的设备之一，在这些工业生产中，塔设备的投资占总装备投资的 25% 左右。

选用或设计塔设备时除需满足蒸馏和吸收工艺过程的主要要求外，还应考虑以下基本要求：①生产能力要大，在较大的气、液负荷或波动范围较宽时，也能在较高的传质速率下稳定操作；②流动阻力小，运转费低；③能提供较大的相际接触面积，使气、液两相在充分接触的情况下进行传质，从而达到高分离效率；④能满足物料性质，以达到高分离效率；⑤能满足由于物料性质，如腐蚀性、热敏性、发泡性，以及由于温度变化等而提出的特殊要求；⑥结构合理、金属耗量少，便于安装、调节与检修，操作方便、安全；⑦不易堵塞。

塔设备经过长期的开发，形成多种类型。为了便于研究和比较，常从不同角度对塔设备进行分类。例如：按操作压强分为减压塔、常压塔和加压塔；按单元操作分为蒸馏塔、吸收塔、解吸塔、萃取塔等；按形成相际界面分为具有固定相界面的塔和流动过程中形成相界面的塔；按塔内构件可分为板式塔和填料塔等。本章针对蒸馏和吸收这两个单元操作重点介绍板式塔和填料塔。

第1节 板式塔

3.1.1 塔板类型

板式塔是在圆形壳体内装有若干层按一定间距放置的水平塔板(又称塔盘)的装置,各种塔板的结构虽异,但板面上的总体布置大致相同。图 3-1 为板式塔的典型结构。板上开有许多小孔,气体靠压强差自下向上通过板上小孔并穿过板上流动的液层,液体由上层塔板的降液管流到下层塔板的一侧,横向流过塔板而从另一侧降液管流至再下层塔板,气、液两相在塔板上呈错流接触流动,这种塔板称为错流塔板。适当安排错流塔板的降液管位置和堰的高度,可以控制板上液体流径长度与液层厚度,以期获得较高的传质效率。但是降液管约占去塔板面积的 20%,影响了塔的生产能力;而且,液体横流过塔板时要克服各种阻力,因而使板上液层出现称为液面落差的位差(又称水力样度),液面落差大时,能引起板上气体分布不均,降低分离效率。

若塔板上不设降液管,则气、液两相均通过板上小孔逆向穿流而过,如图 3-2 所示,这种塔板称为逆流塔板,又称穿流塔板。逆流塔板结构简单,板上无液面落差,气体分布均匀,板面可以充分利用,生产能力大,压强降较小,但需要较高的气速才能使板上积累液层,操作弹性差且效率较低,目前在蒸馏、吸收等气、液传质操作中的应用远不及错流塔板广泛。本章只介绍错流塔板。

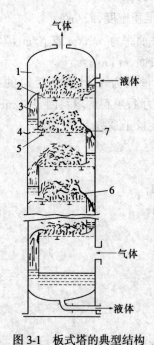

图 3-1 板式塔的典型结构
1—壳体 2—塔板(又称塔盘)
3—降液管(又称溢流管)
4—支承圈 5—加固梁
6—泡沫层 7—溢流堰

一、泡罩塔

图 3-3 为泡罩塔中任意层塔板的情况。板上设有许多供蒸气通过的升气管,其上覆以

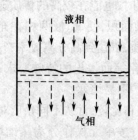

图 3-2 逆流(穿流)式
塔板示意图

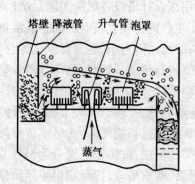

图 3-3 泡罩塔板示意图

98

钟形泡罩,升气管与泡罩之间形成环形通道。泡罩周边开有很多称为齿缝的长孔,齿缝全部浸在板上液体中形成液封。操作时,气体沿升气管上升,经升气管与泡罩间的环隙,通过齿缝被分散成许多细小的气泡,气泡穿过液层使之成为泡沫层,以加大两相间的接触面积。液体由上层塔板降液管流到下层塔板的一侧,横过板上的泡罩并分离所夹带的气泡,再越过溢流堰进入另一侧降液管,在管中气、液进一步分离,分离出的蒸气返回塔板上方空间,液体流到下层塔板。一般小塔采用圆形降液管,大塔采用弓形降液管。泡罩塔已有一百多年历史,虽有结构复杂、生产能力较低、压强降偏高等缺点,然而它有操作稳定、技术比较成熟、对脏物料不敏感等优点,故目前仍有采用。

二、筛板塔

筛板是在带有降液管的塔板上钻有直径为 3 mm ~ 8 mm 的均布圆孔,液体流程与泡罩塔相同,蒸气通过筛孔将板上流动的液体吹成泡沫。筛板上没有突起的气液接触元件,因此板上液面落差很小,一般可以忽略不计,只有在塔径较大或液体流量较高时才考虑液面落差的影响。图 3-4 为筛板上操作时气液流动示意图。

三、浮阀塔

浮阀塔是 20 世纪 50 年代在泡罩塔和筛板塔的基础上开发出的一种较好的塔。在带有降液管的塔板上开有若干直径较大(标准孔径为 39 mm)的均布圆孔,孔上覆以可在一定范围内自由活动的浮阀。浮阀形式很多,图 3-5 所示为常用的浮阀。其中图(a)的 F1 型(国外

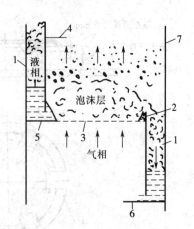

图 3-4　筛板上操作示意图
1—降液管　2—堰　3—筛板　4—第 $n-1$ 层塔板　5—第 n 层塔板　6—第 $n+1$ 层塔板　7—塔体

称为 V1 型)结构最简单,广泛用于化工及炼油工艺,现已列入部颁标准。F1 型浮阀又分为轻阀与重阀两种,重阀采用厚度为 2 mm 的薄板冲制,每阀质量约为 33 g;轻阀采用厚度为 1.5 mm 的薄板冲制,每阀质量约为 25 g。阀的质量直接影响塔内的气体压强降,轻阀惯性小,气体压强降就小,但操作稳定性较差,低气速时漏液严重,影响分离效率,因此一般都采用重阀,只有在处理量大且要求压强降很低的系统(如减压塔)中才用轻阀。

V4 型浮阀如图 3-5(b)所示,其特点是阀孔被冲成向下弯曲的文丘里形,用以减小气体通过塔板时的压强降。阀片除腿部相应加长外,其余结构尺寸与 F1 型轻阀无异。V4 型浮阀适用于减压系统。

T 型浮阀的结构比较复杂,如图 3-5(c)所示。此型浮阀是借助固定于塔板上的支架来限制拱形阀片的运动范围,多用于易腐蚀、含颗粒或易聚合的介质。

F1 型、V4 型及 T 型浮阀的基本参数如表 3-1 所示。

阀片本身有三条腿,插入阀孔后将各腿底脚扳转 90°,用以限制操作时阀片在板上升起的最大高度(8.5 mm);阀片周边又冲出三块略向下弯的定距片,使阀片处于静止位置时仍与塔板间留有一定的缝隙(2.5 mm),这样,当气量很小时气体仍能通过缝隙均匀地鼓泡,避免了阀片启、闭不稳定的脉动现象,同时由于阀片与塔板板面是点接触,可以防止停工后阀片与塔板黏着从而被腐蚀。

表 3-1　F1 型、V4 型及 T 型浮阀的基本参数

型式	F1 型(重阀)	V4 型	T 型
阀孔直径,mm	39	39	39
阀片直径,mm	48	48	50
阀片厚度,mm	2	1.5	2
最大开度,mm	8.5	8.5	8
静止开度,mm	2.5	25	1.0 ~ 2.0
阀质量,g	32 ~ 34	25 ~ 26	30 ~ 32

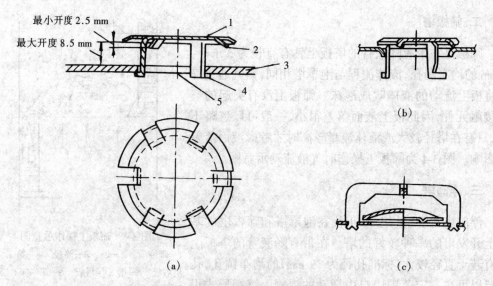

图 3-5　浮阀的型式

(a)F1 型浮阀　(b)V4 型浮阀　(c)T 型浮阀

1—阀片　2—定距片　3—塔板　4—底脚　5—阀孔

操作时,液相流程和前面介绍的泡罩塔一样,气相则经阀孔上升顶开阀片,穿过环形缝隙,再以水平方向吹入液层形成泡沫,随着气速的增减,浮阀能在相当宽的范围内稳定操作。因此目前获得较广泛的应用。

浮阀塔板结构简单、制造方便、造价低,因浮阀可以在一定范围内自由升降,而气缝速度几乎不变,所以操作弹性优于泡罩塔和筛板塔。上升气流以水平方向吹入流动的液层,气、液接触时间长,故塔板效率较高;不适于处理易结垢、易聚合与高黏等物料,阀片易与塔板黏结,且在操作时会发生阀片脱落或卡阀等现象。

四、喷射型塔板

筛板上气体通过筛孔及液层后,夹带着液滴垂直向上流动,并将部分液滴带至上层塔板,这种现象称为雾沫夹带。雾沫夹带虽然可增大气、液两相的传质面积,但过量的雾沫夹带造成液相在塔板间返混,进而导致塔板效率严重下降。在浮阀塔板上,虽然气相从阀片下方以水平方向喷出,但阀与阀间的气流相互撞击,汇成较大的向上气流速度,也造成严重的雾沫夹带现象。此外,前述各类塔板上存在或高或低的液面落差,引起气体分布不均,不利于提高分离效率。研究发现,当气体通过板上液层时,随着气体速度的增大,板上依次出现

100

鼓泡、蜂窝、泡沫和喷射四种不同的接触状态,其中以泡沫和喷射是传质效率最优的状态。基于此开发出若干种喷射型塔板。在这类塔板上,气体喷出的方向与液体流动的方向一致或相反,充分利用气体的动能来促进两相间的接触,提高传质效果,气体不必再通过较深的液层,因而压强降显著减小,且因雾沫夹带量较小,可采用较大的气速。常用的喷射型塔板如图3-6所示。

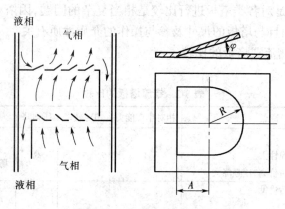

图3-6　舌形塔板示意图

舌形塔板上冲出许多舌形孔,舌叶与板面成一定的角度,向塔板的溢流出口侧张开。图中示出的舌形孔典型尺寸为:$\varphi = 20°$、$R = 25$ mm、$A = 25$ mm。

上升气流穿过舌孔后,沿舌叶的张角向斜上方以较高速度(20 m/s ~ 30 m/s)喷出。从上层塔板降液管流下的液体流过每排舌孔时,即为喷出的气流强烈扰动而形成泡沫体,并有部分液滴被斜向喷射到液层上方。最后,在塔板的出口侧,被喷射的液流高速冲至降液管上方的塔壁,流入降液管。舌形塔板的液流出口侧不设溢流堰,而降液管截面积要比一般塔板设计得大些。

舌形塔板的开孔率较大,故可采用较大的气相空塔速度,生产能力比泡罩、筛板等塔型的都大。气体由舌孔斜向喷出时,与板上液流方向一致,使液流受到推动,避免了板上液体的逆向混合及产生液面落差,板上滞留液量也较小,故操作灵敏且压强降小。

由于舌形塔板上供气流通过的截面积是固定的,当塔内气体流量较小,即气体经舌孔喷出的速度较小时,就不能阻止液体经舌孔泄漏,所以舌形塔板有对负荷波动的适应能力较差的缺点。此外,板上液流被气体喷射后,冲至塔壁而落入降液管时,仍带有大量的泡沫,易将气泡带到下层塔板,尤其在液体流量很大时,这种气相夹带的现象更严重,使板效率明显下降。这是喷射型塔板一个值得注意的问题。

综合考虑浮阀塔板和舌形塔板的优点,衍生出如图3-7所示的浮舌塔板。浮舌塔板的特点为:操作弹性大,负荷变动范围甚至可超过浮阀塔;压强降较小,特别适用于减压操作;结构

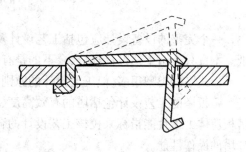

图3-7　浮舌塔板示意图

101

简单,制造方便;效率较高,介于浮阀塔板和固定舌板之间。

3.1.2　各种错流塔板的比较

正确评价并比较各种类型的错流塔板,对设计时选择适宜的塔板以及开发新形式塔板均具有指导作用。但是对各类塔板进行比较是相当复杂的问题,因塔板操作性能与效率不仅与塔板类型有关,而且与塔板的尺寸及参与操作的介质性质有关。

表3-2列出各种错流式塔板的比较。

表3-2　错流塔板的比较

塔板类型	特点	相对生产能力	相对效率	压强降	适用范围
泡罩塔板	(1)比较成熟 (2)操作稳定,弹性大 (3)结构复杂,造价高,压强降大	1	1	高	某些要求弹性大的特殊场合
筛板	(1)结构简单,造价低 (2)板效率较高 (3)安装要求高 (4)易堵 (5)弹性小	1.2~1.4	1.1	低	分离要求高,即适用于塔板层数要求多的工艺过程
浮阀塔板	(1)生产能力大,操作弹性大 (2)塔板效率高 (3)结构简单,但阀要用不锈钢材料制造 (4)液面落差较小	1.2~1.4	1.1~1.2	中等	适用于分离要求高、负荷变化大、介质只能有一般聚合现象的场合
舌形塔板	(1)结构简单,生产能力大,压强降小 (2)弹性小,板效率较低	1.3~1.5	1.1	小	可用于分离要求较低的场合
浮舌塔板	(1)生产能力大 (2)操作弹性大,板效率较高 (3)浮舌易磨损	1.3~1.5	1.1	小	炼油厂常用于旧塔改造挖潜

3.1.3　筛板塔的工艺设计

一个完整的设备设计应包括工艺设计及设备强度设计,此外还要提出供加工制造的图纸。本章只介绍工艺设计部分,余下的是有关专业的专业课内容。

板式塔的类型很多,但工艺设计的原则和步骤大致相同,下面以筛板塔为例进行介绍。

筛板塔的工艺设计包括塔的有效高度、塔径、溢流装置、筛孔尺寸及塔板板面布置,并用塔板流体力学性能指标来校核工艺设计的合理性,最后画出筛板的负荷性能图,以了解所设计塔的操作性能。

一、塔的有效高度

板式塔的总高度是有效高度、顶部空间高度、底部空间高度以及裙坐高度的总和。本章只介绍有效高度,余下的在化工原理课程设计中介绍。

塔的有效高度用下式计算:

$$z = \frac{N_T}{E_T} H_T \qquad (3-1)$$

式中 z——塔的有效高度,m;

N_T——理论塔板层数;

E_T——板式塔的总效率;

H_T——塔板间的距离,简称板距,m。

板距 H_T 的大小对塔的生产能力、操作弹性及塔板效率都有影响。采用较大的板距,能允许较高的空塔速度,而不致产生严重的雾沫夹带现象,因而对于一定的生产任务,若采用较小的塔径,则塔高要增加;反之,采用较小的板距,则只能允许较小的空塔气速,塔径就要增大,但塔高可以减低一些。可见板距与塔径互相关联,有时需要结合经济权衡,反复调整,才能确定。板距的数值应按照规定选取整数,如 300 mm、350 mm、450 mm、500 mm、600 mm、800 mm 等。表 3-3 列出筛板塔的塔径与板距的经验数据供设计时作为初估的参考值。有时根据系统和操作的特点,也可选用高于或低于表中的数值。

设计时首先估计塔径,然后按表 3-3 初选板距,等其他参数确定后再作最后校核。

在决定板距时还应考虑安装、检修的需要,例如在人孔处应留有足够高的工作空间,其值不应小于 600 mm。

表 3-3 筛板塔的塔板间距

塔径 D mm	塔板间距 H_T,mm								
800 ~ 1 200	300	350	400	450	500				
1 400 ~ 2 400			400	450	500	550	600	650	700
2 600 ~ 6 600				450	500	550	600	650	700	750	800

二、塔径

依流量公式计算塔径,即:

$$D = \sqrt{\frac{4 V_h}{3\,600\,\pi u}} \qquad (3-2)$$

式中 D——塔径,m;

V_h——气相的流量,m³/h;

u——气相的空塔速度,m/s

对精馏塔,由于精馏段和提馏段气体体积流量不一定相等,故应分开计算塔径。在同一塔段内应取流量及各种物理性质的平均值。

由式 3-2 可知,计算塔径的关键在于确定适宜的空塔气速 u。

当上升气体脱离塔板上的鼓泡液层时,气泡破裂而将部分液体喷溅成许多细小的液滴及雾沫。上升气体的空塔速度不应超过一定限度,否则大量液滴和雾沫会被气体携至上层塔板,造成严重的雾沫夹带现象,甚至破坏塔的操作。因此,根据本教材上册第 3 章介绍的沉降原理导出求算最大允许空塔气速 u_{max} 的关系式为:

$$u_{max} = C \sqrt{\frac{\rho_L - \rho_V}{\rho_V}} \qquad (3-3)$$

式中　u_{max}——极限空塔气速,m/s;

ρ_L、ρ_V——分别为液相及气相的平均密度,kg/m³;

C——操作时的负荷系数,m/s。

研究结果表明:C 值与气、液流量及密度、板上液滴沉降空间的高度以及液体的表面张力有关。史密斯等人汇集了若干泡罩、筛板和浮阀的数据,整理成负荷系数与这些影响因素间的关系曲线,如图 3-8 所示。

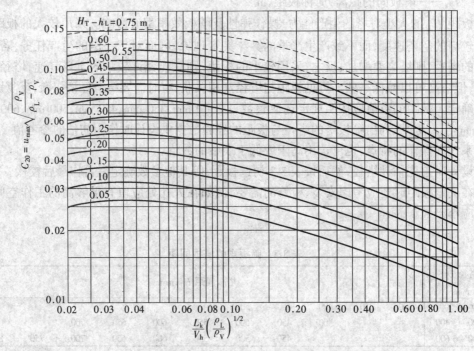

图 3-8　泡罩、筛板及浮阀塔的负荷系数关联图

V_h、L_h—分别为塔内气体和液体的体积流量,m³/h　h_L—板上液层高度,m

图中参数 $H_T - h_L$ 反映液滴在两层实际塔板间的沉降高度,横标$(L_h/V_h)(\rho_L/\rho_V)^{1/2}$量纲为 1,称为液气动能参数。由图看出:对一定的气液系统而言,$H_T - h_L$ 越大,负荷系数值越大,极限空塔速度 u_{max} 也越大,说明随着分离高度增加,雾沫夹带现象减轻,允许的极限速度就可以增高。

对常压塔一般选取 $h_L = 50$ mm ~ 100 mm(通常取 50 mm ~ 80 mm),对减压塔应取较低的值,约为 25 mm ~ 30 mm。

图 3-8 是按液体表面张力 $\sigma = 20$ mN/m 的物系绘制的,若所处理的物系表面张力为其他值,则须按下式校正查出的负荷系数 C_{20},即:

$$C = C_{20}\left(\frac{\sigma}{20}\right)^{0.2} \tag{3-4}$$

式中　C_{20}——物系表面张力为 20 mN/m 时的负荷系数,m/s;

σ——操作物系的表面张力,mN/N。

考虑到降液管要占去部分塔截面积,因此实际操作时的空塔速度应给予一定的裕度,设计时取空塔气速为极限空塔气速的 60% 到 80%。

104

按式 3-3 求出 u_{max} 之后乘以安全系数,便得适宜的空塔速度:

$$u = (0.6 \sim 0.8)u_{max} \tag{3-5}$$

对直径较大、板间距较大及加压或常压操作的塔以及不易起泡的物系,可取较高的安全系数;对直径较小及减压操作的塔以及严重起泡的物系,应取较低的安全系数。

将求得的空塔气速 u 代入式 3-2 算出塔径后,还需根据塔径系列标准予以圆整。最常用的标准塔径为 0.6、0.7、0.8、0.9、1.0、1.2、1.4、1.6、1.8、2.0、2.2……、4.2 等,单位均为 m。

应当指出:如此算出的塔径只是初估值,以后还要根据流体力学原则进行核算。

三、溢流装置

(一)溢流装置的形式

一套溢流装置包括降液管和溢流堰。降液管有圆形与弓形两种。圆形降液管的截面小,没有足够的空间分离液体中夹带的气泡,气相夹带(气泡被液体带到下层塔板)现象较严重,降低了塔板效率;同时,降液管溢流周边的利用也不充分,影响塔的生产能力。所以,除小塔外,一般不采用圆形降液管。弓形降液管具有较大的容积,又能充分利用塔板面积,应用较为广泛。

降液管的布置规定了板上液体流动的途径,一般有图 3-9 所示的几种类型。

(1)U 形流又称回转流,降液和受液装置都安排在塔板的同一侧。弓形的一半作为受液盘,另一半作降液管。沿直径以挡板将板面隔成 U 型流道。图 3-9(a)所示,图中 1 表示板上液体进口侧,2 表示板上液体出口侧。U 形流的液体流径最长,塔板利用率最高,但液面落差大,较多的气体从板上低液位处通过,影响气相均匀分布,从而使分离效率降低,因此 U 形流用于小直径的塔及液体流量较低的场合。

(2)单溢流又称直径流,液体横过整个塔板,自受液盘流向溢流堰。液体流径长,塔板效率较高,结构简单,广泛用于直径小于 2.2 m 的塔中。

(3)双溢流又称半径流,来自上一层塔板的液体分别从左、右两侧的降液管进入塔板,横过半个塔板进入中间的降液管,在下一层塔板上液体则分别流向两侧的降液管。这种溢流形式可减小液面落差,但塔板结构复杂,且降液管所占塔板面积较大,一般用于直径在 2 m

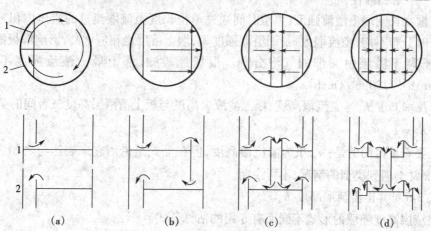

图 3-9　溢流装置类型

(a)U 形流　(b)单溢流　(c)双溢流　(d)阶梯式双溢流

以上的大塔中。

(4)阶梯式双溢流,塔板做成阶梯形,目的在于减少液面落差而不缩短液体流径。每一阶梯均设有溢流堰。这种塔板的结构最复杂,只宜用于塔径很大、流量也很大的特殊场合。

总之,液体在塔板上的流径越长,气液接触时间就越长,有利于提高分离效果;但是液体流径越长,液面落差也随之加大,不利于气体均匀分布,使分离效果降低。由此可见,流径的长短与液面落差的大小对效率的影响是相互矛盾的。选择溢流类型时,应根据塔径大小及液体流量等条件,作全面考虑。表3-4列出溢流类型与液体负荷及塔径大小间的经验关系,供设计时参考。

表 3-4　液体负荷与溢流装置类型的关系

塔径 D, m	液体流量 L_h, m²/h			
	U 形流	单溢流	双溢流	阶梯流
1 000	7 以下	45 以下		
1 400	9 以下	70 以下		
2 000	11 以下	90 以下	90 ~ 160	
3 000	11 以下	110 以下	110 ~ 200	200 ~ 300
4 000	11 以下	110 以下	110 ~ 230	230 ~ 350
5 000	11 以下	110 以下	110 ~ 250	250 ~ 400

(二)溢流装置的设计

下面以弓型降液管为例,介绍溢流装置的设计。塔板及溢流装置的尺寸可参阅图3-10。

1.出口堰(外堰)

溢流堰具有使塔板上保持一定液层高度和促使液流均匀分布的作用。

1)溢流堰长度 l_w　溢流堰长度的范围为:

单溢流　$l_w = (0.6 \sim 0.8)D$

双溢流　$l_w = (0.5 \sim 0.7)D$

式中　l_w——弓形溢流堰的长度,m;

　　　D——塔的内径,m。

溢流堰太长则堰上溢流强度(单位时间通过单位长度溢流堰流过的流体体积)低,使液体越过堰时分布不均;溢流堰太短,则溢流强度大,堰上液层也相应增高,影响塔板操作的稳定性,也不利于溢流中夹带的气泡分离。根据经验知,堰上最大液流强度不应超过 $100 \text{ m}^3/(\text{m·h}) \sim 130 \text{ m}^3/(\text{m·h})$。

2)溢流堰高度 h_w　溢流堰高度、堰上清液层高度与板上清液层高度三者间的关系为:

$$h_L = h_w + h_{0w} \tag{3-6}$$

此处要着重说明的是:h_w 虽为溢流堰高度,但在上式是借用它来表达与之相当的液层高度,后面常会遇到类似的情况,不再说明。

由式 3-6 可算出溢流堰高度 h_w。

堰上液层高度随堰的形式不同而有专用的估算公式。

(1)平堰,用下式计算平堰上液层高度:

$$h_{0w} = \frac{2.84}{1\,000}E\left(\frac{L_h}{l_w}\right)^{2/3} \tag{3-7}$$

106

式中　L_h——通过降液管的液体流量，m^3/h；

　　　E——液流收缩系数，可借用博尔斯对泡罩塔提出的液流收缩图3-11中查得。

一般取 E 值为1，引起的误差不会太大。当 $E = 1$ 时，由式3-7看出 h_{0w} 仅随 L_h 及 l_w 而变，于是可用图3-12的共线图查取 h_{0w}。

（2）齿形堰，堰上液层高度是从齿根算起的。当液层高度不超过齿顶时，用下式估算 h_{0w}：

$$h_{0w} = 0.044\ 2\left(\frac{L_h h_n}{l_w}\right)^{2/5} \tag{3-8}$$

式中 h_n 为齿形堰的齿深，m。

当液层高度超过齿顶时，用下式估算 h_{0w}：

$$L_h = 2\ 646\left(\frac{l_w}{h_L}\right)\left[h_{0w}^{5/2} - (h_{0w} - h_n)^{5/2}\right] \tag{3-9}$$

计算 h_{0w} 时应采用试差法。

h_{0w} 值应适宜，太小则堰上液流分布不均，太大则影响塔板操作的稳定性，不利于液体中夹带的气泡分离。对于平堰，h_{0w} 一般应大于 6 mm，若低于此值时应改用齿形堰；h_{0w} 也不宜大于 60 mm ～ 70 mm，否则可改用双溢型塔板。

前已述及对常压塔板上清液层高度 h_L 可在 0.05 m ～ 0.1 m 的范围内选取，因此，在求出 h_{0w} 后，即可按下式范围确定 h_w：

$$0.1 - h_{0w} \geqslant h_w \geqslant 0.05 - h_{0w} \tag{3-10}$$

堰高 h_w 一般在 0.03 m ～ 0.05 m 范围内，减压塔可以适当低些。

2.弓形降液管的宽度和截面积

在确定塔径 D、堰长 l_w 后，弓形降液管的尺寸基本上就已确定，可以由几何图形算出，但为了简便，常将由几何图形算出的结果标绘成如图3-13的图形，一般由图3-13查取降液管宽度 W_d 及截面积 A_f。

液体在降液管内应有足够的停留时间，使液体中夹带的气泡能较完全地分离出来，由实践经验知，液体在降液管内停留的时间不应小于 3 s ～ 5 s，对于高压下操作的塔及易起泡的系统，停留时间应更长一点。故在确定降液管尺寸后，应按式3-11检验液体在降液管内停留的时间是否大于 3 s ～ 5 s，否则应调整降液管尺寸或板距。

$$\theta = \frac{3\ 600 A_f H_T}{L_h} \geqslant 3 \sim 5 \tag{3-11}$$

式中 θ 为液体在降液管内的停留时间，s。

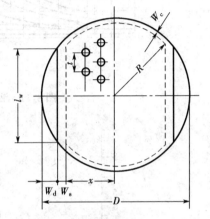

图 3-10　筛板塔的塔板结构参数

h_w—出口堰高度，m；

h_{0L}—堰上液层高度，m；

H_T—板间距，m；

l_w—堰长，m；

W_d—弓形降液管宽度，m；

W_s—破沫区宽度，m；

W_c—无效区周边宽度，m；

D—塔径，m；

R—鼓泡区半径，m；

x—鼓泡区宽度的1/2，m；

t—筛孔的中心距，m。

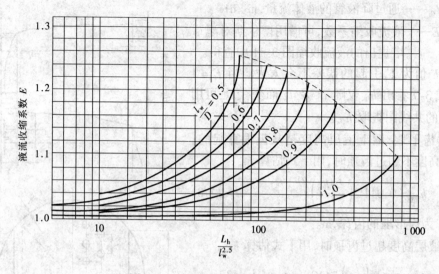

图 3-11 液流收缩系数 E 的关联图

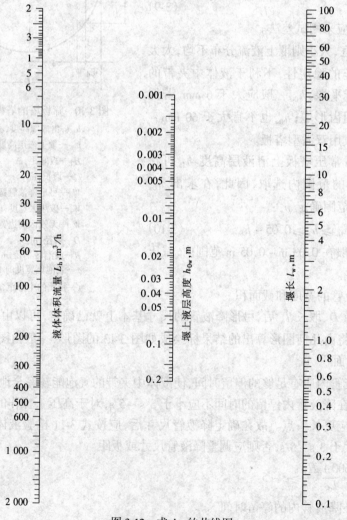

图 3-12 求 h_{0w} 的共线图

3. 降液管底隙高度

降液管底隙高度是指降液管底边与塔板间的距离,即图 3-10 中的 h_0。确定 h_0 的原则是:保证液体中夹带的悬浮固体在通过底隙时不会沉降下来堵塞通道;同时又要有良好的液封。要达到这两个条件,底隙高度 h_0 可按下式估算:

$$h_0 = \frac{L_h}{3\,600\,l_w u_0'} \qquad (3\text{-}12)$$

式中　h_0——底隙高度,m;

　　　L_h——液体流量,m^3/h;

　　　u_0'——液体通过底隙时的流速,m/s。

一般根据经验取 $u_0' = 0.07$ m/s ~ 0.25 m/s。

降液管底隙高度 h_0 应小于出口堰高度 h_w,才能保证降液管底端有良好的液封,一般 h_0 比 h_w 小 6 mm 到 12 mm,即:

$$h_0 = h_w - (0.006 \sim 0.012) \qquad (3\text{-}13)$$

式中 h_0 及 h_w 的单位均为 m。

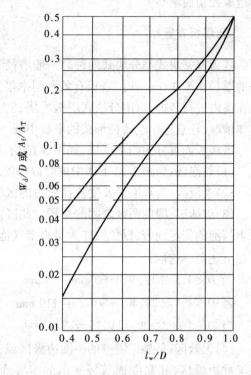

图 3-13　弓形降液管的宽度与面积

降液管底隙高度 h_0 一般不宜小于 20 mm ~ 25 mm,否则易于堵塞,或因安装偏差而使液流不畅,造成液泛。在设计中,塔径较小时可取 $h_0 = 25$ mm ~ 30 mm,塔径较大时可以取为 40 mm 左右,最大时可达 150 mm。

4. 进口堰及受液盘

在较大的塔中,有时在液体进入塔板处设有进口堰,以保证降液管的液封,并使液体在塔板上分布均匀。对于弓形降液管而言,液体在板上的分布一般比较均匀,而进口堰又要占用板面,还易使沉淀物淤积此处造成阻塞,故多数不采用进口堰。

若设进口堰时,其高度 h_w' 可按下述原则考虑:当出口堰 h_w 大于降液管底隙高度 h_0(一般都是这样),取 h_w' 等于 h_w;在个别情况下 $h_w < h_0$ 时,则应取 h_w' 大于 h_0,以保证液封,避免气体走短路经过降液管升至上层塔板。

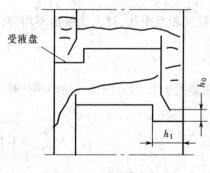

图 3-14　凹形受液盘

为了保证液体由降液管流出时不会受到很大阻力,进口堰与降液管间的水平距离 h_1 不应小于 h_0,即:

$$h_1 \geqslant h_0 \qquad (3\text{-}14)$$

对于 $\phi 800$ mm 以上的大塔,目前多采用受液盘,如图 3-14 所示。这种结构便于液相的侧线抽出,在液体的流量低时仍能造成良好的液封,且有改变液体流向的缓冲作用。凹形受液盘的深度一般在 50 mm 以上,有侧线时宜取深些。凹形受液盘不适宜用于易聚合及有悬浮固体的情况,因它易造成死角而堵塞。

四、塔板布置

塔板有整块式与分块式两种。一般塔径为 300 mm ~ 800 mm 时,采用整块式塔板(板式塔的塔径小于 300 mm 时,塔板有效利用率很低,工业上一般不采用)。当塔径 ≥ 800 mm 时,能在塔内进行装拆,可用分块式塔板。塔径为 800 mm ~ 1 200 mm 时,可根据制造与安装的具体情况,任意选用这两种形式的塔板中任一种。

塔板板面可分为四个区域,如图 3-10 所示。

(1)鼓泡区:为图 3-10 下图中虚线以内的区域,是塔板上气、液接触的有效区域。

(2)溢流区:为降液管及受液盘所占的区域。

(3)破沫区:即前两区之间的面积。此区内不开筛孔,主要在液体进入降液管之前有一段不鼓泡的安定地带,以免液体大量夹带气泡进入降液管。破沫区又称安定区,其宽度 W_s 可按下述范围选取:

当 $D < 1.5$ m 时,$W_s = 60$ mm ~ 75 mm

当 $D > 1.5$ m 时,$W_s = 80$ mm ~ 110 mm

当 $D < 1$ m 时,W_s 可以适当减小一些

(4)无效区:是靠近塔壁的一圈边缘区域,这个区域主要供支持塔板的边梁之用。无效区又称边缘区,其宽度视塔板支承的需要而定,小塔为 30 mm ~ 50 mm,大塔为 50 mm ~ 70 mm。为防止液体经无效区域流过而产生短路现象,可在塔板上沿塔壁设置挡板。

五、筛孔及其排列

(一)筛孔直径

工业筛板塔的筛孔直径为 3 mm ~ 8 mm,一般推荐用 4 mm ~ 5 mm。太小的孔径加工制造困难,且易堵塞。近年来有采用大孔径(10 mm ~ 25 mm)的趋势,因为大孔径筛板具有加工制造简单、造价低、不易堵塞等优点。只要设计与操作合理,大孔径的筛板也可以获得满意的分离效果。

此外,筛孔直径的确定还应根据塔板材料的厚度考虑加工的可能性。当用冲压法加工时:若板材为碳钢,其厚度 δ 可选为 3 mm ~ 4 mm,$d_0/\delta \geqslant 1$;若板材为合金钢,δ 可选为 2 mm ~ 2.5 mm,$d_0/\delta \geqslant 1.5 ~ 2$。

(二)孔中心距

一般取孔中心距 t 为 $(2.5 ~ 5)d_0$。t/d_0 过小易使气相互干扰,过大则鼓泡不均匀,都会影响传质效率。推荐 t/d_0 的适宜范围为 3 ~ 4。

(三)筛孔总数

筛孔总数 n 是指每层塔板上筛孔的数目。当采用如图 3-15 所示的正三角形排列时,很容易推导出:

$$n = \frac{1.155A_a}{t} \tag{3-15}$$

式中　　t——筛孔中心距,m;

　　　　A_a——鼓泡区面积 m²。

对单溢流型塔板，鼓泡区面积用下式计算：

$$A_a = 2\left(x\sqrt{R^2 - x^2} + \frac{\pi R^2}{180}\arcsin\frac{x}{R} \right) \quad (3\text{-}16)$$

式中 $\arcsin(x/R)$ 是以角度表示的反三角函数，其他符号可参阅图 3-10。

（四）开孔率

开孔率 φ 是指一层塔板上筛孔总面积 A_0 与该板上鼓泡面积 A_a 的比值，即：

$$\varphi = \frac{A_0}{A_a} \times 100\% \quad (3\text{-}17)$$

式中 A_0 为每层塔板上筛孔总面积，m^2。

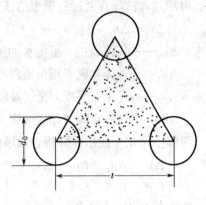

图 3-15　筛孔按正三角形排列的情况

筛孔按正三角形排列时，参考图 3-15 的几何图形可以推导出：

$$\varphi = \frac{A_0}{A_a} = 0.907\left(\frac{d_0}{t}\right)^2 \quad (3\text{-}18)$$

3.1.4　筛板塔的流体力学验算

评价塔板性能的指标有：生产能力、塔板效率、操作弹性和塔板压强降等，这些因素都与塔板结构、两相流动状态、物系特性等密切相关。当液体从上层塔板降液管流至下层塔板时，其中常夹带一定数量的气泡；气体由下层塔板经筛孔进入板面，穿过流动的液层鼓泡而出，离开液面时又会夹带出一些液滴。这些现象严重时，在很大程度上影响分离效率，甚至操作遭到破坏，故工艺设计完毕后，应对所设计的项目进行流体力学验算，目的是验算初步设计的塔板是否能在较高效率下正常操作。验算过程中若发现有不合适的地方，应对有关工艺尺寸进行调整，直到符合要求为止。流体力学验算内容有以下各项：塔板压强降、液泛、雾沫夹带、液相负荷上限及下限、漏液、液面落差等项。这些项目中除了塔板压强降及液面落差外，都可以用一幅称为负荷性能图的封闭曲线来描述。下面陆续介绍验算内容。

一、塔板压强降

生产单位经常从工艺生产角度考虑，规定气体通过塔的总压强降。因此工艺设计完毕后，应估算出气体通过每层塔板的压强降乘以实际板数后的总压强降，若超过规定值，则应调整工艺计算中有关尺寸，直到总压强降等于或小于规定值为止。

气体通过塔板时的压强降是影响板式塔操作特性的重要因素。因气体通过各层塔板的压强降直接影响到塔底的操作压强。若塔板压降过大，对于吸收操作，送气压强必然要提高。对于精馏操作，釜压要高，特别对真空精馏，塔板压降成为主要性能指标，因为塔板压降增大，会导致釜压升高，便失去了真空操作的特点。从另一方面分析，对精馏过程，若塔板压降增大，一般会使板上液层适当增厚，气、液接触时间相应加长，分离效率就会提高。所以，进行塔板设计时，应综合考虑，在保证较高的板效率前提下，力求减小塔板压降，以降低能耗及改善塔的操作性能。

上升气体通过塔板时要克服的阻力有：塔板本身的干板阻力，即板上各部件造成的阻力，对于筛板塔则为通过干筛孔的阻力；板上充气液层（即鼓泡层）的静压强和液体表面张力。可用加和法计算通过一层板的压强降 Δp_p，即：

$$\Delta p_p = \Delta p_c + \Delta p_1 + \Delta p_\sigma \tag{3-19}$$

式中　Δp_p——气体通过一层筛板的压强降，Pa；

Δp_c——气体克服干板阻力所产生的压强降，Pa；

Δp_1——气体克服板上充气液层的静压强所产生的压强降，Pa；

Δp_σ——气体克服液体表面张力所产生的压强降，Pa。

习惯上常把上述压强降折合成塔内液体的液柱高度来表示，即用 $\rho_L g$ 除以各项，得：

$$\frac{\Delta p_p}{\rho_L g} = \frac{\Delta p_c}{\rho_L g} + \frac{\Delta p_1}{\rho_L g} + \frac{\Delta p_\sigma}{\rho_L g}$$

或　　　　$h_p = h_c + h_1 + h_\sigma \tag{3-19a}$

式中　h_p——与 Δp_p 相当的液柱高度，m 液柱；

h_c——与 Δp_c 相当的液柱高度，m 液柱；

h_1——与 Δp_1 相当的液柱高度，m 液柱；

h_σ——与 Δp_σ 相当的液柱高度，m 液柱；

ρ_L——液体的密度，kg/m^3。

Δp 表示克服某种阻力而产生的压强降，h 则表示与此压强降 Δp 相当的液柱度高。例如，当塔内的液体密度 ρ_L 为 1 000 kg/m^3 时，若气体经过一层塔板的压强降 Δp_p 为 981 Pa，则折合液柱高度为：

$$h_p = \frac{981}{1\,000 \times 9.81} = 0.1 \text{ m 液柱}$$

因此也可以说气体流经该层塔板的压强降相当于经过 0.1 m 液柱的压强降。

应指出，习惯上将上述相当于某压强降的液柱高度 h 简称为流动阻力或阻力。

（一）气体通过干板的流动阻力

用下面经验公式估算干板流动阻力：

$$h_c = 0.051 \left(\frac{u_0}{C_0}\right)^2 \frac{\rho_v}{\rho_L} \left[1 - \left(\frac{A_0}{A_a}\right)^2\right] \tag{3-20}$$

前已提及，筛板的开孔率（$\varphi = A_0/A_a$）为 5% ~ 15%，故 $1 - (A_0/A_a)^2$ 值接近于 1，于是式 3-20 可以简化为：

$$h_c \approx 0.051 \left(\frac{u_0}{C_0}\right)^2 \left(\frac{\rho_v}{\rho_L}\right) \tag{3-20a}$$

式中　u_0——气体通过筛孔的速度，m/s；

C_0——流量系数，当筛孔直径 $d_0 < 10$ mm 时，其值由图 3-16 查取；若 $d_0 \geqslant 10$ mm 时，由图 3-16 查出的 C_0 乘以 1.15 的校正系数。

其他符号与前同。

（二）气体通过充气液层的流动阻力

气体通过充气液层的阻力用下式估算：

$$h_1 = \varepsilon_0' h_L = \varepsilon_0' (h_w + h_{0w}) \tag{3-21}$$

式中　h_L——板上清液层高度，m；

ε_0'——充气系数，是反映板上液层充气程度的因素，其值由图 3-17 查得。通常可取

112

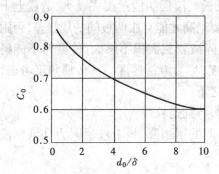

图 3-16　干筛孔的流量系数

δ—筛板厚度,单位与 d_0 一致

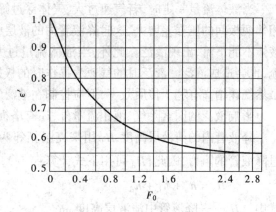

图 3-17　充气系数关联图

$$\varepsilon_0' = 0.5 \sim 0.6$$

图 3-17 中 F_0 为气相动能因数,由下式计算:

$$F_0 = u_a \sqrt{\rho_V} \tag{3-22}$$

对单溢流塔板 u_a 按下式计算:

$$u_a = \frac{V_s}{A_T - A_f} \tag{3-23}$$

式中　F_0——气相动能因数,$\sqrt{\mathrm{kg/m}}/\mathrm{s}$;

u_a——按板上充气液层上方有效流通面积计算的气速,m/s。

V_s——气相流量,$\mathrm{m^3/s}$;

A_T——塔的截面积,$\mathrm{m^2}$;

A_f——降液管的截面积,$\mathrm{m^2}$。

(三)克服液体表面张力而引起的阻力

克服液体表面张力而引起的阻力用下式估算:

$$h_\sigma = \frac{4\sigma}{\rho_L g d_0} \tag{3-24}$$

式中 σ 为液体表面张力,N/m。

h_σ 值一般很小,计算时往往略去。

二、液泛

操作时塔内压强由塔底向塔顶逐渐减小,液体是由压强较小的上层塔板向压强较大的下层塔板流动。因此,降液管内的液体必须有足够的高度才能克服上下相邻两板间的静压差以及流动路程中遇到的其他阻力。若气、液两相中有一相流量加大,使降液管内液体不能向下畅流,管内液体逐渐积累而增高,当增高到越过溢流堰顶部时,会使上下两板间的液体相连,且这种情况依次向上面各层板延伸,这种现象称为液泛或淹塔,此时全塔操作被破坏。图 3-10 上图为正常操作时板上及降液管内液层的情况,图 3-18 为液泛时情况。

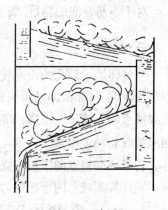

图 3-18　液泛

113

当液体流量一定时,若气速过大,气体穿过筛孔及板上液层的能量损失就大,造成上下相邻两板间的压强差增大,这时降液管内的液层必然要增高才能克服两板间的压强差,否则液体不能下流,出现液泛。此外,当液体流量过大时,降液管截面积不够大,使液体不能畅流,也会造成液泛。液泛时的气速为操作时的极限速度,称为液泛速度。从传质角度考虑,虽然气速增高有利于传质效率,但应控制在液泛气速之下。

影响液泛的因素除气、液相流量外,还有塔板结构,特别是板距。

降液管内的清液层高度 H_d 用来克服相邻两层板间的压强降、板上液层阻力和液体流过降液管的阻力,因此,H_d 可用下式计算:

$$H_d = h_p + h_L + h_d \tag{3-25}$$

式中 H_d——降液管中清液层高度,m;

h_p——与上升气体通过一层塔板的压强降相当的液柱高度,m 液柱;

h_L——板上液层高度(此处忽略了板上液面落差,并认为降液管出口液体中不含气泡),m 液柱;

h_d——与液体流过降液管的压强降相当的液柱高度,m 液柱。

式 3-25 等号右侧诸项中,h_p 可由式 3-19a 计算,h_L 为已知值,至于液体流过降液管的压强降 h_d 主要是由降液管底隙处的局部阻力造成。h_d 可按下面经验公式估算。

塔板上不设进口堰的情况:

$$h_d = 0.153 \left(\frac{L_s}{l_w h_0} \right)^2 = 0.153 (u'_0)^2 \tag{3-26}$$

塔板上设置进口堰的情况:

$$h_d = 0.2 \left(\frac{L_s}{l_w h_0} \right)^2 = 0.2 (u'_0)^2 \tag{3-27}$$

式中 u'_0 为液体通过降液管底隙的速度,m/s。

其他符号与前同。

为了防止液泛,应使 H_d 服从以下关系:

$$H_d \leqslant \varphi (H_T + h_w) \tag{3-28}$$

φ 是考虑到降液管内充气及操作安全两种因素的校正系数。对于一般物系,取 $\varphi = 0.3 \sim 0.4$;对于不易发泡的物系,取 $\varphi = 0.6 \sim 0.7$。

三、漏液

当气体通过筛孔的流速较小,气体的动能不足以阻止液体向下流动时,液体就由筛板向下层板泄漏,开始泄漏的瞬间称为漏液点。严重的泄漏使筛板上不能积液,破坏正常操作,故漏液点的气速 $u_{0,\min}$ 为操作时的下限气速。根据经验知,当漏液量为总液流量的 10% 时,相应的气相动能因素 $F_0 = 8 \sim 10$。

若考虑漏液点的干板压强降与表面张力的综合作用为板上清液层高度的函数,则推荐用下式计算漏液点的干板阻力:

$$h_{c,\min} = 0.005\ 6 + 0.13 h_L - h_\sigma \tag{3-29}$$

将式 3-29 代入式 3-20a,整理得:

$$u_{0,\min} = 4.43 C_0 \sqrt{\frac{(0.005\ 6 + 0.13 h_L - h_\sigma)\rho_L}{\rho_V}} \tag{3-30}$$

式中 $h_{c,\min}$——漏液点时与干板压强降相当的液柱高度，m 液柱；

         $u_{0,\min}$——漏液点的筛孔速度，m/s。

当 $h_L < 30$ mm，或筛孔直径 $d_0 < 3$ mm 时，式 3-30 应修正为：

$$u_{0,\min} = 4.43 C_0 \sqrt{\frac{(0.005\ 1 + 0.05 h_L)\rho_L}{\rho_V}} \tag{3-30a}$$

当筛孔直径 $d_0 > 12$ mm 时，式 3-30 应修正为：

$$u_{0,\min} = 4.43 C_0 \sqrt{\frac{(0.01 + 0.13 h_L - h_\sigma)\rho_L}{\rho_V}} \tag{3-30b}$$

气体通过筛孔的实际速度 u_0 与漏液点气速 $u_{0,\min}$ 之比称为稳定系数（量纲为 1），即：

$$K = \frac{u_0}{u_{0,\min}} \tag{3-31}$$

K 值应大于 1，推荐在 1.5～2 之间，才能使塔的操作有较大的弹性，且无严重漏液现象。如果稳定系数偏低，可适当减小塔板开孔率或降低堰高 h_w。

四、雾沫夹带

上升气流穿过塔板上液层时，将板上液体带入上层塔板的现象称为雾沫夹带。雾沫的生成固然可增大气、液两相的传质面积，但过量的雾沫夹带造成液相在塔板间的返混，进而导致塔板效率严重下降。为了保证板式塔能维持正常的操作效果，生产中常将雾沫夹带限制在一定限度以内，规定每千克上升气体夹带到上层塔板的液体量不超过 0.1 kg，即控制雾沫夹带量 $e_V < 0.1$ kg 液体/kg 气体。

影响雾沫夹带量的因素很多，主要是空塔气速和塔板间距。空塔气速增高，雾沫夹带量增大；板间距增大，可使雾沫夹带量减小。

常用亨特方法计算雾沫夹带量，即：

$$e_V = \frac{5.7 \times 10^{-6}}{\sigma}\left(\frac{u_a}{H_T - h_f}\right)^{3.2} \tag{3-32}$$

式中 e_V——雾沫夹带量，kg 液体/kg 气体；

         σ——液体表面张力，N/m；

         h_f——塔板上鼓泡层高度，m；

         其他符号见前。

式 3-32 只适用于 $u_a/(H_T - h)$ 小于 12 s^{-1} 的情况。

鼓泡层高度可按鼓泡层的相对密度为 0.4 考虑，即：

$$\frac{h_L}{h_f} = 0.4$$

或 $h_f = 2.5\ h_L$ (3-33)

也可以用图 3-19 查取 e_V。由图看出，当 $u_a/(H_T - h_f) > 12$ s^{-1} 时，关系线趋于水平。

五、液面落差

当液体横向流过塔板时，为克服板上流动阻力和板上各种部件的局部阻力，需要一定的

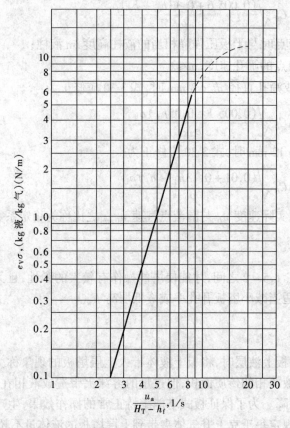

图 3-19　雾沫夹带量

液位差,于是在板上形成由液体进入板面到离开板面间的液面落差。板上液层厚度的不均匀性引起气流的不均匀分布。液层高的部位漏液的现象严重,液层低的部位则有大量气体通过,使板效率严重下降。液面落差的大小与塔板结构有关。筛板的结构简单,为各种错流塔板中液面落差最小的塔板。在塔径不大的情况下,筛板的液面落差可以忽略不计。对塔径较大的塔,可采用双溢流或阶梯流等溢流形式来减小液面落差。此外,有些设计单位建议,将塔板沿液流方向朝下略为倾斜一个角度,对改善大塔中液面落差影响有良好的效果。

六、塔板负荷性能图

当物系及塔板结构一定时,影响板式塔操作和分离效果的主要因素是气、液相的负荷,故要维持正常的操作,必须控制气、液相负荷在一定范围内波动。通常在直角坐标系中,以气相负荷 V_s 为纵坐标、液相负荷 L_s 为横坐标,标绘各种极限条件下 V_s 与 L_s 的关系,关系线所包围的面积为该层塔板适宜的气、液负荷区域,该图称为塔板负荷性能图,如图 3-20 所示。

负荷性能图对检验塔板设计是否合理、了解塔的操作状况及改进操作性能具有一定的指导作用。

(一)雾沫夹带线

取 e_v 的极限值等于 0.1 kg 液体/(kg 气体),利用式 3-23 及式 3-33 分别整理成 $u_a—V_s$ 及 $h_f—L_s$ 的关系,然后将这些关系代入式 3-32 中,最后整理成 $L_s—V_s$ 的关系,并将其标绘

116

在 L_s-V_s 坐标图中,该线即为雾沫夹带线,如图 3-20 中线 1 所示。若操作的气相负荷超过此线时,说明雾沫夹带现象严重,即 $e_V > 0.1$ kg 液体/(kg 气体),板效率严重下降。塔板适宜操作区应在雾沫夹带线下方。

(二)液泛线

当降液管内液层高度达到最大允许值时,式 3-28 应写为:

$$H_d = \varphi(H_T + h_w)$$

而 H_d 又可用式 3-25 计算:

$$H_d = h_p + h_L + h_d$$

其中 h_p 及 h_L 分别由式 3-19a、式 3-6 计算。

$$h_p = h_c + h_l + h_\sigma$$

$$h_L = h_w + h_{0w}$$

若忽略克服液体表面张力而引起的阻力,联立以上诸式,得:

$$\varphi(H_T + h_w) = (h_c + h_l) + (h_w + h_{0w}) + h_d \tag{3-34}$$

对一定的物系及已设计好的塔板,φ 及 h_w 均为定值,若分别找出 h_c-V_s、h_l-L_s、$h_{0w}-L_s$ 及 h_d-L_s 的关系,将它们代入

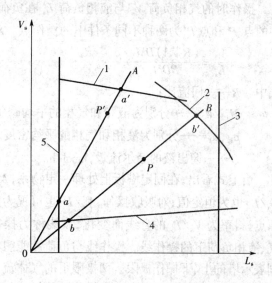

图 3-20 塔板负荷性能图
1—雾沫夹带线 2—液泛线 3—液相负荷上限线
4—漏液线(气相负荷下限线) 5—液相负荷下限线

式 3-34 中,整理成 L_s-V_s 的关系,并标绘在 L_s-V_s 坐标图上,该线即为液泛线,如图 3-20 中线 2 所示。正常操作时,液相负荷应在液泛线左下方,否则将出现液泛现象。

(三)液相负荷上限线

液相负荷上限线代表液相在降液管内停留时间为 3 s ~ 5 s 时的关系线,一般取 5 s。可以写出:

$$\theta = \frac{A_f H_T}{L_s} = 5$$

式中 θ 为液相在降液管内停留时间,s。

对已设计好的筛板,A_f 及 H_T 为定值,由上式看出 L_s 也为定值。将此值标绘在 L_s-V_s 坐标图上,该线即为液相负荷上限线,如图 3-20 中线 3 所示。液相负荷上限线为垂直于横轴的直线,与气相负荷无关。正常操作时液相负荷应在此线左侧,否则液相中夹带气泡过多,使塔板效率下降。

(四)漏液线(气相负荷下限线)

漏液线又称气相负荷下限线。参考式 3-30,先找出 $u_{0,min}-V_s$ 及 h_L-L_s 的关系,然后将它们代入式 3-30 中整理成 L_s-V_s 的关系,并标绘在 L_s-V_s 坐标图中,该线即为漏液线,如图 3-20 中线 4 所示。操作时气相负荷应在漏液线上方,否则漏液现象严重,塔板效率下降。

(五)液相负荷下限线

对平堰,取堰上液层最小允许高度 $h_{0w} = 0.006$ m 作为液相负荷下限的条件。参考式 3-7,对已设计好的塔,l_w 为定值,液相收缩系数 $E \approx 1$,故由该式看出 L_h 或 L_s 为定值。将此值标绘在 L_s-V_s 坐标图上,该线即为液相负荷下限线,如图 3-20 中线 5 所示。液相负荷下

限线为垂直于横轴的直线,与气相负荷无关。正常操作时液相负荷应在线5的右方,否则板上液流分布不均匀,使板效率下降。

以上五条线所包围的区域便是塔的适宜操作范围。具体作法将在例3-1中介绍。

操作时的气相负荷 V_s 与液相负荷 L_s 在负荷性能图上的坐标位置称为操作点。图3-20中的点 P 和点 P' 为两种不同条件下的操作点。对连续操作的精馏塔,回流比为定值,则

$$\frac{V_s}{L_s} = \frac{(R+1)DM_V/\rho_V}{RDM_L/\rho_L} \tag{3-35}$$

式中 R——回流比;

M_L、M_V——分别为液相和气相的平均摩尔质量,kg/kmol;

ρ_L、ρ_V——分别为液相和气相的平均密度,kg/m³;

D——馏出液的摩尔流量,kmol/h。

由上式看出,在固定塔板上处理一定物系,M_V、M_L、ρ_V、ρ_L 均取平均值,可视为定值,故 V_s/L_s 也为恒定值;对吸收操作,V_s/L_s 也可视为定值。因此每层塔板上的操作点均沿通过原点、斜率为 V_s/L_s 的直线而变化,该线称为操作线。图3-20 中 OA 及 OB 线分别为不同气、液相负荷下的操作线。操作线与负荷性能图上关系线的两个交点,如点 a、a' 及 b、b' 分别表示塔的上、下操作极限。两极限下的气体流量之比,即前述的操作弹性。操作弹性大,说明塔适应变动负荷的能力大,操作性能好。

操作点位于操作区内的适中位置,可望获得稳定良好的效果,如果操作点紧靠某一条边界线,则当负荷稍有变动时,便会使塔的正常操作受到破坏。显然,图中操作点 P 优于点 P'。

同一层塔板,操作情况也不同:在 OA 线的液、气比下操作,上限为雾沫夹带控制,下限为液相负荷下限控制;在 OB 线的液、气比下操作,上限为液泛控制,下限为漏液控制。

对一定的分离任务,操作点的位置即被固定下来,无法移动,而负荷性能图中各条线的相应位置随着塔板结构尺寸而变。若设计出的负荷性能图不够满意时,可适当调整塔板结构参数,以改进负荷性能图,并满足所需的弹性范围。例如:加大板距或增大塔径,可使液泛线上移;增加降液管截面积,可使液相负荷上限线右移;减小塔板开孔率,可使漏液线下移等等。

应指出,各层塔板上的操作条件(温度、压强)及物料组成和性质均有所不同,因而各层板上的气、液负荷不同,表明各层塔板操作范围的负荷性能图也有差异。设计计算中在考查塔的操作性能时,应以操作不利情况下的塔板进行验算。

负荷性能图对板式塔的设计与操作具有重要的作用。性能图能检验设计的可行性;当板式塔操作时出现故障,能通过性能图分析出发生故障的原因,作为解决故障的依据。其他类型板式塔负荷性能图的计算步骤与筛板塔类似,但所用的经验公式有差异。

3.1.5 塔板效率

一、塔板效率的表示方法

在本册第1章中已介绍了总板效率(全塔效率)E_T 及单板效率(默弗里效率)E_M,它们的表达式分别为:

$$
\left.\begin{array}{l}
E_{\mathrm{T}} = \dfrac{N_{\mathrm{T}}}{N_{\mathrm{P}}} \\[3mm]
E_{\mathrm{MV}} = \dfrac{y_n - y_{n+1}}{y_n^* - y_{n+1}} \\[3mm]
E_{\mathrm{ML}} = \dfrac{x_{n-1} - x_n}{x_{n-1} - x_n^*}
\end{array}\right\} \tag{3-36}
$$

式中　E_{T}——总板效率(全塔效率);

N_{T}、N_{P}——分别为完成一定操作任务所需的理论板层数与实际板层数;

E_{MV}、E_{ML}——分别为以气相组成及液相组成表示的单板效率;

y_n^*——与 x_n 成平衡的气相摩尔组成;

x_n^*——与 y_n 成平衡的液相摩尔组成;

y_n、y_{n+1}——分别为由第 n 层及第 $n+1$ 层塔板上升蒸气的摩尔组成;

x_{n-1}、x_n——分别为由第 $n-1$ 及第 n 层塔板下降液体的摩尔组成。

一般来说,同一层塔板的 E_{MV} 与 E_{ML} 数值并不相同。在一定的简化条件下通过对第 n 层塔板作物料衡算可以得到 E_{MV} 与 E_{ML} 的关系,即

$$
E_{\mathrm{MV}} = \frac{E_{\mathrm{ML}}}{E_{\mathrm{ML}} + \dfrac{mV}{L}(1 - E_{\mathrm{ML}})} \tag{3-37}
$$

式中　m——第 n 层塔板所涉浓度范围内的平衡线斜率;

$\dfrac{L}{V}$——气、液两相摩尔流量比。

可见,只有当操作线与平衡线平行时,E_{MV} 与 E_{ML} 才会相等。

应指出,单板效率的数值有可能超过 100%。就 E_{MV} 而论,它是以 $y_n^* - y_{n+1}$ 作为衡量气相增浓程度的标准,而 y_n^* 是与第 n 层板的液相最终组成 x_n 成平衡的气相组成。塔板上的液体不可能达到完全混合,如果是精馏塔,那么液体在板上流动过程中,其组成是由高(如 x_{n-1})变低(如 x_n)的。尤其对于直径较大、板上液体流径较长的塔,液体在板上必有明显的浓度差异。这就使得穿过板上液层而上升的气相有机会与浓度高于 x_n 的液体相接触,从而得到较大程度的增浓。因此,对板上液、气接触效果足够好的某些局部地区,按气相平均浓度计算的增浓值 $y_n - y_{n+1}$ 有可能超过 $y_n^* - y_{n+1}$,因而使得单板效率有可能超过 100%。

除了上述两种表示塔板效率的方法外,在科学研究中还采用点效率。点效率是指塔板上各点的局部效率,需要时可查阅专门书刊。

二、影响塔板效率的因素

塔板效率反映实际塔板上传质过程进行的程度。根据由双膜理论导出的传质方程式可知,传质系数、传质推动力、传质面积和两相接触时间应是决定塔板上各点的气、液接触效率的几个重要因素。实际上,塔板效率是板上各点操作情况、工作介质的物理性质、塔板结构等多种因素的综合体现,所以十分复杂。

三、塔板效率的估算

计算各种类型塔板效率的经验公式颇多,但准确性不尽满意,且使用的限制条件较严,

故设计时一般取与操作条件相同或类似的经验数据。

[例 3-1] 用连续精馏方法分离某种无腐蚀、不易起泡沫的清洁二元溶液。精馏段平均参数为：气相流量 $V_h = 2\,780\ \text{m}^3/\text{h}$、液相流量 $L_h = 6.23\ \text{m}^3/\text{h}$、气相密度 $\rho_V = 2.81\ \text{kg/m}^3$、液相密度 $\rho_L = 940\ \text{kg/m}^3$、表面张力 $\sigma = 0.032\ \text{N/m}$。若采用筛板塔，根据工艺计算知精馏段需要 10 层实际塔板，允许通过该段有效高度的总压强降 $\Sigma\Delta p_p$ 为 9 000 Pa。试对该筛板塔精馏段进行工艺设计。

设计计算：选用单溢流装置。

一、工艺计算

（一）精馏段的有效高度

$$z = N_P H_T$$

初取板距 $H_T = 0.3\ \text{m}$，所以

$$z = 10 \times 0.3 = 3\ \text{m}$$

（二）塔径

$$D = \sqrt{\frac{4V_h}{3\,600\,\pi u}}$$

取式中气体空塔速度 $u = 0.75 u_{\max}$，而 $u_{\max}$ 可按式 3-3 计算，即：

$$u_{\max} = C\sqrt{\frac{\rho_L - \rho_V}{\rho_V}}$$

式中 C 由图 3-8 查取，图的横标为：

$$\frac{L_h}{V_h}\left(\frac{\rho_L}{\rho_V}\right)^{1/2} = \frac{6.23}{2\,780}\left(\frac{940}{2.81}\right)^{1/2} = 0.041$$

取板上清液层高度 $h_L = 0.07\ \text{m}$，故图 3-8 的参数为：

$$H_T - h_L = 0.3 - 0.07 = 0.23\ \text{m}$$

由图查出 $C_{20} = 0.049\ \text{m/s}$，将 C_{20} 校正到本例物系表面张力 0.032 N/m 下，即：

$$C = C_{20}\left(\frac{\sigma}{20}\right)^{0.2} = 0.049\left(\frac{0.032 \times 1\,000}{20}\right)^{0.2} = 0.053\,8\ \text{m/s}$$

$$u_{\max} = 0.053\,8\sqrt{\frac{940 - 2.81}{2.81}} = 0.983\ \text{m/s}$$

$$u = 0.75 u_{\max} = 0.75 \times 0.983 = 0.737\ \text{m/s}$$

$$D = \sqrt{\frac{4 \times 2\,780}{3\,600}\Big/\left(\pi \times 0.737\right)} = 1.155\ \text{m}$$

取 D 为 1.2 m，重新校核流速 u：

$$u = \frac{2\,780}{3\,600 \times \frac{\pi}{4} \times 1.2^2} = 0.683\ \text{m/s}$$

（三）溢流装置

采用单溢流弓形溢流管。

1. 出口堰

（1）堰长 l_w

取 $l_w = 0.66 D = 0.66 \times 1.2 = 0.792\ \text{m}$

验算堰上溢流强度：

$$\text{堰上溢流强度} = \frac{L_h}{l_w} = \frac{6.23}{0.792} = 7.866\ \text{m}^3/(\text{m}\cdot\text{h}) < 100\ \text{m}^3/(\text{m}\cdot\text{h}) \sim 130\ \text{m}^3/(\text{m}\cdot\text{h})$$

故溢流堰长度 l_w 合适。

(2)堰高

用式 3-6 计算：

$$h_L = h_w + h_{0w}$$

前面计算塔的有效高度时，已取 $h_L = 0.07$ m，式中 h_{0w} 用式 3-7 计算，取式中 $E \approx 1$，则

$$h_{0w} = \frac{2.84E}{1\,000}\left(\frac{L_h}{l_w}\right)^{2/3}$$

$$= \frac{2.84}{1\,000}\left(\frac{6.23}{0.792}\right)^{2/3} = 0.011\,2 \text{ m}$$

$$h_w = h_L - h_{0w} = 0.07 - 0.011\,2 = 0.058\,8 \text{ m}$$

取 $h_w = 0.06$ m，前面曾取 $h_L = 0.07$ m，现应修正为：

$$h_L = h_w + h_{0w} = 0.06 + 0.011\,2 = 0.071\,2 \text{ m}$$

修正 h_L 后对计算 u_{max} 影响不大，故塔径的计算不用修正。

2. 弓形溢流管的宽度 W_d 及面积 A_f

先算出图 3-13 的横坐标为：

$$\frac{l_w}{D} = \frac{0.792}{1.2} = 0.66$$

由图 3-13 查出 $\quad \frac{W_d}{D} = 0.135$

及 $\quad \frac{A_f}{A_T} = 0.076$

所以 $\quad W_d = 0.135 \times 1.2 = 0.162$ m

$$A_f = 0.076 \times \frac{\pi}{4} \times 1.2^2 = 0.086 \text{ m}^2$$

用式 3-11 验算液体在降液管内的停留时间：

$$\theta = \frac{3\,600A_f H_T}{L_h} = \frac{3\,600 \times 0.086 \times 0.3}{6.23} = 14.91 \text{ s} > 5 \text{ s}$$

由以上验算结果知，前面设计的各种尺寸合适。

3. 降液管底隙高度 h_0

因物系比较清洁，不会有脏物堵塞降液管底隙，取液体通过降液管底隙速度 $u_0' = 0.08$ m/s，用式 3-12 计算 h_0：

$$h_0 = \frac{L_h}{3\,600l_w u_0'} = \frac{6.23}{3\,600 \times 0.792 \times 0.08} = 0.027\,3 \text{ m} < h_w = 0.06 \text{ m}$$

h_0 小于 h_w，说明在降液管底部有良好的液封，同时 $h_0 > 20$ mm ~ 25 mm，说明在该处也不易堵塞。

4. 进口堰

本设计不设置进口堰。

(四)塔板布置

1. 各区尺寸

(1)破沫区宽度 W_s：因 $D < 1.5$ m，取 $W_s = 0.07$ m。

(2)无效区宽度 W_c：取 $W_c = 0.05$ m。

2. 筛孔的直径及其排列

(1)筛孔直径

本例物料无腐蚀性，故选用厚度为 3 mm 的钢板，取筛孔直径为：

$$d_0 = 1.33\delta = 1.33 \times 3 \approx 4 \text{ mm}$$

(2)孔中心距 t

筛孔按正三角形排列，取

$$t = 3.5 d_0 = 3.5 \times 4 = 14 \text{ mm}$$

3. 筛孔总数 n

用式 3-15 计算：

$$n = \frac{1.155 A_a}{t^2}$$

其中 A_a 由式 3-16 计算：

$$A_a = 2\left(x \sqrt{R^2 - x^2} + \frac{\pi R^2}{180} \arcsin \frac{x}{R} \right)$$

参考图 3-10 可知：

$$x = \frac{D}{2} - (W_d + W_s) = \frac{1.2}{2} - (0.162 + 0.07) = 0.368 \text{ m}$$

$$R = \frac{D}{2} - W_c = \frac{1.2}{2} - 0.05 = 0.55 \text{ m}$$

所以

$$A_a = 2\left(0.368 \sqrt{0.55^2 - 0.368^2} + \frac{\pi \times 0.55^2}{180} \arcsin \frac{0.368}{0.55} \right) = 0.744 \text{ m}^2$$

$$n = \frac{1.155 \times 0.744}{0.014^2} = 4\,384$$

4. 开孔率 φ

用式 3-18 计算：

$$\varphi = 0.907 \left(\frac{d_0}{t} \right)^2 = 0.907 \left(\frac{4}{14} \right)^2 = 0.074 = 7.4\%$$

二、筛板塔的流体力学验算

(一)塔板压降

用式 3-19a 计算气体通过一层塔板的流动阻力：

$$h_p = h_c + h_1 + h_\sigma$$

1. 气体通过干筛板的流动阻力 h_c

用式 3-20a 计算：

$$h_c = 0.051 \left(\frac{u_0}{C_0} \right)^2 \left(\frac{\rho_V}{\rho_L} \right)$$

气体通过筛孔的速度为：

$$u_0 = \frac{V_s}{n \frac{\pi}{4} d_0^2} = \frac{2\,780}{3\,600 \times 4\,384 \times \frac{\pi}{4}(0.004)^2} = 14.02 \text{ m/s}$$

由图 3-16 查干筛孔的流量系数 C_0，图的横标为：

$$\frac{d_0}{\delta} = \frac{4}{3} = 1.33$$

由图查出 $C_0 \approx 0.8$，故：

$$h_c = 0.051 \left(\frac{14.02}{0.8} \right)^2 \left(\frac{2.81}{940} \right) = 0.046\,8 \text{ m 液柱}$$

2. 气体通过液层的流动阻力 h_1

用式 3-21 估算：

$$h_1 = \varepsilon_0' h_L = \varepsilon' (h_w + h_{0w})$$

前面已算出 $h_L = 0.071\,2$ m。充气系数 ε_0' 由图 3-17 查取，图中横坐标 $F_0 = u_0 \sqrt{\rho_V}$。对单溢流，液层上部气体速度可用式 3-23 计算：

$$u_a = \frac{V_s}{A_T - A_f} = \frac{2\ 780}{3\ 600\left(\frac{\pi}{4} \times 1.2^2 - 0.086\right)} = 0.739 \text{ m/s}$$

$$F_0 = 0.739 \sqrt{2.81} = 1.23 \ \sqrt{\text{kg/m/s}}$$

由图 3-17 查得 $\varepsilon_0' \approx 0.62$，则

$$h_1 = \varepsilon_0' h_L = 0.62 \times 0.071\ 2 = 0.044\ 1 \text{ m 液柱}$$

3. 克服液体表面张力而引起的流动阻力 h_σ

因 h_σ 值很小，故略去不计。

因此每层塔板的压降为：

$$h_p = 0.046\ 8 + 0.044\ 1 = 0.090\ 9 \text{ m 液柱}$$

与 h_p 相对应的 $\Delta p_p = h_p \rho_L g = 0.090\ 9 \times 940 \times 9.81 = 838.2 \text{ Pa/层塔板。}$

气体通过精馏段有效高度总压降 $\Sigma \Delta p_p$ 为：

$$\Sigma \Delta p_p = N_P \Delta p_p = 10 \times 838.2 = 8\ 382 \text{ Pa} < 9\ 000 \text{ Pa}$$

总压降小于规定值，前面工艺尺寸符合要求。

（二）液泛

为了阻止塔内发生液泛，降液管内部清液层高度 H_d 应服从式 3-28 的关系：

$$H_d \leqslant \varphi(H_T + h_w)$$

因为物系不起泡，取系数 $\varphi = 0.5$，已知 $H_T = 0.3$ m，$h_w = 0.06$ m，故：

$$\varphi(H_T + h_w) = 0.5(0.3 + 0.06) = 0.18 \text{ m}$$

H_d 可按式 3-25 计算：

$$H_d = h_p + h_L + h_d$$

已算出 $h_p = 0.090\ 9$ m 液柱、$h_L = 0.071\ 2$ m 液柱，本设计不设进口堰，故液体流过降液管的阻力用式 3-26 计算：

$$h_d = 0.153(u_0')^2$$

前面曾取液体通过降液管底隙流速 $u_0' = 0.08$ m/s，故：

$$h_d = 0.153 \times 0.08^2 = 0.000\ 979 \text{ m 液柱}$$

所以　　$H_d = 0.090\ 9 + 0.071\ 2 + 0.000\ 979 = 0.163 \text{ m 液柱} < \varphi(H_T + h_w) = 0.18 \text{ m 液柱}$

本设计不会发生液泛。

（三）漏液

用式 3-30 计算漏液点的筛孔气速 $u_{0,\min}$，然后用式 3-31 验算稳定系数 K 是否在 1.5~2 之间。

$$u_{0,\min} = 4.43 C_0 \sqrt{\frac{(0.005\ 6 + 0.13 h_L - h_\sigma)\rho_L}{\rho_V}}$$

前已查出干筛孔流量系数 $C_0 = 0.8$，又算出 $h_L = 0.071\ 2$ m，忽略因表面张力而引起的流动阻力 h_σ，故：

$$u_{0,\min} \approx 4.43 \times 0.8 \sqrt{\frac{(0.005\ 6 + 0.13 \times 0.071\ 2) \times 940}{2.18}} = 790 \text{ m/s}$$

稳定系数 $K = \dfrac{u_0}{u_{0,\min}} = \dfrac{14.02}{7.9} = 1.775$

K 值在 1.5~2 的范围内，故本工艺设计不会发生严重漏液现象。

（四）雾沫夹带

按式 3-32 计算雾沫夹带量：

$$e_V = \frac{5.7 \times 10^{-6}}{\sigma}\left(\frac{u_a}{H_T - h_f}\right)^{3.2}$$

题给 $\sigma = 0.032$ N/m，前已算出 $u_a = 0.739$ m/s，设 $u_a/(H_T - h_f) < 12 \text{ s}^{-1}$，板上鼓泡层高度 h_f 按式 3-33 计算：

$$h_f = 2.5h_L = 2.5 \times 0.071\ 2 = 0.178\ \text{m}$$

校核 $u_a / (H_T - h_f)$ 值：

$$\frac{u_a}{H_T - h_f} = \frac{0.739}{0.3 - 0.178} = 6.06\ \text{s}^{-1} < 12\ \text{s}^{-1}$$

故用式 3-32 计算 e_V 合适。

$$e_V = \frac{5.7 \times 10^{-6}}{0.032}\left(\frac{0.739}{0.3 - 0.178}\right)^{3.2} = 0.056\ 8\ \text{液体/kg 气体} < 0.1\ \text{kg 液体/kg 气体}$$

本设计雾沫夹带量 e_V 在允许范围内。

（五）液面落差

因筛板上没有气液接触元件，流动阻力较小，忽略液面落差的影响。

三、塔板负荷性能图

（一）雾沫夹带线

根据式 3-32 求雾沫夹带线的方程式：

$$e_V = \frac{5.7 \times 10^{-6}}{\sigma}\left(\frac{u_a}{H_T - h_f}\right)^{3.2}$$

取 $e_V = 0.1\ \text{kg 液体/kg 气体}$，已知 $H_T = 0.3\ \text{m}$、$\sigma = 0.032\ \text{N/m}$。再分别将式中的 u_a 与 V_s 及 h_f 与 L_s 的关系式找出。

按式 3-23 求液层上方气速 u_a—V_s 的关系，即：

$$u_a = \frac{V_s}{A_T - A_f} = \frac{V_s}{\frac{\pi}{4} \times 1.2^2 - 0.086} = 0.957\ 5\ V_s$$

设 $u_a / (H_T - h_f)$ 小于 $12\ \text{s}^{-1}$，再按式 3-33 求泡沫层高度 h_f 与 L_s 的关系：

$$h_f = 2.5h_L = 2.5(h_w + h_{0w})$$

其中 h_{0w} 与 L_s 的关系由式 3-7 描述，即：

$$h_{0w} = \frac{2.84E}{1\ 000}\left(\frac{L_h}{l_w}\right)^{2/3}$$

或

$$h_{0w} = \frac{2.84 \times 1}{1\ 000}\left(\frac{3\ 600 L_s}{0.792}\right)^{2/3} = 0.779\ L_s^{2/3}$$

所以

$$h_f = 2.5(0.06 + 0.779 L_s^{2/3}) = 0.15 + 1.95 L_s^{2/3}$$

此处本应校核 $u_a / (H_T - h_f)$ 是否小于 $12\ \text{s}^{-1}$，但因 u_a 为未知数，故留在后面再进行校核。

将以上关系代入式 3-32，即

$$0.1 = \frac{5.7 \times 10^{-6}}{0.032}\left(\frac{0.957\ 5 V_s}{0.3 - 0.15 - 1.95 L_s^{2/3}}\right)^{3.2}$$

整理得：

$$V_s = 1.133 - 14.72 L_s^{2/3} \tag{1}$$

任意取若干个 L_s 值，按式（1）算出相应的 V_s，于本题附图中标绘相对应的 L_s 与 V_s，获得雾沫夹带线 1。

（二）液泛线

按式 3-34 求液泛方程式：

$$\varphi(H_T + h_w) = (h_c + h_1) + (h_w + h_{0w}) + h_d$$

由前知 $\varphi(H_T + h_w) = 0.18\ \text{m}$，再分别用相应的式子寻求 h_c 与 V_s、h_1 与 L_s、h_{0w} 与 L_s 的关系。

1. h_c 与 V_s 的关系

用式 3-20a 求 h_c 与 V_s 的关系：

$$h_c = 0.051\left(\frac{u_0}{C_0}\right)^2\left(\frac{\rho_V}{\rho_L}\right)$$

已知 $C_0 = 0.8$, $\rho_V = 2.81$ kg/m^3, $\rho_L = 940$ kg/m^3。

筛孔气速 $u_0 = \dfrac{V_s}{n\dfrac{\pi}{4}d_0^2} = \dfrac{V_s}{4\,384 \times \dfrac{\pi}{4}(0.004)^2} = 18.16 V_s$

所以　　$h_c = 0.051\left(\dfrac{18.16 V_s}{0.8}\right)^2 \times \dfrac{2.81}{940} = 0.078\,6 V_s^2$

2. h_1 与 L_s 的关系

用式 3-21 求 h_1 与 L_s 的关系:

$$h_1 = \varepsilon_0'(h_w + h_{0w})$$

已分别查出和算出: $\varepsilon_0' = 0.62$, $h_{0w} = 0.779 L_s^{2/3}$。所以

$$h_1 = 0.62(0.06 + 0.779 L_s^{2/3}) = 0.037\,2 + 0.483\ L_s^{2/3}$$

3. h_{0w} 与 L_s 的关系

已算出 h_{0w} 与 L_s 的关系为:

$$h_{0w} = 0.779 L_s^{2/3}$$

4. h_d 与 L_s 的关系

因没有设进口堰,用式 3-26 寻求 h_d 与 L_s 的关系:

$$h_d = 0.153(u_0')^2$$

$$u_0' = \dfrac{L_s}{h_0 l_w} = \dfrac{L_s}{0.027\ 3 \times 0.792} = 46.25 L_s$$

$$h_d = 0.153(46.25 L_s)^2 = 327.3 L_s^2$$

将以上诸关系代入式 3-34,即

$$0.18 = 0.078\,6 V_s^2 + (0.037\,2 + 0.483 L_s^{2/3}) + (0.06 + 0.779 L_s^{2/3}) + 327.3 L_s^2$$

$$V_s^2 = 1.053 - 16.06 L_s^{2/3} - 4\,164 L_s^2 \qquad\qquad (2)$$

将式(2)标绘在本例附图中,获得液泛线 2。

(三)液相负荷上限线

按式 3-11 计算液相负荷上限线的方程:

$$\theta = \dfrac{A_f H_T}{L_s}$$

取 θ 的极限值为 5 s,已知 $A_f = 0.086$ m^2, $H_T = 0.3$ m,故:

$$5 = \dfrac{0.086 \times 0.3}{L_s}$$

$$L_s = 0.005\ 16\ \text{m}^3/\text{s}$$

将此关系标绘在本例附图上得液相负荷上限线 3。

(四)漏液线

因 $h_L > 30$ mm 及 $d_0 > 3$ mm,按式 3-30 寻求漏液线方程:

$$u_{0,\min} = 4.43 C_0 \sqrt{\dfrac{(0.005\ 6 + 0.13\ h_L - h_\sigma)\rho_L}{\rho_V}}$$

$u_{0,\min}$ 与 $V_{s,\min}$ 的关系为:

$$u_{0,\min} = \dfrac{V_{s,\min}}{n\dfrac{\pi}{4}d_0^2} = \dfrac{V_{s,\min}}{4\,384 \times \dfrac{\pi}{4}(0.004)^2} = 18.16 V_{s,\min}$$

$$h_L = h_w + h_{0w}$$

已算出 $h_{0w} = 0.779 L_s^{2/3}$

所以　　$h_L = 0.06 + 0.779 L_s^{2/3}$

忽略 h_o 的影响,将以上关系代入式 3-30:

$$18.16 V_{s,\min} = 4.43 \times 0.8 \sqrt{\dfrac{(0.005\,6 + 0.13(0.06 + 0.779 L_s^{2/3}) \times 940}{2.81}}$$

整理得:

$$V_{s,\min} = 0.195\,2 \sqrt{4.483 + 33.88 L_s^{2/3}} \tag{3}$$

将式(3)标绘在本例附图中,得漏液线 4。

(五)液相负荷下限线

按式 3-7 寻求液相负荷下限线方程。

$$h_{0w} = \dfrac{2.84 E}{1\,000} \left(\dfrac{L_h}{l_w} \right)^{2/3}$$

取 h_{0w} 的极限值为 0.006 m,取 $E \approx 1$,已知 $l_w = 0.792$ m,故:

$$0.006 = \dfrac{2.84 \times 1}{1\,000} \left(\dfrac{3\,600 L_s}{0.792} \right)^{2/3}$$

$$L_s = 0.000\,676 \text{ m}^3/\text{s}$$

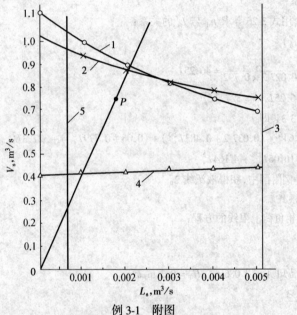

例 3-1 附图

1—雾沫夹带线　2—液泛线　3—液相负荷上限线　4—漏液线　5—液相负荷下限线

将此关系标绘在本例附图中,得液相负荷下限线 5。

在此校核计算雾沫夹带线时 $u_a/(H_T - h_f)$ 是否小于 12 s^{-1}。由本例附图看出雾沫夹带线分别与两条液相负荷线相交,故应按液相负荷最小值(0.000 676 m^3/s)与最大值(0.005 16 m^3/s)分别校核,校核步骤及结果列于本例附表 1 中。

例 3-1 附表 1

	下限	上限
液相流量 L_s,m^3/s	0.000 676	0.005 16
泡沫层高度 h_f,m(在雾沫夹带线项中已导出 $h_f = 0.15 + 1.95 L_s^{2/3}$)	0.165	0.208 2

126

	下限	上限
与液相流量对应的气相流量 V_s,m^3/s(在雾沫夹带线项中已导出 $V_s = 1.133 - 14.72 L_s^{2/3}$)	1.02	0.693 4
按液层上方截面计的气速 u_a,m/s(在雾沫夹带线项中导出 $u_a = 0.957 5 V_s$)	0.976 7	0.663 9
$u_a/(H_T - h_f)$,s^{-1}	7.235 < 12	7.232 < 12

计算雾沫夹带线时设 $u_a/(H_T - A_f) < 12 \text{ s}^{-1}$ 是正确的。

设计总结果列于本例附表 2 中。

例 3-1 附表 2

项　目		设计数据
精馏段的有效高度 z,m		3
塔径 D,m		1.2
板间距 H_T,m		0.3
空塔气速 u,m/s		0.683
塔板溢流形式		单溢流
溢流装置	降流管形式	弓形
	溢流堰	平堰
	出口堰长度 l_w,m	0.792
	出口堰高度 h_w,m	0.06
	降液管宽度 W_d,m	0.162
	降液管面积 A_f,m^2	0.086
	降液管底高度 h_0,m	0.027 3
	进口堰	不设置
板上清液层高度 h_L,m		0.071 2
破沫区宽度 W_s,m		0.07
无效区宽度 W_c,m		0.05
鼓泡区面积 A_a,m^2		0.744
筛孔直径 d_0,mm		4
筛孔排列方式		正三角形
孔中心距 t,mm		14
筛孔总数 n,个		4 384
开孔率 φ,%		7.4
每层塔板的压降 Δp_p,Pa/层塔板		838.2
降液管内清液层高度 H_d,m		0.163
液体在降液管内停留时间 θ,s		14.93
雾沫夹带量 e_V,kg 液体/kg 气体		0.056 8
稳定系数 K		1.775
负荷上限		液泛控制
负荷下限		漏液控制
气相最大负荷 $V_{s,max}$,m^3/s		0.87
气相最小负荷 $V_{s,min}$,m^3/s		0.42
操作弹性		2.07

第 2 节　填料塔

3.2.1　填料塔概况

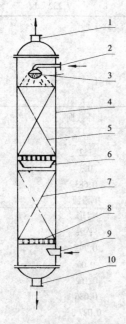

图 3-21　填料塔结构简图
1—气体出口　2—液体入口
3—液体分布器　4—壳体
5—填料　6—液体再分布器
7—填料　8—支撑栅板
9—气体入口　10—液体出口

填料塔是在圆形壳体下部设置一层支承板,其上充填一定高度的填料。液体在塔顶经分布器喷洒到填料上方,靠本身重力沿填料表面形成向下流动的液膜,最后由塔底取走;气体由支撑板下部进入塔内,靠压强差通过填料空隙与填料表面的液膜作连续的逆向接触,以进行动量、热量和质量交换,最后经除沫器由塔顶排出。图 3-21 为填料塔结构简图。

液体沿填料层向下流动时有集中向塔壁流动的倾向,使塔壁附近液流量增大,这种现象称为壁流,填料层越高,壁流现象越严重。壁流使气、液两相在填料截面上分布不均,传质效率下降,因此当填料层较高时,往往将填料分层装置,两层填料间设置液体再分布器,如图 3-21 所示。将上层填料流下的液体收集后再重新喷洒到下层填料层的顶部。

填料塔不适于处理有悬浮物和易聚合的物料,也不适用于有侧线进料和出料的操作。

3.2.2　填料

一、填料类型

填料是填料塔的主要构件。自填料塔用于工业生产以来,填料的结构形式不断地改进,特别是近年来发展更快,目前各种类型、各种规格的填料有几百种之多。填料结构改进的方向可归纳为:①增加流体的通过能力,以适应大规模工业生产的需要;②改善流体的分布与接触,以提高分离效率;③解决放大问题。

填料种类虽然很多,但按结构形式可分为颗粒型填料和规整填料,按装填方式可分为乱堆填料和整砌填料。

(一)颗粒型填料

颗粒型填料的结构、形状和堆积方式都影响流体在填料层中的流动状态、分布情况以及气、液接触的密切程度,从而决定填料塔的生产能力、流动阻力以及传质效率。

下面介绍工业中常用的颗粒填料。

1.拉西环

拉西环是最早使用的填料,常用的拉西环为外径与高度相等的圆环,如图 3-22(a)所示。在强度允许下,壁厚应尽量薄一些,以提高空隙率及降低堆积密度。拉西环在塔内的装填方式有乱堆和整砌两种。乱堆填料装卸方便,但气体流动阻力较大,一般直径在 50 mm 以下的

128

填料都采用乱堆方式,直径在50 mm以上的填料可采用整砌(即整齐排列)的方式。拉西环除用陶瓷材料制造外,还可用金属、塑料及石墨等材料制成,以适应不同介质的要求。

拉西环的主要缺点是:液体的沟流及壁流现象较严重,因而效率随塔径及层高的增加而显著下降;对气速的变化也较敏感,操作弹性范围较窄;气体的流动阻力较高,通量较低。但是拉西环的形状简单,制造容易,且对其研究较为充分,所以至今工业上仍有使用但不广泛。

2.鲍尔环填料

鲍尔环填料是针对拉西环的一些主要缺点加以改进而研制出来的填料。在普通拉西环的侧壁上冲出上、下两层交错排列的矩形小窗,冲出的叶片除一端连在环壁上,其余部分均弯入环内,在环中心相搭,如图3-22(b)所示。鲍尔环一般用金属或塑料制造。考虑到改善气、液的接触状况,侧壁上开孔率应不小于30%;为保持填料有一定的强度,开孔率最大不得超过60%。我国现行标准规定开孔率为35%。

尽管鲍尔环填料的空隙率和比表面(单位体积干填料层具有的表面积)与拉西环的差不多,但由于环壁开孔,大大提高了环内空间及环内表面的利用率,气体流动阻力降低,液体分布也较均匀。同种材料、同种规格的鲍尔环比拉西环的气体通量大、流动阻力小,在相同的压降下,鲍尔环的气体通量可较拉西环增大50%以上;在相同的气速下,鲍尔环填料的压强降仅为拉西环的一半。又由于鲍尔环上的两排窗孔交错排列,气体流动通畅,避免了液体严重的沟流及壁流现象。鲍尔环比拉西环的传质效率高,操作弹性大,但价格较高。鲍尔环以其优良的性能为工业上广泛采用。

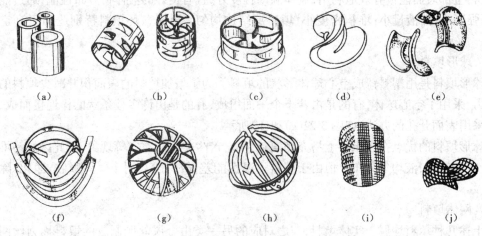

图3-22 常用的颗粒填料外形
(a)拉西环 (b)鲍尔环 (c)阶梯环 (d)弧鞍
(e)矩鞍 (f)金属鞍环 (g)多面球体 (h)TRI球体 (i)θ网环 (j)弧鞍形网

3.阶梯环填料

阶梯环是在鲍尔环基础上发展起来的填料,如图3-22(c)所示。阶梯环与鲍尔环相似之处,除环壁上也开有窗孔外,阶梯环的高度仅为直径的一半;环的一端制成喇叭口,其高度为总高的1/5。由于阶梯环的填料较鲍尔环填料的高度减少一半,使得绕填料外壁流过的气体平均路径缩短,减少气体通过填料层的阻力。阶梯环一端的喇叭口形状不仅增加了填料的力学强度,而且使填料个体之间多呈点接触,增大了填料间的空隙,接触点成为液体沿填料表面流动的汇聚、分散点,可使液膜不断更新,有利于传质效率的提高。阶梯环填料因其具有气体通量大、流动阻力小、传质效率高等优点,是目前所用环形填料中性能最好的一种。

4.鞍型填料

鞍型填料有弧鞍与矩鞍两种,如图 3-22(d)、(e)所示。鞍型填料是敞开型填料,其特点是:表面全部敞开,不分内外;液体在表面两侧均匀流动;流体通道为圆弧形,使流动阻力减小。

弧鞍型填料为对称的开式弧状结构,当液体喷洒到填料表面后,弧形面使液体向两旁分散,即使液体初始分布不均,经弧面分散后,仍可得到一定程度的改善。此外,弧面上无积液,且表面的有效利用率高,因此,弧鞍填料比拉西环的传质效率高。但由于弧鞍形状是对称的,装填时容易形成重叠,重叠的表面非但不能利用,还降低了有效空隙率,故弧鞍填料的应用已日渐减少。在弧鞍填料的基础上开发出矩鞍填料,它保留了弧形结构,改进了扇形面形状,因此不但具有良好的液体再分布性能,而且填料之间基本上是点接触,不相重叠,因此填料表面得以充分利用。

鞍型填料的综合性能优于拉西环而次于鲍尔环。由于弧鞍与矩鞍填料都是敞式结构,故强度较差。弧鞍一般用陶瓷制造,适用于处理腐蚀性物料。

5.金属鞍环填料

金属鞍环填料是综合了鲍尔环填料通量大及鞍型填料的液体再分布性能好的优点而开发出的填料,如图 3-22(f)所示。金属鞍环填料于 1977 年才应用于生产,是由薄金属板冲成的整体鞍环。其优点是:保留了鞍型填料的弧形结构及鲍尔环的环形结构,并且有内弯叶片的小窗;全部表面能被有效地利用;流体湍动程度好,且有良好的液体再分布性能;通过能力大,压强降小,滞液量小;堆积密度小;填料层结构均匀。金属鞍环填料特别适用于真空蒸馏。

6.球形填料

球形填料是用塑料铸成空心球体形状的填料。为了增加填料的表面积并减少填料的形体阻力,采用了空心球体,有的是由若干个平面组成,有的是由许多枝条状的棒连接而成,也有的采用表面开孔的办法,如图 3-22(g)和(h)所示。

球形填料的优点在于床层上易充满填料,不会产生架桥和空穴等现象,因此床层易堆积均匀,有利于气、液均匀分布。但由于塑料耐温性能差,故一般只用于气体吸收、净化、除尘等。

7.网体填料

上述几种填料均属于实体填料,与之对应的另一类由金属丝网制成的填料称为丝网填料。它也有多种形式,如图 3-22(i)及(j)所示。丝网填料因丝网细密,故填料空隙很高。单位体积填料具有相当大的表面积,且由于毛细管作用使填料表面润湿性很好,因此气体的流动阻力小,传质速率高。但这类填料造价高,多用于实验室中分离难分离的物系。

近年来不断有新型填料开发出来,这些填料的结构独特,均有各自的特点,这里不一一介绍。

(二)规整填料

规整填料是由古老的木栅填料逐渐发展的。常见的规整填料为波纹填料,它是一种整砌结构的新型高效填料,由许多片波纹薄板组成的圆饼状填料,其直径略小于塔体内径。如图 3-23 所示,波纹与水平方向成 45°倾角,相邻两板反相靠叠,使波纹倾斜方向互相垂直。圆饼的高度约为 40 mm～60 mm,各饼垂直叠放于塔内,相邻的上下两饼之间,波纹板片排列方向互成90°角。

由于结构紧凑,有很大的比表面积,且因相邻两饼间板片相互垂直,使上升气体不断改变方向,下降的液体也不断重新分布,故传质效率高。填料的规整排列,使流动阻力减小,从而可以提高空塔气速。波纹填料的缺点是:不适宜处理黏度大、易聚合或有沉淀物的物料;此外,填料的装卸、清理也较困难,造价高。

波纹填料有实体与网体两种。

实体的称为波纹板,可由陶瓷、塑料、金属材料制造,根据工艺要求及介质的性质来选择适当的材料。

波纹丝网填料的波纹片是由金属丝网制成的,属于网体填料。因丝网细密,故其空隙率高,比表面积可高达 700 m^2/m^3,传质效率大大提高,每米填料层相当于 10 层理论板;每层理论塔板压降仅为 50 Pa~70 Pa;操作弹性大;放大效应(指传质效率随塔径加大而降低)小。此类填料特别适用于精密精馏及真空精馏装置,为难分离物系、热敏性物系及高纯度产品的精馏提供了有效手段。尽管波纹丝网的造价昂贵,但优良的性能使波纹丝网填料在工业上的应用日益广泛。

近年来又开发出金属孔板波纹填料和金属压延孔板波纹填料。

金属孔板波纹填料是在不锈钢波纹板片上钻有许多 5 mm 左右的小孔的填料。它与同材质丝网填料相比,虽然效率和通量低于波纹网填料,但造价低、强度高、耐腐蚀性能强,特别适用于大直径精馏塔。

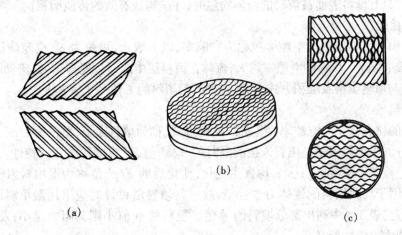

图 3-23　波纹填料
(a)元件　(b)组合单元填料　(c)填料层剖面及俯视图

金属压延孔板波纹填料与金属孔板波纹填料的主要区别在于:前者板片表面不是钻孔而是刺孔,孔径为 0.5 mm 左右;板片极薄,约为 0.1 mm,波纹高度较小,故比表面和空隙率大,分离效率较孔板波纹填料高。主要用于分离要求高,物料不易堵塞的场合。

无论是颗粒填料还是规整填料的制造材料均可用陶瓷、金属和塑料。

陶瓷填料应用最早,其润湿性能好,但因较厚,空隙率小,阻力大,气体分布不均导致效率下降,而且易破碎,故仅用于高温、强腐蚀性的场合。金属填料强度高,壁薄,空隙率和比表面均较大,故性能良好。不锈钢较贵,碳钢尽管便宜,但耐腐蚀性较差,在无腐蚀性的介质中广泛采用。近 10 年来发展的塑料填料,价格低廉,不易破碎,质轻耐腐,加工方便,在工业上应用日益广泛,但润湿性能差。

在指定的任务下,采用的填料尺寸越大,则单位体积填料的费用越低,单位高度填料层的压降也越小,但传质效率降低,致使填料层高度增加。因此,选择填料尺寸除保证一定分离效率外,还应考虑设备费和动力费间的权衡。为使液体在填料层中分布均匀,填料乱堆时,每个填料的尺寸不应大于塔径的 1/8,否则液体分布不均。

二、填料特性

在填料塔内,气体由填料间的空隙流过,液体在填料表面形成液膜沿填料间的空隙而下流,气、液两相间的传质过程在润湿的填料表面上进行。因此,填料塔的生产能力和传质效率均与填料特性密切相关。

表示填料性能的参数如以下。

(一)比表面积

单位体积干填料层具有的表面积称为比表面,以 σ 表示,单位为 m^2 干填料表面积/m^3 干填料层,简写成 m^2/m^3。填料比表面 σ 值越大对传质越有利。σ 值与填料类型有关,各种类型填料的比表面 σ 值列于表 3-5 中。填料的表面只有被流动的液相所润湿,才能构成有效的传质面积。因此,若希望有较高的传质速率,除须有大的比表面积外,还要求填料有良好的润湿性能及有利于液体均匀分布的形状。但是,被润湿的填料表面不一定都是有效的传质面积,因为在填料层内,填料间接触点处的液体基本上静止不动,该处的润湿表面对传质不起作用,只有填料表面被流动的液体润湿时,才能构成有效的传质面积。

(二)空隙率

单位体积干填料层中的空隙体积称为空隙率,以 ε 表示,单位为 m^3 空隙体积/m^3 干填料层,简写成 m^3/m^3。填料的空隙率越大,流体在填料层中的通过能力越大,流动阻力越小。空隙率 ε 值与填料类型及堆积方式有关,各种类型填料的 ε 值列于表 3-5 中。

(三)填料因子

将填料的比表面 σ 与空隙率 ε 组成 σ/ε^3 的形式,称为填料因子,单位为 $1/m$。填料因子有干、湿之分。干填料因子是填料未被润湿时的 σ/ε^3 值,反映填料的几何特性。填料被润湿后,表面上覆盖一层液层,σ 及 ε 均发生变化,变化后的 σ/ε^3 值称为湿填料因子,以 ϕ 表示。湿填料因子反映填料的流体力学性能,故进行填料塔设计时应采用湿填料因子 ϕ。ϕ 值由实验测定,表 3-5 中列出部分填料的 ϕ 值。填料的 ϕ 值小则其阻力也小,发生液泛时的气速高,即水力学性能好。

综上所述,选用填料时一定要求比表面及空隙率大,填料的湿润性能好,单位体积填料的质量轻、造价低,并有足够的力学强度。

表 3-5 摘录了几种常用填料的特性数据。表 3-6 摘录了规整填料的特性数据。对于乱堆填料,表 3-5 中所列的单位体积填料层中填料的个数 n 是统计值,它与装填方法、填料尺寸及塔径等有关;表中的比表面 σ、堆积密度 ρ_p 等也是平均值,与实测值间的偏差约为 5%;填料因子 ϕ 不仅取决于填料的类型、尺寸、材料及填料装填方式,还与介质的物性和操作条件有关,因此 ϕ 值不仅反映填料本身性质,还反映床层的流体力学性能。对于相同的测试条件,此值能够反映同样尺寸不同种类填料的通量和压强降的相对特性,可作为选择填料的参考。

表 3-5　几种填料的特性数据(摘录)

填料种类	尺寸 mm①	比表面积 σ, m^2/m^3	空隙率 ε, m^3/m^3	堆积密度 ρ_p, kg/m^3	个数 n, $1/m^3$	填料因子 ϕ, $1/m$
陶瓷拉西环(乱堆)	8×8×1.5	570	0.64	600	1 465 000	2 500
	10×10×1.5	440	0.70	700	720 000	1 500
	15×15×2	330	0.70	690	250 000	1 020
	25×25×2.5	190	0.78	505	49 000	450
	40×40×4.5	126	0.75	577	12 700	350
	50×50×4.5	93	0.81	457	6 000	205
金属拉西环(乱堆)	8×8×0.3	630	0.91	750	1 550 000	1 580
	10×10×0.5	500	0.88	960	800 000	1 000
	15×15×0.5	350	0.92	660	248 000	600
	25×25×0.8	220	0.92	640	55 000	390
	35×35×1	150	0.93	570	19 000	260
	50×50×1	110	0.95	430	7 000	175
	76×76×1.6	68	0.95	400	1 870	105
金属鲍尔环(乱堆)	16×16×0.4	364	0.94	467	235 000	230
	25×25×0.6	209	0.94	480	51 000	160
	38×38×0.8	130	0.95	379	13 400	92
	50×50×0.9	103	0.95	355	6 200	66
塑料鲍尔环(乱堆)	直径					
	15	364	0.88	72.6	235 000	320
	25	209	0.90	72.6	51 100	170
	38	130	0.91	67.7	13 400	105
	50	103	0.91	67.7	6 380	82
金属阶梯环(乱堆)	25×12.5×0.6	209	0.93	339	102 000	—
	38×19×0.8	150	0.94	476	31 890	—
	50×25×1	111	0.948	440	13 080	—
塑料阶梯环(乱堆)	25×12.5×1.4	223	0.90	97.8	81 500	172
	38.5×19×1.0	152.5	0.91	57.5	27 200	115
陶瓷矩鞍(乱堆)	直径×厚					
	13×1.8	630	0.78	548	735 000	870
	19×2	338	0.77	563	231 000	480
	25×3.3	258	0.775	548	84 000	320
	38×5	197	0.81	483	25 200	170
	50×7	120	0.79	532	9 400	130
金属环矩鞍(乱堆)	25×20×0.5	185.0	0.91	409.0	101 160	—
	38×30×0.5	112.0	0.96	365.0	24 680	—
	80×40×1.6	74.9	0.96	291.0	10 400	—
	75×60×1.2	57.9	0.97	244.7	3 320	—
多面球体	外径					
	25	450	0.84	145	85 000	—
	38	325	0.87	125	28 500	—
	50	236	0.90	105	11 500	—
	75	150	0.92	90	3 000	—

①环形填料尺寸为外径×高×壁厚。

表 3-6　常用规整填料性能参数

填料类型	型号	理论板数 N_r,(1/m)	比表面积 σ,(m^2/m^3)	空隙率 ε,%	液体负荷 U,$[m^3/(m^2 \cdot h)]$	最大 F 因子 F_{max},$[m/s(kg/m^3)^{0.5}]$	压降 Δp,(MPa/m)
金属孔板波纹填料	125Y	$1 \sim 1.2$	125	98.5	$0.2 \sim 100$	3	2.0×10^{-4}
	250Y	$2 \sim 3$	250	97	$0.2 \sim 100$	2.6	3.0×10^{-4}
	350Y	$3.5 \sim 4$	350	95	$0.2 \sim 100$	2.0	3.5×10^{-4}
	500Y	$4 \sim 4.5$	500	93	$0.2 \sim 100$	1.8	4.0×10^{-4}
	700Y	$6 \sim 8$	700	85	$0.2 \sim 100$	1.6	$4.6 \times 10^{-4} \sim 6.6 \times 10^{-4}$
	125X	$0.8 \sim 0.9$	125	98.5	$0.2 \sim 100$	3.5	1.3×10^{-4}
	250X	$1.6 \sim 2$	250	97	$0.2 \sim 100$	2.8	1.4×10^{-4}
	350X	$2.3 \sim 2.8$	350	95	$0.2 \sim 100$	2.2	1.8×10^{-4}
金属丝网波纹填料	BX	$4 \sim 5$	500	90	$0.2 \sim 20$	2.4	1.97×10^{-4}
	BY	$4 \sim 5$	500	90	$0.2 \sim 20$	2.4	1.99×10^{-4}
	CY	$8 \sim 10$	700	87	$0.2 \sim 20$	2.0	$4.6 \times 10^{-4} \sim 6.6 \times 10^{-4}$
塑料孔板波纹填料	125Y	$1 \sim 1.2$	125	98.5	$0.2 \sim 100$	3	2×10^{-4}
	250Y	$2 \sim 2.5$	250	97	$0.2 \sim 100$	2.6	3×10^{-4}
	350Y	$3.5 \sim 4$	350	95	$0.2 \sim 100$	2.0	3×10^{-4}
	500Y	$4 \sim 4.5$	500	93	$0.2 \sim 100$	1.8	3×10^{-4}
	125X	$0.8 \sim 0.9$	125	98.5	$0.2 \sim 100$	3.5	1.4×10^{-4}
	250X	$1.5 \sim 2$	250	97	$0.2 \sim 100$	2.8	1.8×10^{-4}
	350X	$2.3 \sim 2.8$	350	95	$0.2 \sim 100$	2.2	1.3×10^{-4}
	500X	$2.8 \sim 3.2$	500	93	$0.2 \sim 100$	2.0	1.8×10^{-4}

3.2.3　填料塔的流体力学性能

在逆流操作的填料塔内,液体在重力作用下于填料表面上作膜状流动,液膜与填料表面间的摩擦以及液膜与上升气体间的摩擦构成了液膜流动阻力。另一方面,由于上升气相的顶托作用,使一部液体停留于填料表面上和填料空隙中,单位体积填料层中存留的液体体积称为持液量或滞液量。气速越大,滞液量越大,引起的流动阻力越大。因此,填料塔的压强降与气、液的流速以及其他物理性质有关。

一、气体通过填料层的压强降与气速关系

填料塔的能量消耗主要由于气体通过填料层时要克服流动阻力。气体通过填料层的压强降与气速有关。由实验测得在一定的喷淋量 L 下,单位高度填料层的压强降 $\Delta p/z$(z 为填料层的有效高度)与气体空塔流速 u 的关系如对数坐标图 3-24 所示,各种填料的 $\Delta p/z$ 与 u 关系图大致如此。当填料为干表面,即液体喷淋量 $L=0$ 时,$\Delta p/z$ 与 u 的关系线为最右侧的 0 号线,其斜率约为 $1.8 \sim 2.0$;当有一定喷淋量时,$\Delta p/z$ 与 u 的关系线逐渐变为图中 1 号、2 号及 3 号线,图中 $L_1 < L_2 < L_3$。由图看出,每条曲线存在两个转折点。下转折点称为"载点",上转折点称为"泛点"。这两个转折点将 $\Delta p/z$ 与 u 关系线分为三个区段,即恒滞液量区、载液区与液泛区。

(一)恒滞液量区

气速较低时,填料层内液体向下流动与气速关系不大。在恒定的喷淋量下,填料表面上覆盖的液体膜层厚度不变,因而填料层滞液量不变。在同一空塔气速下,由于湿填料层内所

持液体占据一定空间,故气体的真实速度较通过
干填料层时的真实速度为高,因而压强降也较大。
此区的 $\Delta p/z$ 与 u 线在干填料线的左侧,且二者相
互平行。

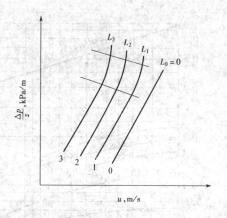

图 3-24　填料层 $\Delta p/z$ 与 u 的关系

（二）载液区

在一定的喷淋量下,当气速增大至某一数值
时,由于上升气流与下降液体间的摩擦力开始阻
碍液体顺利下流,填料层的滞液量开始随气速的
增加而增加,此种现象称为拦液现象。发生拦液现
象时的空塔气速称为载点气速。超过载点气速后,
$\Delta p/z$ 与 u 关系线的斜率大于2。

（三）液泛区

进入载液区后,如果气速持续增大,则随着填料层内滞液量的不断增多,终将使塔内发
生"泛滥",即因填料层内液体不能及时流下而出现局部积液,压强降急剧升高。与此相应,
在 $\Delta p/z$ 与 u 线上出现另一转折点,即前述的泛点。超过泛点后,$\Delta p/z$ 与 u 关系线的斜率
急增,可达10以上。随之,气流出现脉动,液体被气流大量带出塔顶,塔的操作极不稳定,甚
至被完全破坏,此种情况称为填料塔的液泛现象。开始发生液泛现象时的空塔气速称为液
泛气速,或泛点气速。通常认为,泛点气速是填料塔正常操作气速的上限。实验表明,当空
塔气速在泛点与载点之间时,气体与液体的湍动加剧,气、液接触良好,传质效率高。

应当指出,有时在实测的 $\Delta p/z$ 与 u 关系线上载点与泛点并不明显,线的斜率是逐渐变
化的,因而在上述三个区段之间并无截然的界限。

二、填料塔内的液泛气速

与板式塔一样,求填料塔的塔径时首先应找出气体极限速度,即液泛气速或泛点气速,
再乘以安全系数,获得操作时空塔气速后,即可求得塔径。目前工程设计中常采用如图
3-25 所示的埃克脱通用关联图求液泛气速。图中最上三条线分别为弦栅、整砌拉西环及其
他乱堆填料的泛点线,与泛点线对应的纵标值为 $(u^2_{max}\, \phi\psi/g)(\rho_V/\rho_L)\mu_L^{0.2}$。关联图 3-25 的数
据是来自大直径填料吸收塔和精馏塔的实验结果。

三、填料塔的压强降

气体通过填料塔的压强降也是采用图 3-25 埃克脱通用关联图求算的。除前述的三条
液泛线外,余下的曲线为以单位高度填料层压强降 $\Delta p/z$ 为参数时,$(u^2\phi\psi/g)(\rho_V/\rho_L)\mu_L^{0.2}$
与 $(w_L/w_V)(\rho_V/\rho_L)^{0.5}$ 的关系线,此处 u 为操作时的空塔气速。根据前面已算出的 u 值计
算图的纵标值,再算出横标值,即可从图中查出单位高度填料层的压强降 $\Delta p/z$。有时也可
以根据规定的压强降,利用图 3-25 算出相应的空塔气速。

由于填料,特别是乱堆填料的特性数据,如比表面、空隙率都是平均值,所以由图 3-25
算出的液泛气速和压强降,都不会与实测情况完全一致。填料装入塔内的速度和堆积的松
紧、使用时间的长短、塔径的大小、操作稳定程度等因素都影响速度与压强降的数值。尤其
是当填料破碎后,其阻力必然增大。此外,填料因子 ϕ 是一个经验值,它在不同操作条件下
的准确性值得探讨。因为许多研究者通过实验探明:同一种填料液泛时的填料因子大于操

135

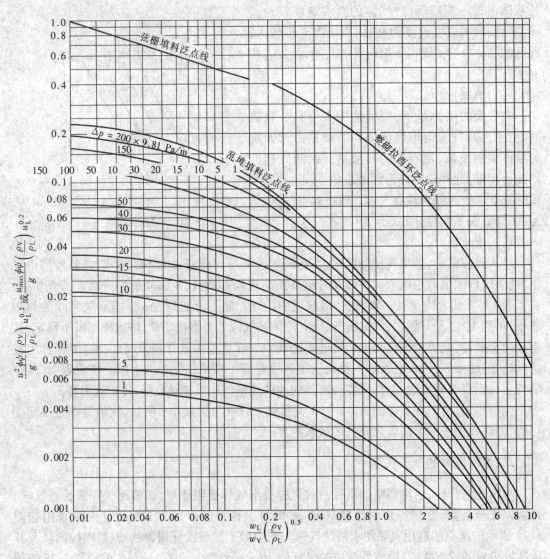

图 3-25　埃克脱通用关联图

图中　u_{max}——液泛空塔气速，m/s；

u——操作空塔气速，m/s；

ρ_L、ρ_V——分别为液相与气相的平均密度，kg/m³；

ϕ——填料因子，1/m；

ψ——液体密度校正系数，为水的密度与同条件下液体密度之比；

μ_L——液体的粘度，mPa·s；w_L、w_V——分别为液体和气体的质量流量，kg/s。

作时的填料因子，但在应用埃克脱通用关联图时，无论是计算液泛时空塔气速还是计算某气速下的压强降，都是不加区分地采用同样的 ϕ 值，给计算结果带来一定误差。目前国内有关研究部门正从事液泛和操作两种不同条件下填料因子的研究，以期进一步改善埃克脱通用关联图。

136

3.2.4 板式塔与填料塔的比较

1.生产能力

板式塔的传质靠上升气体通过板上流动液层使之鼓泡而实现,因此开孔率不能太大,一般约为 8%~15%。填料塔的传质是靠上升气体与下降液体在湿填料表面上逆流接触而实现,所以填料塔开孔率可达 50% 以上(填料层空隙率一般超过 90%),因此填料塔的生产能力大于板式塔的生产能力。

2.传质效率

研究结果表明:高压操作时板式塔的分离效率高于填料塔;真空或常压操作时填料塔的传质效率高于板式塔。总的来看,填料塔的传质效率高于板式塔,每米填料层的理论级数在 2 级以上,最多能达 10 级,而板式塔每米塔高的理论级数不超过 2 级。

3.塔板压降

板式塔中气体要穿过液层和板上各种构件,所以气体通过板式塔的阻力较大,每个理论级的压降为 0.4 kPa~1.1 kPa。填料层的空隙率较大且气体不需通过液层,故压降较小,对散装填料,每个理论级的压降为 0.13 kPa~0.7 kPa,对规整填料,为 0.01 kPa~1.07 kPa。所以填料塔特别适用于减压蒸馏操作。

4.操作弹性

填料本身对气相负荷适应性很大,填料塔的操作弹性只取决于塔内构件,尤其是液体再分布器,所以可以根据实际需要进行设计。板式塔操作弹性受塔板液泛、雾沫夹带及降液管生产能力的限制。因此,填料塔的操作弹性高于板式塔的操作弹性。

5.持液量

持液量是指在正常操作下滞留在塔内的液体数量。板式塔因板上积有液层故持液量比填料塔大。板式塔持液量为液流量的 8%~12%,填料塔一般小于 6%。持液量大可使操作稳定,开工时稳定时间要长,对间歇蒸馏、经常处于开工和停工状态的操作以及处理热敏性物料均不适宜。

6.造价、适应性及其他

填料塔造价比板式塔高,但结构简单。填料塔不适用于处理含有悬浮固体的系统。对于颗料填料,为了使液体能均匀地喷洒到填料上,塔径与填料直径之比应不小于 8:1。此外,板式塔可以很方便地从人孔或手孔处清理内部,而清洗填料塔则比较麻烦。板式塔易于侧线出料,且易于在塔盘上设置冷却管。

过去由于颗粒填料的放大效应显著,故工业上的应用不如板式塔多。自从开发出规整填料后,由于放大效应很小并具有较高的分离效率,特别是通过塔的改造以提高生产能力方面取得极大的成功,目前已获得广泛的应用。

虽然如此,目前工业上,板式塔的应用仍多于填料塔,但在今后的研究和发展中,两者必然都会受到充分的重视。

3.2.5 填料塔的工艺设计

填料塔的工艺设计包括塔径、填料的选择与填料层高度。

一、塔径

用流量公式计算塔径:

$$D = \sqrt{\frac{4V_s}{\pi u}}$$

(3-38)

式中 D——塔径,m;

        V_s——气体流量,m^3/s;

        u——操作时的空塔气速,m/s。

操作时的空塔气速与泛点气速之比称为泛点率,一般根据实际操作情况选取适宜的泛点数值。例如,对易起泡物系,泛点率应取 50% 或更低;对于加压操作的塔,减小塔径的优越性较大,故应选取较高的泛点率;对于某些新型高效填料,泛点率也可以取得高些。大多数情况下的泛点率,宜取为 60% ~ 80%。一般填料塔的操作空塔气速大致为 0.2 m/s ~ 1.0 m/s。

根据上述方法计算出的塔径,也应按压力容器公称直径标准进行圆整,如圆整为 400、500、600、700、800、900、1 000、1 200、1 400(单位均为 mm)等。

算出塔径后应检验塔内液体喷淋情况是否良好。填料塔中气、液两相间的传质主要在填料表面流动的液膜上进行,液体能否成膜取决于填料表面的润湿性能,因此,传质效率就与填料的润湿性能密切相关。在一定的物系与操作条件下,填料的润湿性能由填料的材料、表面形状及装填方法所决定。能被液体润湿的材质、不规则的表面形状及乱堆的装填方式,都有利于用较少的液体获得较大的润湿表面,且液膜在不规则的乱堆填料表面湍动和不断更新,会大大提高相间传质速率。

为使填料能获得良好的润湿,还应使塔内液体的喷淋量不低于某一极限值,此极限值称为最小喷淋密度。所谓液体的喷淋密度是指单位时间内、单位塔截面积上喷淋的液体体积。最小喷淋密度能维持填料的最小润湿速率。它们之间的关系为:

$$U_{min} = (L_w)_{min} \sigma$$

(3-39)

式中 σ——填料的比表面积,m^2/m^3;

        U_{min}——最小喷淋密度,$m^3/(m^2 \cdot h)$;

        $(L_w)_{min}$——最小润湿速率,$m^3/(m \cdot h)$。

润湿速率是指在塔的横截面上,单位长度的填料周边上液体的体积流量。对于直径不超过 75 mm 的拉西环及其他填料,可取最小润湿速率 $(L_w)_{min}$ 为 0.08 $m^3/(m \cdot h)$;对于直径大于 75 mm 的环形填料和板距大于 50 mm 的栅板填料,应取为 0.12 $m^3/(m \cdot h)$。

根据塔径计算出操作时的喷淋密度 U 应大于 U_{min},则能使液体有良好的分布,否则应调整算出的塔径,使 $U > U_{min}$。

二、填料层高度

计算填料层高度的方法已在本册第 2 章中详细介绍过,常采用下面两种方法计算填料层高度。

(一)传质单元法

填料层高度 z = 传质单元高度 × 传质单元数 = $H_{OG} N_{OG} = H_{OL} N_{OL}$

(3-40)

（二）等板高度法

与一层理论板传质作用相当的填料层高度称为等板高度，以 $HETP$ 表示：

$$填料层高度 = 等板高度 \times 理论板层数 = (HETP)N_{\mathrm{T}} \tag{3-41}$$

式中 $HETP$ 为等板高度，m；其他符号见本册第 2 章。

在本册前两章中，已分别介绍过，在已知分离任务下，精馏塔和吸收塔的理论板层数的求算方法。至于等板高度，不仅取决于填料的类型和尺寸，而且还与系统介质的物性、操作条件、设备尺寸等因素有关，至今尚无计算等板高度的满意方法。一般通过实验测定，或取生产中的经验数值。在有些专门书刊中有时也可查到计算等板高度的经验公式，但应用时应密切注意所用公式的适用范围是否与设计的条件吻合或相近，否则计算结果的误差较大。由默奇提出计算填料精馏塔的等板高度的公式如下：

$$HETP = c_1 \, G^{c_2} \, D^{c_3} \, z^{1/3} \frac{\alpha \mu_{\mathrm{L}}}{\rho_{\mathrm{L}}} \tag{3-42}$$

式中　G——气相空塔质量速度，$kg/(m^2 \cdot h)$；

　　　D——塔径，m；

　　　z——填料层高度，m；

　　　α——相对挥发度，无量纲为 1；

　　　μ_{L}——液相黏度，$mPa \cdot s$；

　　　ρ_{L}——液相密度，kg/m^3；

　　　c_1、c_2、c_3——常数，取决于填料类型及尺寸，部分数据列于表 3-7 中。

表 3-7　默奇公式中的常数值

填料类型	尺寸	c_1	c_2	c_3
陶瓷拉西环	9	1.36×10^4		1.24
	12.5	4.48×10^4	-0.37	1.24
	25	2.39×10^3	-0.24	1.24
	50	1.5×10^3	-0.10	1.24
弧鞍	12.5	2.55×10^4	-0.45	1.11
	25	2.11×10^3	-0.14	1.11

式 3-42 的适用条件为：

(1) α 值大于 3 的碳氢化合物蒸馏系统；

(2) 全回流或大回流比的常压操作；

(3) 气速的泛点率为 25% ~ 80%，气体质量速度为 $0.18 \, kg/(m^2 \cdot s)$ ~ $2.5 \, kg/(m^2 \cdot s)$；

(4) 填料层高度为 0.9 m ~ 3.0 m，塔径为 50 mm ~ 750 mm，填料尺寸不大于塔径的 1/8。

最后应提及：等板高度的数据或关联结果一般来自小型实验，故往往不符合工业生产装置的情况。估算工业装置所需的填料层高度时，可参考工业设备的等板高度经验数据。例如：直径为 25 mm 的填料，等板高度接近 0.5 m；直径为 50 mm 的填料，接近 1 m；直径在 0.6 m 以下的填料塔，等板高度约与塔径相等；而当塔处于负压操作时，等板高度约等于塔径加 0.1 m。填料层用于吸收操作时等板高度要大得多，一般按 1.5 m ~ 1.8 m 估计。此外，不同类型填料的等板高度值各异，普通实体填料的等板高度都在 400 mm 以上，如 25 mm 拉西环的为 0.5 m,25 mm 鲍尔环的为 0.4 m~0.45 m。网体填料具有很大的比表面积和空隙率,属于高效填料(如 CY 型波纹丝网、θ 网环填料等),其等板高度在 100 mm 以下。

3.2.6 填料塔的附件

填料塔的附件主要有填料支承装置、液体再分布装置和除沫装置等。合理选择和设计填料塔的附件,对于保证塔的正常操作及良好性能十分重要。

一、填料支撑装置

支承装置是用来支承塔内填料及其所持有的液体质量,故支承装置要有足够的力学强度。同时,为使液体和气体顺利通过,支承装置的自由截面积应大于填料的自由截面积(填料的空隙面积与塔截面积之比称为自由截面积),否则当气速增大时,填料塔的液泛将首先在支承处发生。常用的填料支承装置有以下几种。

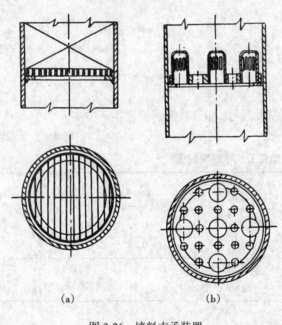

(a)　　　　(b)

图 3-26　填料支承装置
(a)栅板式　(b)升气管式

（一）栅板

栅板系用扁钢条和扁钢圈焊接而成,如图 3-26(a)所示。栅板结构简单,制造方便。然而,栅板用支承颗粒填料时,相邻扁钢条间常有部分矩形通道会被横卧着的底层填料堵塞,使得支承板的有效自由截面减小,有时还会低于填料层的自由截面积,常在此处形成液泛,影响操作效率。改善的办法是采用大间距的栅条,然后整砌一、二层按正方形排列的带"十"字隔板的拉西环。

（二）升气管式支承装置

为了解决支承装置的强度与自由截面积之间的矛盾,特别是为了适应高空隙率填料的要求,可采用升气管式支承装置,如图 3-26(b)所示。气体由升气管上升,通过气道顶部的孔及侧面的齿缝进入填料层,液体则由支承装置底板上的许多小孔流下,气、液分道而行,彼此很少干扰。升气管有圆形的,多为瓷制;也有条形的,多为金属制。此种形式的支承装置,气体流通面积可以很大,而一般栅板支承装置的自由截面积很难超过 90%。

二、液体分布装置

填料塔操作时塔的任意截面积上气、液的均匀分布是十分重要的。填料装填完毕后,气体分布是否均匀主要取决于液体分布的均匀程度。因此,液体在塔顶的初始均匀喷淋,是保证填料塔达到预期分离效果的重要条件。选用或设计液体喷淋装置时应注意下面几点。

(1)应保证塔截面上有一定的喷淋点数。对颗粒填料为 40 喷淋点/(m² 塔截面)~80 喷淋点/(m² 塔截面);对规整填料为 100 喷淋点/(m² 塔截面) ~ 200 喷淋点/(m² 塔截面)。此外,为了减小壁流效应(大量液体沿塔壁四周流动),喷淋点的分布应使近塔壁 5% ~ 20% 区域的液体流量不超过总流量的 10%。

(2)淋点孔径不宜小于 2 mm,以免堵塞。

(3)液体分布装置应高于填料层 150 mm ~ 300 mm。

常采用下面几种液体分布器。

1.莲蓬式喷淋器

莲蓬式喷淋器如图 3-27(a)所示,喷头的下部为半球形多孔板。液体由高位槽(或泵)以一定压头送入喷头,经小孔喷出。小孔直径为 3 mm ~ 10 mm,作同心圆排列。喷头直径约为塔径的 1/3 ~ 1/5,球面半径约为喷头直径的 0.5 ~ 1.0 倍。喷洒角不超过 80°,喷洒外圈距塔壁为 70 mm ~ 100 mm。

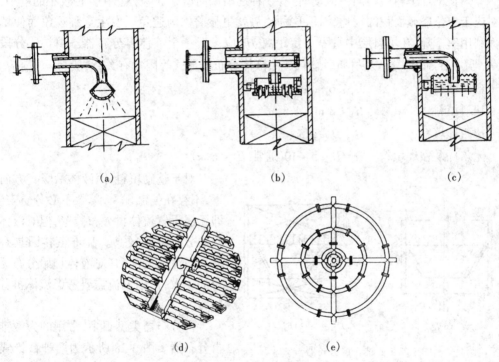

图 3-27　液体分布装置
(a)莲蓬式　(b)溢流管式　(c)筛孔式　(d)齿槽式　(e)多孔环管式

这种喷洒器一般用于直径在 600 mm 以下的塔中。优点是结构简单;主要缺点是小孔易于堵塞,因而不适宜处理污浊液体。操作时液体的压头必须维持在规定数值,否则喷淋半径改变,不能保证预期的分布情况。

2.盘式分布器

盘式分布器如图 3-27(b)(c)所示,液体加至分布盘上,盘底装有许多直径及高度均相同的溢液短管或开有筛孔。前者称为溢流管式,后者称为筛板式。溢流管直径一般不小于 15 mm。在溢流管的上端开有缺口,这些缺口位于同一水平面上,便于液体均匀流下。筛孔直径一般为 3 mm ~ 10 mm。

筛孔式较溢流管式的分布效果好,但后者自由截面大,且不易堵塞。

盘式分布器常用于直径较大的塔中,此种分布器的制造比较麻烦,但可基本保证液体的均匀分布。

3.齿槽式分布器

大直径的塔多使用齿槽分布器,如图 3-27(d)所示。液体先经过主干齿槽向其下层各条形齿槽作第一级分布,然后再向填料层上面分布。这种分布器自由截面积大,工作可靠。

4.多孔环管式分布器

多孔环管式分布器如图 3-27(e)所示,由多孔圆形盘管、连接管及中央进料管组成。这种分布器尤其适用于液量小而气量大的填料吸收塔,气体阻力小。对于大管,它可以用法兰连接而经人孔装卸。

三、液体再分布装置

液体在乱堆填料层内向下流动时,有一种逐渐偏向塔壁的趋势。在直径较小的塔中,因为对应于单位塔截面积的周边较长,这种趋势就更显著。为避免因发生这种现象而使填料表面利用率下降,在填料层中每隔一定距离 H_1 应设置一个液体再分布器。填料层分段高度 H_1 与塔径、填料类型及材质、填料尺寸、液体分布器形式等因素有关,一般为:

金属填料 $H_1 < 6\ m \sim 7.5\ m$

塑料填料 $H_1 < 3\ m \sim 4.5\ m$

拉西环填料 $H_1 / D \approx 2.5 \sim 3$

鲍尔环及鞍环填料 $H_1 / D \approx 5 \sim 10$(通常 $H_1 < 6\ m$)

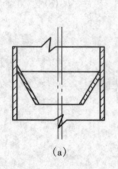 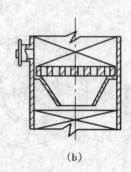

对于整砌填料,因液体沿竖直方向流下,不存在偏流现象,填料不必分层安装,即无需设置流体再分布装置,但对液体的初始分布要求较高。乱堆填料因具有自动均布流体的能力,对液体初始分布无过苛的要求,但因偏流需要考虑流体再分布装置。

再分布器类型很多,常用的为截锥形再分布器。图 3-28 所示为两种截锥式再分布器,其中图(a)的结构最简单,它是将

（a）   （b）

图 3-28　截锥式再分布器

截锥筒体焊在塔壁上。截锥筒本身不占空间,其上下仍能充满填料。图(b)的结构是在截锥筒的上方加设支承板,截锥下面要隔一段距离再放填料,当需考虑分段卸出填料时,可采用这种再分布器。截锥式再分布器适用于直径为 0.8 m 以下的小塔。

安装再分布器时,应注意其自由截面积不得小于填料层的自由截面积,以免当气速增大时首先在此处发生液泛。

四、除沫装置

除沫装置安装在液体分布器上方,用以除去出口气体中的液滴。

常用的除沫装置有折流板除沫器、旋流板除沫器及丝网除沫器等。

除此之外,填料层顶部常需设置填料压板或挡网,以避免操作中因气速波动而使填料被

冲动及损坏。

填料塔的气体进口的构型,除考虑防止液体倒灌外,更重要的是要有利于气体均匀地进入填料层。对于小塔,常见的方式是使进气管伸至塔截面的中心位置,管端做成 45°向下倾斜的切口或向下弯的喇叭口;对于大塔,应采取其他更为有效的措施。

[例 3-2] 拟在常压填料塔中用 20 ℃的清水等温洗涤某种气体中有害组分,要将气体中有害组分由 0.05 降至 0.001(比摩尔组成)。已知数据为:

混合气体质量流量 $w_V = 1\ 730$ kg/h

清水质量流量 $w_L = 5\ 000$ kg/h

混合气体的平均摩尔质量 $M = 27.65$ kg/kmol

操作条件下的平衡关系为 $Y = 1.2X$(X、Y 分别为液相及气相的比摩尔组成)

采用 38 mm×5 mm 乱堆陶瓷矩鞍填料时的体积总传质系数 $K_Y a = 250$ kmol/(m³·h)

允许气体通过填料层的总压强降 $\sum \Delta p = 1\ 700$ Pa

试根据上述条件对填料塔进行工艺设计。

设计计算:

由上册附录查出 20 ℃时水的物性常数为:黏度 $\mu_L \approx 1$ mPa·s,密度 $\rho_L \approx 1\ 000$ kg/m³。气体密度

$$\rho_V = \frac{pM}{RT} = \frac{101\ 330 \times 27.65}{8.315 \times 10^3 (273 + 20)} = 1.15 \text{ kg/m}^3$$

由表 3-5 查出 38 mm×5 mm 陶瓷矩鞍填料的特性为:填料因子 $\phi = 170$ 1/m,比表面 $\sigma = 197$ m²/m³。

1.塔径

$$D = \sqrt{\frac{4V_s}{\pi u}}$$

取式中空塔气速 $u = 0.6u_{max}$,而 u_{max} 可通过图 3-25 求得。该图的横标为:

$$\frac{w_L}{w_V}\left(\frac{\rho_V}{\rho_L}\right)^{0.5} = \frac{5\ 000}{1\ 730}\left(\frac{1.15}{1\ 000}\right)^{0.5} \approx 0.098$$

由图 3-25 乱堆填料的泛点线查出纵标值为 0.14,即:

$$\frac{u_{max}^2 \phi \psi}{g}\left(\frac{\rho_V}{\rho_L}\right)\mu_L^{0.2} = 0.14$$

液体为清水,故液体密度校正系数 $\psi = 1$,将已知值代入上式:

$$\frac{u_{max}^2 \times 170}{9.81}\left(\frac{1.15}{1\ 000}\right) \times 1^{0.2} = 0.14$$

解得 $u_{max} = 2.65$ m/s

$$u = 0.6 \times 2.65 = 1.59 \text{ m/s}$$

$$D = \sqrt{\frac{4 \times \dfrac{1\ 730}{3\ 600 \times 1.15}}{\pi \times 1.59}} = 0.578\ 6 \text{ m}$$

取 $D = 600$ mm。

核算空塔气速:

$$u = \frac{\dfrac{1\ 730}{3\ 600 \times 1.15}}{\dfrac{\pi}{4} \times 0.6^2} = 1.479 \text{ m/s}$$

检验填料塔径与填料直径之比:

$$\frac{D}{d_p} = \frac{600}{38} = 15.8 > 8$$

检验喷淋密度:

操作喷淋密度 $U = \dfrac{5\,000}{1\,000 \times \dfrac{\pi}{4}(0.6)^2} = 17.69 \ \text{m}^3/(\text{m}^2 \cdot \text{h})$

由式 3-39 计算最小喷淋密度：

$$U_{\min} = (L_{\text{w}})_{\min}\sigma$$

所采用的陶瓷矩鞍填料直径小于 75 mm,故取最小润湿速率 $L_{\text{w}} = 0.08 \ \text{m}^3/(\text{m} \cdot \text{h})$,因此：

$$U_{\min} = 0.08 \times 197 = 15.76 \ \text{m}^3/(\text{m}^2 \cdot \text{h}) < 17.69 \ \text{m}^3/(\text{m}^2 \cdot \text{h})$$

由以上检验结果知,计算的塔径与所选的填料尺寸都符合要求。

2.填料层高度

平衡线为直线,故用对数平均推动力法计算填料层高度：

$$z = \frac{V}{K_Y a \ \dfrac{\pi}{4} D^2} \ \frac{Y_1 - Y_2}{\Delta Y_{\text{m}}}$$

其中惰性气体摩尔流量为：

$$V = \frac{1\,730}{27.65} \times \frac{1}{1 + 0.05} = 59.59 \ \text{kmol 惰性气体/h}$$

对数平均推动力 $\Delta Y_{\text{m}} = \dfrac{(Y_1 - Y_1^*) - (Y_2 - Y_2^*)}{\ln \dfrac{Y_1 - Y_1^*}{Y_2 - Y_2^*}}$

对全塔列有害组分的衡算：

$$L(X_1 - X_2) = V(Y_1 - Y_2)$$

或 $\qquad \dfrac{5\,000}{18}(X_1 - 0) = 59.59(0.05 - 0.001)$

解得出塔溶液的比摩尔组成为：

$$X_1 = 0.010\,51$$

因 $X_2 = 0$,故 $Y_2^* = 0$,而 Y_1^* 为：

$$Y_1^* = 1.2 X_1 = 1.2 \times 0.010\,51 = 0.012\,61$$

$$\Delta Y_{\text{m}} = \frac{(0.05 - 0.012\,61) - (0.001 - 0)}{\ln \dfrac{0.05 - 0.012\,61}{0.001 - 0}} = 0.010\,05$$

$$z = \frac{59.59}{250 \times \dfrac{\pi}{4}(0.6)^2} \times \frac{0.05 - 0.001}{0.010\,05} = 4.11 \ \text{m}$$

鞍环填料的填料层分段高度 $H_1/D \approx 5 \sim 10$,本例填料层高度与直径之比 $z/D = 4.11/0.6 = 6.85$,故本例设计中不必要采用液体再分布装置。

3.气体通过填料层的压强降

前已算出图 3-25 的横标值为 0.098。图的纵标值为：

$$\frac{u^2 \phi \psi}{g}\left(\frac{\rho_{\text{v}}}{\rho_{\text{L}}}\right)\mu_{\text{L}}^{0.2} = \frac{1.479^2 \times 170}{9.81} \times \frac{1.15}{1\,000} \times 1^{0.2} = 0.435\,9$$

由图 3-25 查出：

$$\Delta p/z \approx 36 \times 9.81 = 353.2 \ \text{Pa/m}$$

通过填料层的总压强降：

$$\Sigma \Delta p = 353.2 \times 4.11 = 1\,452 \ \text{Pa} < 1\,700 \ \text{Pa}$$

通过计算,认为本工艺设计可以接受。

144

习　题

1.拟在筛板塔中每小时用 6 m³、密度 $\rho_L = 997$ kg/m³ 的液体吸收混合气体中有效组分。气体的平均密度 $\rho_V = 1.25$ kg/m³，平均流量 $V_h = 2\,700$ m³/h，操作条件下物系的表面张力 $\sigma = 0.073\,3$ N/m。由工艺计算知共需 20 层实际塔板以完成分离任务，允许气体通过每层实际塔板的压强降为 1\,000 Pa。系统的介质比较清洁而且不起泡沫。试设计符合上述要求的筛板塔。

答:略

2.在直径为 0.8 m 的填料塔内，用某种液体洗涤混合气体，已知数据为：

液体流量 $w_L = 3\,400$ kg/h

气体流量 $w_V = 1\,170$ kg/h

液体平均密度 $\rho_L = 850$ kg/m³

液体平均黏度 $\mu_L = 0.8$ mPa·s

气体平均密度 $\rho_V = 1.3$ kg/m³

若采用乱堆的 25 mm×25 mm×2.5 mm 陶瓷拉西环，根据工艺计算知达到洗涤要求共需 5 m 填料层。允许气体通过填料层的压强降为 711 Pa。试判断该塔能否正常操作。

答:略

第4章 液—液萃取

本章符号说明

英文字母

a——填料的比表面积，m^2/m^3；

B——组分 B 的量，kg 或 kg/h；

D——塔径，m；

E——萃取相的量，kg 或 kg/h；

E'——萃取液的量，kg 或 kg/h；

F——原料液的量，kg 或 kg/h；

h——萃取段的有效高度，m；

H——传质单元高度，m；

$HETS$——理论级当量高度，m；

k——分配系数；

K——以质量比表示相组成的分配系数；

Ka——体积传质系数，1/h；

M——混合液的量，kg 或 kg/h；

n——理论级数；

N——传质单元数；

R——萃余相的量，kg 或 kg/h；

R'——萃余液的量，kg 或 kg/h；

S——组分 S 的量，kg 或 kg/h；

U——连续相或分散相在塔内的流速，m/h；

x——组分在萃余相中的质量分数；

X——组分在萃余相中的质量比组成，kgA/kgB；

y——组分在萃取相中的质量分数；

Y——组分在萃取相中的质量比组成，kgA/kgS。

希腊字母

β——溶剂的选择性系数；

ε——填料层的空隙率；

δ——以质量比表示组成的操作线斜率；

μ——液体的黏度，Pa·s；

ρ——液体的密度，kg/m^3；

$\Delta\rho$——两液相密度差，kg/m^3；

σ——界面张力，N/m；

φ——动能因子，m^2/min^3；

φ_A——组分 A 的萃取率。

下标

A、B、S 分别代表组分 A、组分 B 及组分 S；

C——连续相；

D——分散相；

E——萃取相；

R——萃余相；

O——总的；

f——液泛；

$1,2,3,\cdots,n$——萃取级数。

第 1 节 概 述

利用原料液中各组分在适当溶剂中溶解度的差异而实现混合液中组分分离的过程称为液—液萃取，又称溶剂萃取。所选用的溶剂对原料液中一个组分有较大溶解能力，该易溶组分称为溶质，以 A 表示；对另一组分则应部分溶解或完全不溶解，该难溶组分称为稀释剂或原溶剂，以 B 表示；所采用的溶剂称为萃取剂，以 S 表示。萃取剂在萃取中的作用和蒸馏中加热产生的气相或脱吸中从外界引入的气相相当。萃取和吸收一样都是一种过渡操作,得到的混合液需进一步分离才能获得较纯的组分 A。

萃取分离具有常温操作、能耗低、选择性好、易于连续操作和自动控制等一系列优点,因此,液—液萃取作为一种新型液体混合物的分离技术,于 20 世纪 30 年代在化工、石油、食品、制药及核工业中得到广泛的应用。

4.1.1 萃取操作原理和基本过程

萃取是向液体混合物中加入适当溶剂,利用组分溶解度的差异使溶质 A 由原溶液转移到萃取剂 S 的过程。萃取操作的基本过程如图 4-1 所示。

1. 混合传质

将一定的萃取剂加到被分离的液体混合物中,采取措施(如搅拌)使萃取剂与原料液充分混合,溶质 A 通过相界面由原料液向萃取剂中扩散。

2. 沉降分离

萃取操作完成后使两相进行沉降分层。其中:含萃取剂 S 多的一相称为萃取相,以 E 表示;含稀释剂 B 多的一相称为萃余相,以 R 表示。

3. 脱除溶剂

萃取相和萃余相均是液体混合物。为了得到产品 A(或 B)并回收萃取剂 S,还需对这两相进行分离,通常将这一步骤称为脱溶剂。脱溶剂一般采用蒸馏方法。当溶质 A 为不挥发或挥发度很低的组分时,可采用蒸发方法,有时也可采用结晶或其他化学方法。萃取相和萃余相脱除溶剂后分别得到萃取液和萃余液,以 E′和 R′表示。

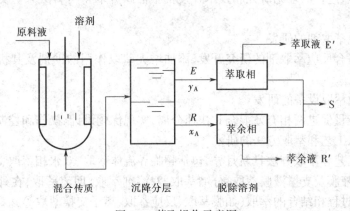

图 4-1　萃取操作示意图

若选用的萃取剂具有比较好的选择性,则萃取相内 A、B 两组分的组成比 y_A/y_B 必大于萃余相内 A、B 两组分的组成比 x_A/x_B,即:

$$\frac{y_A}{y_B} > \frac{x_A}{x_B}$$

萃取中一般以质量分数表示混合液的组成,萃取相中组分的组成用 y 表示,而萃余相中用 x 表示。

4.1.2 萃取过程的技术经济分析

由前面的萃取操作原理可以看出,液—液萃取过程本身只是将一个难分离的原料液转化为两个易分离的混合液,而后继续分离往往是通过蒸馏来完成的。对于一种混合液,是直接采用蒸馏方法还是通过萃取这个过渡操作来加以分离,主要取决技术上的可行性和经济上的合理性。一般说来,在下列情况下采用萃取方法更加经济合理。

(1)混合液中组分的相对挥发度接近于"1"或者形成恒沸混合物。例如,芳烃与脂肪烃的分离用一般蒸馏方法不能实现,或所需理论板数相当多,很不经济,而用萃取方法较为有利。

(2)溶质组分在混合液中含量很低且为难挥发组分,采用蒸馏方法需将大量稀释剂汽化,热能消耗很大。从稀醋酸水溶液制备无水醋酸即为一例。

(3)混合液中有热敏性组分,采用萃取方法可避免物料受热破坏,因而,萃取在生物化工和制药工业中得到广泛应用。例如,从发酵液中提取青霉素及咖啡因的提取都是采用萃取方法。

(4)多种金属物质的分离(如稀有元素的提取、铜-铁、铀-钒、铌-钽及钴-镍的分离等)、核工业材料的制取、治理环境污染(如工业废水脱酚等)都广泛采用萃取方法。

萃取过程的经济性还和萃取剂的选择有密切关系,这一点下面还要介绍。

4.1.3 萃取分离技术的进展

随着高新技术的发展,特别是原子能工业、制药工业、生物工程领域及材料工业发展的推动作用,使萃取过程的理论研究和技术开发都很活跃并取得可喜成果。突出表现在如下几个方面。

1.新型绿色萃取剂的研发

利用可逆络合反应萃取剂的研究开发、添加增大萃取作用的助剂及其机理研究取得新进展。

2.新型高效萃取设备的研发

通过外加能量促进两相有效混合和快速分离,实现优化设计、操作和控制。

3.新型萃取工艺和萃取方法的研发

新型萃取工艺和萃取方法日新月异,包括超临界流体萃取、双水相萃取、凝胶萃取、反向胶团萃取、乳化液膜及支撑液膜萃取、分馏萃取、双溶剂萃取、回流萃取,在外场(电场)作用下的萃取,多个过程相结合的萃取(如膜萃取、反应萃取、离子交换萃取等)。

一些新型萃取剂的合成、萃取机理及萃取规律的研究日益深入、丰富和完善,使得萃取成为分离混合物很有朝气和发展前景的单元操作之一。

第2节 三元体系的液—液相平衡

4.2.1 组成在三角形相图上的表示方法

液—液萃取过程也是以相际的平衡为极限。三元体系的相平衡关系常用三角形坐标图来表示。

三元混合液的组成在等腰直角三角形坐标图上表示最为方便,如图4-2所示。

在图4-2中,三角形的三个顶点分别表示纯物质。如图中 A 点代表溶质 A 的组成为100%,其他两组分的组成为零;同理,B 点和 S 点分别表示纯的稀释剂和萃取剂。

三角形任一边上的任一点代表二元混合物,第三组分的组成为零。如图中 AB 边上的 E 点,代表 A、B 二元混合物,其中 A 的组成为40%,B 的组成为60%,S 的组成为零。

三角形内任一点代表三元混合物。图中的 M 点即表示由 A、B、S 三个组分组成的混合液。过 M 点分别作三个边的平行线 ED、

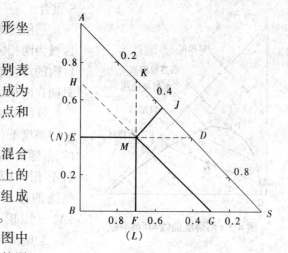

图4-2 组成在三角形相图上的表示方法

HG 与 KF,则线段 $\overline{BE}$(或$\overline{SD}$)代表 A 的组成,线段 $\overline{AK}$(或$\overline{BF}$)及 $\overline{AH}$(或$\overline{SG}$)则分别代表 S 及 B 的组成。由图上读得,该混合液的组成为:$x_A = 0.40$,$x_B = 0.30$,$x_S = 0.30$。三个组分的质量分数之和等于1,即:

$$x_A + x_B + x_S = 0.40 + 0.30 + 0.30 = 1.00$$

此外,也可过 M 点分别作三个边的垂直线 MN、ML 及 MJ,则垂直线段 $\overline{ML}$、$\overline{MJ}$、$\overline{MN}$分别代表组分 A、B、S 的组成。两法的结果是一致的。

有时,也采用不等腰直角三角形表示相组成,可根据需要将某直角边适当放大,使所标绘的曲线展开,以方便使用。

4.2.2 相平衡关系在三角形相图上的表示方法

根据组分的互溶性,可将三元体系分为以下三种情况:
(1)溶质 A 完全溶于稀释剂 B 及萃取剂 S 中,但 B 与 S 不互溶;
(2)溶质 A 可完全溶解于组分 B 及 S 中,但 B 与 S 为一对部分互溶组分;
(3)组分 A、B 可完全互溶,但 B、S 及 A、S 为两对部分互溶组分。

通常,将(1)(2)两种情况称为Ⅰ类物系,如丙酮(A)—水(B)—甲基异丁基酮(S)、醋酸(A)—水(B)—苯(S)等系统;将第(3)种情况称为第Ⅱ类物系,如甲基环己烷(A)—正庚烷(B)—苯胺(S)、苯乙烯(A)—乙苯(B)—二甘醇(S)等。第Ⅰ类物系在萃取操作中较为常见,以下主要讨论这类物系的相平衡关系。

一、溶解度曲线和联结线

设溶质 A 完全溶解于组分 B 及 S 中,而 B 与 S 为一对部分互溶组分,则在一定温度下,于双组分 A 和 B 的原料液中加入适量的萃取剂 S,经过充分的接触和静置后,便得到两个平衡的液层,其组成如图4-3中的 E 和 R 所示,此两个液层称为共轭相。若改变萃取剂 S 的用量,则将得到新的共轭相。将代表各平衡液层组成坐标的点联结起来,便得到实验温度下该三元物系的溶解度曲线 CRPED,若 B、S 完全不互溶,则点 C 与 D 分别与三角形的顶点 B 及

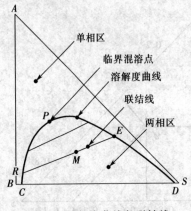

图 4-3　溶解度曲线与联结线

S 重合。

溶解度曲线将三角形分为两个区域,曲线以内的区域为两相区,以外的区域为均相区或单相区。两相区内的混合液分为两个液相共轭相。显然,萃取操作只能在两相区内进行。

联结共轭液相组成坐标的直线 RE 称为联结线。一定温度下,同一物系的联结线倾斜方向一般是一致的,但随溶质 A 组成的变化,联结线的斜率和长度将各不相同,因而各联结线互不平行;也有少数物系联结线的倾斜方向会发生改变,图 4-4 所示的吡啶(A)—水(B)—氯苯(S)系统即为一例。

影响溶解度曲线形状和两相区面积大小的因素如下:

(1)在相同温度下,不同物系具有不同形状的溶解度曲线;

(2)同一物系,温度不同,两相区面积的大小将随之改变,通常,温度升高,组分间的互溶度加大,两相区面积变小,如图 4-5 所示,因此,适当降低操作温度,对萃取分离是有利的。

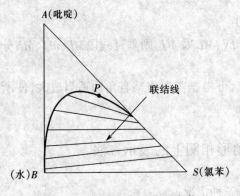

图 4-4　联结线倾斜方向的变化

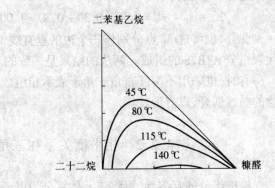

图 4-5　温度对溶解度曲线的影响

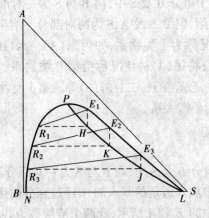

图 4-6　辅助曲线与临界混溶点

二、辅助曲线和临界混溶点(褶点)

一定温度下,三元物系的溶解度曲线和联结线由实验测得。使用时,若要求得到与已知相成平衡的另一相的组成,常借助辅助曲线(共轭曲线)来得到。只要有若干组联结线数据,便可作出辅助曲线,如图 4-6 所示。辅助曲线的作法是通过已知联结线的一端点 R_1、R_2、R_3 等分别作底边 BS 的平行线,再通过相应联结线的另一端点 E_1、E_2、E_3 等分别作直角边 AB 平行线,诸线分别相交于 H、K、J,联结这些点所得的平滑曲线即为辅助曲线。利用辅助曲线便可方便地从已知某相 R(或 E)的组成确定与之平衡的另一相 E(或 R)的组成。

辅助曲线与溶解度曲线的交点 P,表明通过该点的联结线为无限短,相当于这一系统的临界状态,故称点 P 为临界混溶点。但需注意,只有当已知的联结线很短时(即很接近临界混溶点),才可用外延辅助曲线的方法确定临界混溶点。

一定温度下,三元物系的溶解度曲线、联结线、辅助曲线及临界混溶点的数据都是由实验测得,也可从手册或有关专著中查得。

三、分配系数与分配曲线

(一)分配系数

在一定温度下,溶质组分 A 在平衡的 E 相与 R 相中的组成之比称为分配系数,以 k_A 表示,即:

$$k_A = \frac{\text{组分 A 在 E 相中的组成}}{\text{组分 A 在 R 相中的组成}} = \frac{y_A}{x_A} \tag{4-1}$$

同样,对于组分 B 也可写出相应的分配系数表达式,即:

$$k_B = \frac{y_B}{x_B} \tag{4-1a}$$

式中　y_A、y_B——分别为组分 A、B 在萃取相 E 中的质量分数;

　　x_A、x_B——分别为组分 A、B 在萃余相 R 中的质量分数。

分配系数表达了某一组分在两个平衡液相中的分配关系。显然,k_A 值愈大,萃取分离的效果愈好。k_A 值与联结线的斜率有关。不同物系具有不同的分配系数 k_A 值;同一物系 k_A 值随温度及溶质组成而变化。在恒定温度下,k_A 值只随溶质 A 的组成而变。

在操作条件下,若组分 B、S 可视作完全不互溶,可将式 4-1 改写成如下形式:

$$Y = KX \tag{4-1b}$$

式中　Y——萃取相中组分 A 的质量比组成,kgA/kgS;

　　X——萃余相中组分 A 的质量比组成,kgA/kgB;

　　K——以质量比表示相组成的分配系数。

(二)分配曲线

在萃取操作中,也可仿照蒸馏和吸收中的方法,在 $y-x$ 直角坐标图中用曲线表示互成平衡的两液层中组分 A 的组成,如图 4-7 所示。图中,以溶质 A 在萃余相中的组成 x_A 为横标,以溶质 A 在萃取相中的组成 y_A 为纵标,将互成平衡的 E 相和 R 相中组分 A 的组成标绘在直角坐标图中,如 N 点所示。若将诸联结线两端点相对应的组分 A 的组成均标于 $y-x$ 坐标图上,得到曲线 ONP,称为分配曲线。图示条件下,在分层区组成范围内,萃取相 E 内

151

溶质 A 的组成均大于萃余相 R 内溶质 A 的组成，即分配系数 $k_A > 1$，故分配曲线位于 $y = x$ 线上方。对图 4-4 所示类型的物系，即随溶质 A 组成的变化联结线的倾斜方向有变化，则分配曲线将与对角线出现交点，这种物系称为等溶度体系。

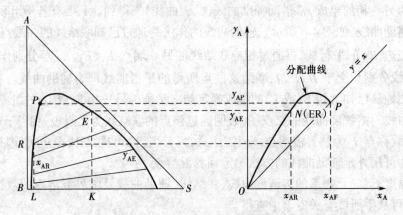

图 4-7　有一对组分部分互溶时的分配曲线

当组分 B、S 完全不互溶时，在以质量比表示相组成的 $Y—X$ 坐标图上作分配曲线则更为方便。

四、杠杆规则

杠杆规则是物料衡算的图解方法，对后面将要讨论的萃取过程中物料衡算提供了方便。

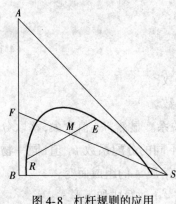

图 4-8　杠杆规则的应用

将 R kg 的 R 相与 E kg 的 E 相相混合，便得到总组成为 x_M 的 M kg 混合液，如图 4-8 所示。反之，在分层区内，任一点 M 所代表的混合液可分为两个液层 R、E。M 点称为和点，R 点和 E 点称为差点。混合液 M 与两液层 E、R 之间的关系可用杠杆规则描述：

(1)代表混合液总组成的 M 点和代表两液层组成的 E 点与 R 点，应处于同一直线上；

(2)E 相和 R 相的量与线段 $\overline{MR}$ 和 $\overline{ME}$ 成比例，即：

$$\frac{E}{R} = \frac{\overline{MR}}{\overline{ME}} \tag{4-2}$$

式中　E、R——E 相和 R 相的质量，kg 或 kg/h；

　　　$\overline{MR}$、$\overline{ME}$——线段的长度。

应注意，图中点 R 及点 E 代表相应液相组成的坐标，而式 4-2 中的 E 和 R 代表相应液相层的质量或质量流量，下面内容均按此规定处理。

若于 A、B 二元料液 F 中加入纯溶剂 S，则混合液总组成的坐标点 M 将沿 SF 线而变，具体位置由杠杆规则确定，即：

$$\frac{\overline{MF}}{\overline{MS}} = \frac{S}{F} \tag{4-3}$$

4.2.3 萃取剂的选择

萃取剂的选择是萃取操作分离效果和经济性的关键。选择萃取剂时主要应考虑以下性能。

一、萃取剂的选择性及选择性系数

选择性是指萃取剂 S 对原料液中两个组分溶解能力的差别。若 S 对溶质 A 的溶解能力比对稀释剂 B 的溶解能力大得多,那么这种萃取剂的选择性就好。

萃取剂的选择性可用选择性系数表示:

$$\beta = \frac{A\ 在萃取相中的质量分数}{B\ 在萃取相中的质量分数} \bigg/ \frac{A\ 在萃余相中的质量分数}{B\ 在萃余相中的质量分数}$$

$$= \frac{y_A}{y_B} \bigg/ \frac{x_A}{x_B} = \frac{y_A}{x_A} \bigg/ \frac{y_B}{x_B} \tag{4-4}$$

将式 4-1 代入上式,得到:

$$\beta = k_A x_B / y_B \tag{4-4a}$$

或 $$\beta = k_A / k_B \tag{4-4b}$$

式中 β——选择性系数,也称分离因数,量纲为 1;

      y——组分在萃取相中的质量分数;

      x——组分在萃余相中的质量分数;

      k——组分的分配系数。

下标 A 表示组分 A,B 表示组分 B。

β 值直接与 k_A 值有关,k_A 值愈大,β 值也愈大。凡是影响 k 的因素(如温度、组成等)也同样影响 β 值。

一般情况下,组分 B 在萃余相中含量总是比萃取相中高,也即 $x_B/y_B > 1$,所以萃取操作中,β 值均应大于 1。由 β 值的大小可判断所选择萃取剂是否适宜和分离的难易。β 值越大,越有利于组分的分离,当组分 B、S 完全不互溶时,β 值趋向无穷大,为最理想情况;若 β = 1,由式 4-4 可知,$y_A/y_B = x_A/x_B$ 或 $k_A = k_B$,萃取相和萃余相在脱除溶剂 S 后具有相同的组成,并且等于原料液组成,故无分离效果,说明所选用的萃取剂是不适宜的。

萃取剂的选择性高,对一定的分离任务,可减少萃取剂用量,降低回收溶剂操作的能量消耗,并且可获得纯度较高的产品。

二、萃取剂 S 与稀释剂 B 的互溶度

组分 B 与 S 的互溶度影响溶解度曲线的形状和两相区面积。图 4-9 表示了在相同温度下,同一种含 A、B 组分的原料液与不同性能萃取剂 S_1、S_2 所构成的相平衡关系图。图 4-9(a)表明 B、S_1 互溶度小,两相区面积大,可能得到的萃取液最高组成 y'_{max} 较高。显然,B、S 互溶度愈小,愈利于萃取分离。

三、萃取剂回收的难易与经济性

前已述及,脱除萃取剂通常采用蒸馏方法。萃取剂回收的难易直接影响蒸馏分离的费

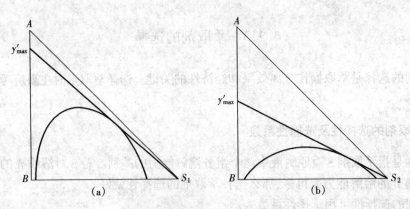

图 4-9　萃取剂性能对萃取操作的影响

用,它在很大程度上决定萃取操作的经济性。因此,要求萃取剂 S 与原料液中组分的相对挥发度要大,并且最好是含量低的组分为易挥发组分。若被萃取的溶质不挥发或挥发度很低,而 S 为易挥发组分时,则 S 的汽化潜热要小,节省能耗。

溶剂的溶解能力大,可减少萃取剂的用量,降低 E 相脱溶剂的费用;B、S 的互溶度愈小,也可减少 R 相脱溶剂的费用。

四、萃取剂的其他物理化学性质

凡对两液相混合和分层有关的一切因素均会影响到萃取效果及设备生产能力,下面扼要讨论萃取剂的其他物化性质。

1. 密度差

为使 E 相和 R 相能较快地分层以加速分离,要求萃取剂与被分离混合液有较大的密度差,特别是对没有外加能量的萃取设备,较大的密度差可加速分层,以提高设备的生产能力。

2. 界面张力

两液相间的界面张力对萃取效果有重要影响。物系的界面张力大者,细小的液滴比较容易聚结,有利于两相分层;但也由于界面张力太大,使液体分散的程度较差,这样就需要提供外加能量使一相较好地分散到另一相之中。界面张力过小,则易产生乳化现象,使两相难以分层。因此,界面张力要适中。某些物系的界面张力列于表 4-1。

表 4-1　某些物系的界面张力

物　　系	界面张力 $N/m \times 10^3$	物　　系	界面张力 $N/m \times 10^3$
氢氧化钠—水—汽油	30	苯—水	30
硫醇溶解加速溶液—汽油	2	醋酸丁酯—水	13
合成洗涤剂—水—汽油	< 1	甲基异丁基甲酮—水	10
四氯化碳—水	40	二氯二乙醚—水	19
二硫化碳—水	35	醋酸乙酯—水	7
异辛烷—水	47	醋酸丁酯—水—甘油	13
煤油—水	40	异辛烷—甘油—水	42
异戊醇—水	4	煤油—水—蔗糖	23 ~ 40
甘油—水—异戊醇	4		

3.黏度、凝固点及其他

所选萃取剂的黏度与凝固点均应较低,以便于操作、输送及贮存,对于没有搅拌的萃取塔,物系黏度更不宜大;此外,萃取剂还应具有不易燃、无毒性等优点。

4.化学性质

萃取剂应具有化学稳定性、热稳定性以及抗氧化的稳定性;此外,对设备的腐蚀性应较小。

一般说来,很难找到满足上述所有要求的萃取剂。选用萃取剂时要根据实际情况加以权衡,以保证满足主要要求。

[**例4-1**] 以水为萃取剂从醋酸与氯仿的混合液中提取醋酸。25 ℃时,萃取相 E 与萃余相 R 以质量分数表示的平衡数据列于本例附表中。试求:

例 4-1 附表

氯仿层(R 相)		水层(E 相)	
醋酸	水	醋酸	水
0.00	0.99	0.00	99.16
6.77	1.38	25.10	73.69
17.72	2.28	44.12	48.58
25.72	4.15	50.18	34.71
27.65	5.20	50.56	31.11
32.08	7.93	49.41	25.39
34.16	10.03	47.87	23.28
42.5	16.5	42.50	16.50

(1)在等腰直角三角形坐标图中作出溶解度曲线与辅助曲线,并确定临界混溶点组成;

(2)若原料液量为 600 kg,醋酸的质量分数为 0.35,用 600 kg 水为萃取剂,找出和点 M 及平衡的 E 相与 R 相组成;

(3)上述平衡液层溶质 A 的分配系数 k_A 及选择性系数 β。

解:(1)溶解度曲线、辅助曲线及临界混溶点组成

依题给平衡数据在等腰直角三角形坐标图中标出对应的 R 相与 E 相组成点,联结诸点可得溶解度曲线如本例附图所示。

由各对应的 R_1、E_1、R_2、E_2、R_3、E_3、……诸点作平行于两直角边的直线,各组对应线的交点分别为 H、I、J、……、L,联结这些点便得到辅助曲线 HIJKLS。

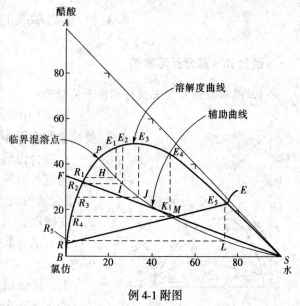

例 4-1 附图

外延辅助曲线与溶解度曲线相交于点 P,该点即为临界混溶点。由图读得 P 点的组成为:

$$x_A = 0.42, x_B = 0.15, x_S = 0.43$$

(2)和点 M、E 相与 R 相的组成

由 $F = 600$ kg 及 $S = 600$ kg 利用杠杆规则确定和点 M,由图上读得该点的坐标值为:

$$x_A = 0.175, x_B = 0.325, x_S = 0.50$$

利用辅助曲线用试差作图法找出通过 M 点的联结线 RE,由图读得两相的组成为:

E 相 $y_A = 0.225, y_B = 0.020, y_S = 0.755$

R 相 $x_A = 0.07$, $x_B = 0.92$, $x_S = 0.01$

(3)分配系数和选择性系数

分配系数由式 4-1 计算:

$$k_A = y_A / x_A = 0.225/0.07 = 3.214$$

选择性系数用式 4-4 或式 4-4a 计算:

$$\beta = \frac{y_A}{x_A} \bigg/ \frac{y_B}{x_B} = \frac{0.225}{0.07} \bigg/ \frac{0.020}{0.92} = 147.9$$

第 3 节　萃取过程的计算

萃取操作可在分级接触式或连续接触(微分接触)式设备中进行。在级式接触萃取过程中又有单级,多级错流、多级逆流之分。无论是单级还是多级萃取操作,均假设各级为理论级,即离开每级的 E 相与 R 相互为平衡。萃取操作中的理论级概念和精馏中的理论板相当。一个实际萃取级的分离能力达不到一个理论级,两者的差异用级效率校正。级效率一般需针对具体的设备通过实验测定。

本节重点讨论级式萃取过程的计算,简要介绍连续接触萃取过程。

4.3.1　单级萃取的计算

一、组分 B、S 部分互溶物系

(一)单级萃取过程在三角形相图上的表示

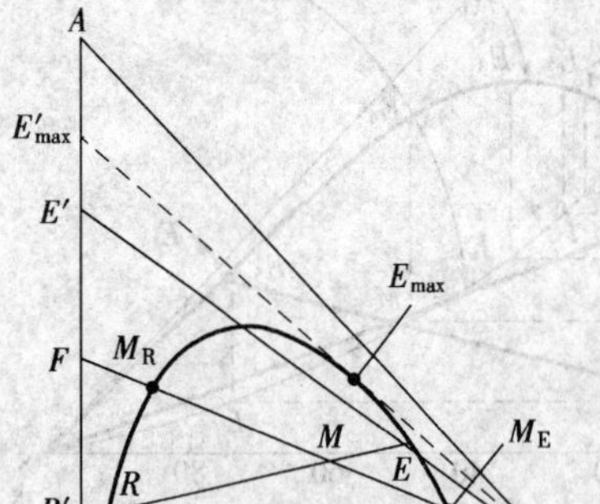

图 4-1 中所示单级萃取操作的三个基本过程可完整地表示在图 4-10 中。

1.混合传质

将定量的纯溶剂 S 加入 A、B 两组分的原料液 F 中,混合液的组成点 M 应在 FS 联线上,M 点的位置由式 4-3 确定。

适宜的萃取剂用量 S 应使 M 点的位置处于两相区内。

2.沉降分层

当 F、S 充分混合后,混合液沉降分层得到平衡的 E 相和 R 相(这两点位置借助辅助曲线通过试差作图法确定)。E 相和 R 相的数量关系由式 4-2 确定。

图 4-10　单级萃取在三角形相图上的表达

3.脱除溶剂

若从 E 相和 R 相中脱除全部萃取剂 S,则得到萃取液 E′和萃余液 R′。延长 SE 和 SR 线,分别交 AB 边于点 $E′$ 与点 $R′$,即为该两液相组成的坐标位置。

(二)单级萃取过程的计算

单级萃取流程如图 4-1 所述,既可连续操作,也可间歇操作。为了简便起见,萃取相组成 y 及萃余相组成 x 的下标只标注相应流股的序号,而不标注组分的符号,如没有特别指出,均是对溶质 A 而言,后面不另说明。

在单级萃取操作中,一般已知原料液的组成 x_F 及处理量 F,规定萃余相的组成 x_R,要求计算萃取剂的用量 S、萃取相和萃余相的量 E、R 及萃取相的组成。单级萃取操作在三角形坐标图中的计算过程如下。

根据 x_F 及 x_R 在图 4-10 上确定点 F 及点 R,过点 R 作联结线与 FS 线交于点 M,与溶解度曲线交于点 E。点 E 的坐标值表示萃取相的组成。图中点 $E′$ 及点 $R′$ 为从 E 相及 R 相脱除全部溶剂后的萃取液、萃余液组成坐标点。各流股的组成可从图上相应点直接读出。

对图 4-10 至沉降分层阶段作总物料衡算,得:

$$F + S = E + R = M \tag{4-5}$$

各流股的流量由杠杆规则求得,即:

$$S = F \times \frac{\overline{MF}}{\overline{MS}} \tag{4-6}$$

$$E = M \times \frac{\overline{MR}}{\overline{ER}} \tag{4-7}$$

$$E′ = F \times \frac{\overline{FR′}}{\overline{E′R′}} \tag{4-8}$$

若从图上读取了各流股的组成,则可通过溶质组分 A 的物料衡算计算各流股的量。对图 4-10 作溶质 A 的衡算,得:

$$Fx_F + Sy_S = Ey_E + Rx_R = Mx_M \tag{4-9}$$

联立式 4-5、式 4-9 及式 4-7 并整理,得:

$$E = \frac{M(x_M - x_R)}{y_E - x_R} \tag{4-10}$$

同理可得:

$$E′ = \frac{F(x_F - x′_R)}{y′_E - x′_R} \tag{4-11}$$

$$R′ = F - E′ \tag{4-12}$$

需要指出,如果已知原料液的组成 x_F 及处理量 F,规定了萃取剂用量 S,要求计算萃取相、萃余相的量及组成,则需采用试差作图法通过和点 M 作联结线,如例 4-1 所示。

(三)温度对萃取分离的影响

由图 4-10 看出,单级萃取的效果取决于 $R′$ 及 $E′$ 的位置。若从顶点 S 作溶解度曲线的切线 SE_{max},并延长交 AB 边于$E′_{max}$,该点代表在一定操作条件下可能得到

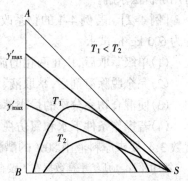

图 4-11　温度对萃取操作的影响

的最高萃取液组成 y'_{max}。y'_{max} 值与组分 B、S 之间的互溶度密切相关，互溶度愈小，两相区的范围愈大，可得到的 y'_{max} 值愈高，如图 4-11 所示。由于温度升高一般使两相区面积缩小，故萃取操作不宜在高温下进行。但温度过低，将会使液体黏度增大，扩散系数变小，界面张力增加，因而萃取操作温度应作适当选择。

二、组分 B、S 不互溶物系

在操作条件下，若组分 B、S 可视作完全不互溶，则它们只分别出现在萃余相及萃取相中，仅有溶质 A 的相际传递，用质量比表示相组成较为方便。此时，溶质 A 的质量衡算式为：

$$B(X_F - X_1) = S(Y_1 - Y_S) \tag{4-13}$$

式中　B——原料液中原溶剂的量，kg 或 kg/h；

　　　S——萃取剂中纯萃取剂的量，kg 或 kg/h；

　　　X_F、Y_S——原料液和萃取剂中组分 A 的质量比组成；

　　　X_1、Y_1——单级萃取后萃余相和萃取相中组分 A 的质量比组成。

单级萃取过程计算可在 $Y—X$ 直角坐标图上进行。式 4-13 可改写为：

$$\frac{Y_1 - Y_S}{X_1 - X_F} = -\frac{B}{S} \tag{4-13a}$$

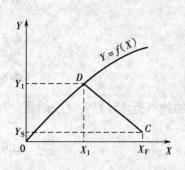

图 4-12　单级萃取图解计算

式 4-13a 为单级萃取的操作线方程。该操作线的斜率为 $-B/S$，两端点的坐标分别为 $C(X_F, Y_S)$ 及 $D(X_1, Y_1)$，如图 4-12 所示。已知原料液处理量 F、组成 X_F、萃取剂的组成 Y_S 和萃余相组成 X_1，求萃取剂用量 S 时，可由 X_1 在分配曲线上确定点 $D(X_1, Y_1)$，联结点 C、D，由操作线的斜率便可求得 S；反之，当已知 F、X_F、S 及 Y_S，求萃取后的 Y_1 和 X_1 时，可在图中确定点 $C(X_F, Y_S)$，过点 C 作斜率为 $-B/S$ 的直线交分配曲线于点 D，由点 D 的坐标即可读得 X_1 与 Y_1 值。

若在操作范围内，以质量比表示相组成的分配系数 K 为常数，则 Y_1 与 X_1 符合如下关系：

$$Y_1 = KX_1 \tag{4-14}$$

可用解析法求解。

[例 4-2]　若例 4-1 的物系改为以 1 h 为基准的连续萃取操作，萃取剂和原料液的流量均为 600 kg/h，试求：

(1)单级萃取后，E、R 两相的流量，kg/h；

(2)完全脱除溶剂后，萃取液、萃余液的组成和流量；

(3)使混合物系分层的最小萃取剂用量；

(4)若操作条件下水和氯仿视作完全不互溶，且以质量比表示相组成的分配系数可取作常数 3.4，要求原料液中 80% 的醋酸进入水相，问水的用量为若干？

解：由例 4-1 所给平衡数据在等腰直角三角形坐标图上作出溶解度曲线和辅助曲线，并根据 F、x_F 和 S 数值，试差作出联结线 ER，如本例附图所示。

(1)萃取相和萃余相的流量

由式4-5得到：

$$M = F + S = 600 + 600 = 1\ 200\ \text{kg/h}$$

由上图读得：

$$y_E = 0.225,\ x_R = 0.07,\ x_M = 0.175$$

将有关数据代入式4-10,可得：

$$E = \frac{M(x_M - x_R)}{y_E - x_R} = \frac{1\ 200(0.175 - 0.07)}{0.225 - 0.07} = 812.9\ \text{kg/h}$$

$$R = M - E = 1\ 200 - 812.9 = 387.1\ \text{kg/h}$$

萃取相的流量也可用式4-7计算：

$$E = M \times \frac{\overline{MR}}{\overline{ER}} = 1\ 200 \times \frac{5.1}{7.55} = 810.6\ \text{kg/h}$$

两种方法计算结果基本相同。

(2)萃取液、萃余液的组成和流量

联结 SE 并延长交 AB 边于 E' ,点 E 的坐标为萃取液的组成,由图读得 $y'_E = 0.92$ 。

同样方法可读得萃余液的组成 $x'_R = 0.071$ 。

萃取液的流量可用式4-8或式4-11计算,也可由萃取相脱溶剂来求取,即：

$$E' = E \times \frac{\overline{SE}}{\overline{SE'}} = 812.9 \times \frac{33.0}{136.0}$$

$$= 197.2\ \text{kg/h}$$

$$R' = F - E' = 600 - 197.2$$

$$= 402.8\ \text{kg/h}$$

读者可用式4-8或式4-11计算,比较结果。

(3)最小萃取剂用量

向原料液逐渐加入萃取剂时,混合物系的总组成将沿 FS 线变化。当总组成与溶解度曲线相交于点 S' 时,物系将开始分层,此点即对应萃取剂的最小用量。由式4-6可得：

$$S_{\min} = F \times \frac{\overline{FS'}}{\overline{SS'}} = 600 \times \frac{8}{106} = 45.3\ \text{kg/h}$$

(4)水的用量

对于组分 B、S 不互溶物系,用式4-13与式4-14联解计算水的用量：

$$X_F = \frac{x_F}{1 - x_F} = \frac{0.35}{1 - 0.35} = 0.538\ 5$$

$$X_1 = X_F(1 - \varphi_A) = 0.538\ 5(1 - 0.8) = 0.107\ 7$$

$$Y_1 = KX_1 = 3.4 \times 0.107\ 7 = 0.366\ 2$$

$$Y_S = 0$$

$$B = F(1 - x_F) = 600(1 - 0.35) = 390\ \text{kg/h}$$

$$S = \frac{B(X_F - X_1)}{Y_1 - Y_S} = \frac{390(0.538\ 5 - 0.107\ 7)}{0.366\ 2 - 0} = 458.8\ \text{kg/h}$$

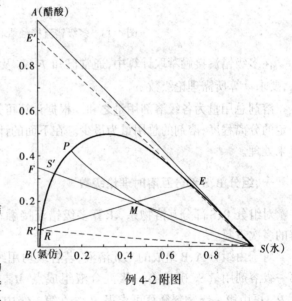

例 4-2 附图

159

4.3.2 多级错流接触萃取的计算

在多级错流接触萃取操作中,每级都加入新鲜萃取剂,前级的萃余相为后级的原料液,其流程如图 4-13 所示。这种操作方式的传质推动力大,只要级数足够多,最终可得到溶质含量很低的萃余相,但溶剂的总用量较多。

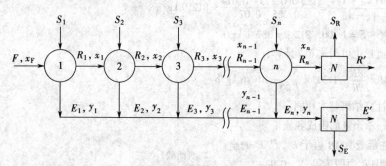

图 4-13 多级错流接触萃取流程示意图

在多级错流接触萃取计算中,通常已知 F、x_F 及各级溶剂用量 S_i,规定最终萃余相组成 x_n,要求计算所需理论级数 n。

溶剂总用量为各级溶剂用量之和。根据计算可知,若各级采用相等的溶剂量时,则达到一定的分离程度,溶剂的总用量为最少。在下面的计算中,没加说明者均以各级溶剂用量相等来处理。

一、组分 B、S 部分互溶时理论级数

对组分 B、S 部分互溶物系,求算多级错流接触萃取的理论级数,其解法是单级萃取图解的多次重复。

对于由组分 A、B 组成的二元溶液,若各级均用纯溶剂进行错流萃取,由原料液量 F 和第一级溶剂用量 S_1 确定第一级混合液组成点 M_1,通过点 M_1 用试差作图法寻求联结线 E_1R_1,再由第一级物料衡算可求得 R_1。在第二级中,依 R_1 与 S_2 的量确定混合液的组成点 M_2,过点 M_2 作联结线 E_2R_2,通过第二级的物料衡算求得 R_2。如此重复,直至得到的萃余相组成达到或低于指定值 x_n 时为止。所作联结线数目即为所需的理论级数。详细图解过程见例 4-3。

[例 4-3] 用三氯乙烷为萃取剂,在三级错流萃取装置中萃取丙酮水溶液中的丙酮。原料液的处理量为 500 kg/h,其中丙酮的质量分数为 0.4,各级溶剂用量相等,第一级溶剂加入量为原料液流量的 1/2,即 $S_1 = 0.5F$。试求丙酮的回收率。

25 ℃时丙酮(A)—水(B)—三氯乙烷(S)系统以质量分数表示的溶解度和联结线数据如本例附表所示。

例 4-3　附表 1　溶解度数据

三氯乙烷	水	丙酮	三氯乙烷	水	丙酮
99.89	0.11	0	38.31	6.84	54.85
94.73	0.26	5.01	31.67	9.78	58.55
90.11	0.36	9.53	24.04	15.37	60.59
79.58	0.76	19.66	15.39	26.28	58.33
70.36	1.43	28.21	9.63	35.38	54.99
64.17	1.87	33.96	4.35	48.47	47.18
60.06	2.11	37.83	2.18	55.97	41.85
54.88	2.98	42.14	1.02	71.80	27.18
48.78	4.01	47.21	0.44	99.56	0

例 4-3　附表 2　联结线数据

水相中丙酮 x_A	5.95	10.0	14.0	19.1	21.0	27.0	35.0
三氯乙烷相中丙酮 y_A	8.75	15.0	21.0	27.7	32.0	40.5	48.0

解: 由题给数据在等腰直角三角形相图中作出溶解度曲线和辅助曲线,如本例附图所示。

第一级(即每一级)加入的溶剂量为:

$$S_1 = 0.5F = 0.5 \times 500 = 250 \text{ kg/h}$$

由第一级的总物料衡算得:

$$M_1 = S_1 + F = 250 + 500 = 750 \text{ kg/h}$$

由 F、S_1 的量用杠杆规则确定第一级混合液的总组成点 M_1,用试差法过 M_1 作联结线 E_1R_1,根据杠杆规则得:

$$R_1 = M_1 \times \frac{\overline{ME_1}}{E_1R_1} = 750 \times \frac{33}{67} = 369.4 \text{ kg/h}$$

在第二级中,再用 250 kg/h 纯溶剂对 R_1 进行萃取。重复上述步骤计算第二级的有关参数为:

$$M_2 = S_2 + R_1 = 250 + 369.4 = 619.4 \text{ kg/h}$$

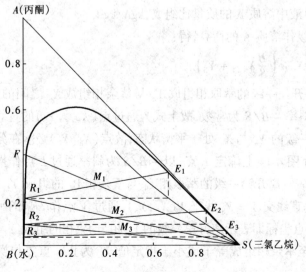

例 4-3 附图

$$R_2 = M_2 \times \frac{\overline{M_2 E_2}}{\overline{E_2 R_2}} = 619.4 \times \frac{43}{83} = 321.0 \text{ kg/h}$$

同理,第三级的有关参数为:

$$M_3 = 321 + 250 = 571.0 \text{ kg/h}$$

$$R_3 = M_3 \times \frac{\overline{M_3 E_3}}{\overline{E_3 R_3}} = 571.0 \times \frac{48}{92} = 298.0 \text{ kg/h}$$

由图读得 $x_3 = 0.035$。

于是,丙酮的回收率为:

$$\varphi_A = \frac{Fx_F - R_3 x_3}{Fx_F} = \frac{500 \times 0.4 - 298 \times 0.035}{500 \times 0.4} = 0.948$$

即回收率为94.8%。

二、组分 B、S 完全不互溶时的理论级数

(一)图解法求理论级数

当在操作范围内的分配曲线不为直线时,则可在图 4-14 的 $X—Y$ 直角坐标图上图解理论级数,其步骤如下。

(1)在 $X—Y$ 直角坐标上作出分配曲线。

(2)对图 4-13 的第一级作溶质 A 的衡算,得:

$$BX_F + SY_S = BX_1 + SY_1$$

整理上式得:

$$Y_1 = -\frac{B}{S}X_1 + \left(\frac{B}{S}X_F + Y_S\right) \tag{4-15}$$

式中　B——原料液中组分 B 的量,kg/h;

S——加入每一级的萃取剂量,kg/h;

Y_1——第一级萃取相中溶质 A 的质量比组成,kgA/kgS;

Y_S——萃取剂中溶质 A 的质量比组成,kgA/kgS;

X_1——第一级萃余相中溶质 A 的质量比组成,kgA/kgB;

X_F——原料液中溶质 A 的质量比组成,kgA/kgB。

同理,对第 n 级作溶质 A 的衡算,得:

$$Y_n = -\frac{B}{S}X_n + \left(\frac{B}{S}X_{n-1} + Y_S\right) \tag{4-16}$$

上式表示了离开任一级的萃取相组成 Y_n 与萃余相组成 X_n 之间的关系,称为错流萃取的操作线方程式,斜率 $-B/S$ 为常数,故上式为通过点 (X_{n-1}, Y_S) 的直线方程式。根据理论级的假设,离开任一级的 Y_n 与 X_n 处于平衡状态,故点 (X_n, Y_n) 必落在分配曲线上。

依 X_F 和 Y_S,在图 4-14 上确定 L 点,以 $-B/S$ 为斜率通过 L 点作操作线与分配曲线交于 E_1,此点坐标即表示离开第一级的萃取相 E_1 与萃余相 R_1 的组成 Y_1 与 X_1。

(3)过 E_1 作垂直线交 $Y = Y_S$ 线于 $V(X_1, Y_S)$,通过 V 点作 LE_1 的平行线(操作线)与分配曲线交于 E_2,此点坐标即表示离开第二级的 E_2 相与 R_2 相的组成 Y_2 及 X_2。

依此类推,直至萃余相组成等于或小于指定值 X_n 为止。重复作操作线的数目即为所需理论级数 n。

如果萃取剂中不含溶质 A, $Y_S = 0$,则 L、V 等点落在 X 轴上。

162

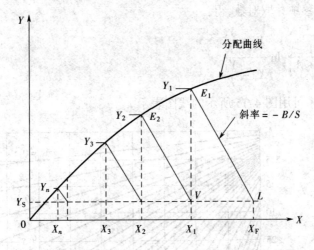

图 4-14　多级错流萃取在 X—Y 坐标上图解理论级数

(二)解析法求理论级数

若在操作条件下,分配曲线为通过原点的直线时,则平衡关系可用式 4-1b 表示,此时,宜用解析法求解理论级数。

根据理论级的假设,离开任一级的 Y_n 与 X_n 处于平衡状态,故 Y_n 与 X_n 必符合平衡方程的关系。

第一级的平衡关系为:

$$Y_1 = KX_1$$

将上式代入式 4-15,消去 Y_1 可得:

$$X_1 = \frac{X_F + \dfrac{S}{B}Y_S}{1 + \dfrac{KS}{B}} \tag{4-17}$$

令 $KS/B = A_m$,则上式变为:

$$X_1 = \frac{X_F + \dfrac{S}{B}Y_S}{1 + A_m} \tag{4-17a}$$

式中 A_m 为萃取因子,对应于吸收中的脱吸因子。

同理,对第二级作溶质 A 的衡算,得:

$$BX_1 + SY_S = BX_2 + SY_2$$

将式 4-15、式 4-17 及 $A_m = KS/B$ 的关系代入上式并整理,得:

$$X_2 = \frac{X_F + \dfrac{S}{B}Y_S}{(1 + A_m)^2} + \frac{\dfrac{S}{B}Y_S}{1 + A_m}$$

依次类推,对 n 级则有:

$$X_n = \frac{X_F + \dfrac{S}{B}Y_S}{(1 + A_m)^n} + \frac{\dfrac{S}{B}Y_S}{(1 + A_m)^{n-1}} + \frac{\dfrac{S}{B}Y_S}{(1 + A_m)^{n-2}} + \cdots + \frac{\dfrac{S}{B}Y_S}{(1 + A_m)}$$

或　　　$$X_n = \left(X_F - \frac{Y_S}{K} \right)\left(\frac{1}{1 + A_m} \right)^n + \frac{Y_S}{K} \tag{4-18}$$

163

整理式 4-18,移项并取对数,得:

$$n = \frac{1}{\ln(1 + A_m)} \ln \frac{X_F - \dfrac{Y_S}{K}}{X_n - \dfrac{Y_S}{K}}$$
(4-19)

式 4-19 的关系可用图 4-15 所示的线图表示。

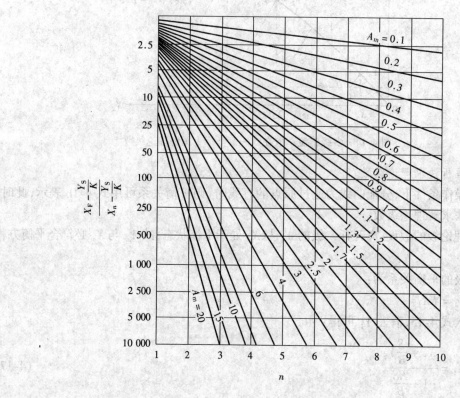

图 4-15　多级错流萃取 n 与 $\dfrac{X_F - Y_S/K}{X_n - Y_S/K}$ 关系图线(A_m 为参数)

[例 4-4]　丙酮(A)—水(B)—三氯乙烷(S)体系中,水和三氯乙烷可视为完全不互溶。操作条件下,丙酮分配系数可视作常数,且取 $K = 1.71$。原料液中丙酮的质量分数为 0.30,其余为水,处理量为 1 000 kg/h。萃取剂中丙酮的质量分数为 0.01,其余为三氯乙烷。要求最终萃余相中丙酮的质量分数不大于 0.011,每级中均加入 610 kg/h 萃取剂,试求所需理论级数及萃取剂总用量。

解:由于组分 B、S 可视作完全不互溶,可用式 4-19 求解所需理论级数(或查图 4-15)。有关参数计算如下:

$$X_F = \frac{0.30}{1 - 0.30} = 0.428\ 6$$

$$X_n = \frac{0.011}{1 - 0.011} = 0.011\ 12$$

$$Y_S = \frac{0.01}{1 - 0.01} = 0.010\ 1$$

$$B = F(1 - x_F) = 1\ 000(1 - 0.30) = 700\ \text{kg/h}$$

$$S_i = 610(1 - 0.01) = 603.9\ \text{kg/h}$$

164

$$A_m = \frac{KS}{B} = \frac{1.71 \times 603.9}{700} = 1.475$$

$$n = \frac{1}{\ln(1 + A_m)} \ln \frac{X_F - Y_S/K}{X_n - Y_S/K} = \frac{1}{\ln(1 + 1.475)} \ln \frac{0.428\,6 - \dfrac{0.010\,1}{1.71}}{0.011\,12 - \dfrac{0.010\,1}{1.71}} = 4.85$$

以 $A_m = 1.475$ 与 $\dfrac{X_F - Y_S/K}{X_n - Y_S/K} = \dfrac{0.428\,6 - 0.010\,1/1.71}{0.011\,12 - 0.010\,1/1.71} = 81.08$ 查图 4-15,得 $n = 4.8$。所需理论级数取为 5。

溶剂总用量为:

$$S = 5S_i = 5 \times 610 = 3\,050 \text{ kg/h}$$

4.3.3　多级逆流接触萃取的计算

多级逆流接触萃取操作流程示于图 4-16。一般为连续操作。因其分离效率高,萃取剂用量较少(与错流相比),在工业中得到广泛应用。萃取剂一般是循环使用的,其中含有少量的组分 A 和 B,故最终萃余相中可达到的溶质最低含量受萃取剂中溶质含量及平衡关系限制,最终萃取相中溶质的最高含量受原料液组成及平衡关系制约。

在多级逆流萃取计算中,原料液的流量 F 和组成 x_F,最终萃余相组成 x_n 均由工艺条件规定,萃取剂的用量 S 和组成 y_S 根据经济权衡而选定,要求计算萃取所需的理论级数。根据组分 B 与 S 互溶度的不同采用相应的计算方法。

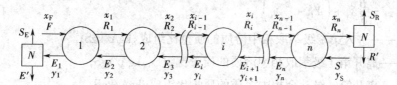

图 4-16　多级逆流接触萃取

一、组分 B、S 部分互溶物系

对于组分 B、S 部分互溶物系,多级逆流萃取理论级数 n 的计算,可在三角形坐标图上或 y—x 直角坐标图上进行图解,但现在多用解析法求解。其基本关系为物料衡算和表达萃取级内相平衡关系的方程。具体计算方法可参考有关资料。

二、组分 B 和 S 完全不互溶物系

当组分 B 与 S 完全不互溶时,多级逆流接触萃取操作过程与脱吸过程非常相似,计算方法也大同小异。根据平衡关系情况,理论级数的计算可采用图解法或解析法。

(一)图解法求理论级数

当 B、S 完全不互溶时,由于 B、S 在萃余相和萃取相中为常数,在以质量比表示相组成的 X—Y 图上图解理论级数比在三角形坐标上要方便得多。

在 X—Y 直角坐标图上图解法求算多级逆流接触萃取理论级数是适用于各种平衡关系情况的通用方法,而在操作条件下分配曲线不为直线时,则必须采用图解法。下面介绍具体求解步骤。

(1)由平衡数据在 X—Y 直角坐标图上绘出分配曲线,如图 4-17(b)所示。

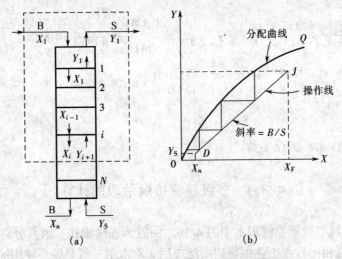

图 4-17　B、S 完全不互溶时的多级逆流萃取

(a)流程示意图　(b)在 X—Y 图上图解理论级数

(2)在同一图上作出多级逆流萃取操作线。

对图 4-17(a)中的 i 级与第一级之间作溶质的衡算,得:

$$BX_F + SY_{i+1} = BX_i + SY_1$$

或

$$Y_{i+1} = \frac{B}{S}X_i + \left(Y_1 - \frac{B}{S}X_F \right)$$

　　　　(4-20)

式中　Y_{i+1}——进入第 i 级萃取相中溶质的质量比组成,kgA/kgS;

　　　　Y_1——离开第 1 级萃取相中溶质的质量比组成,kgA/kgS;

　　　　X_i——离开第 i 级萃余相中溶质的质量比组成,kgA/kgB。

式 4-20 称为多级逆流萃取的操作线方程式,斜率为 B/S。由于组分 B 和 S 完全不互溶,通过各级的 B/S 为常数,因此该式为直线方程式,两端点为 $J(X_F, Y_1)$ 和 $D(X_n, Y_S)$。当 $Y_S = 0$ 时,则此操作线下端点为 $(X_n, 0)$,位于 X 轴上。将式 4-20 标绘在 X—Y 坐标上,即得操作线 DJ。

(3)从点 J 开始,在分配曲线与操作线之间画梯级,梯级数即为所求理论级数。图 4-17(b)中所示 $n = 3.4$。

(二)解析法求理论级数

当分配曲线为通过原点的直线时,由于操作线也为直线,萃取因子$(A_m = KS/B)$为常数,则可仿照脱吸过程的计算式,用下式求解多级逆流接触萃取所需的理论级数:

$$n = \frac{1}{\ln A_m}\ln\left[\left(1 - \frac{1}{A_m} \right)\frac{X_F - Y_S/K}{X_n - Y_S/K} + \frac{1}{A_m} \right]$$

　　　　(4-21)

三、溶剂比和萃取剂最小用量

萃取操作中,溶剂比$(S/F$ 或 $S/B)$是个重要参数,它表示萃取剂用量对设备费和操作费的影响,与吸收操作中液气比(L/V)的作用相当。完成同样的分离任务,若加大溶剂比,则所需的理论级数可以减少,但回收溶剂所消耗的能量增加;反之,溶剂比愈小,所需的理论级数愈多,而回收溶剂所消耗的能量愈少。所以,应根据经济权衡选定适宜的溶剂比。

萃取剂的最小用量是指,达到规定的分离程度所需的理论级数为无穷多时对应的萃取剂用量 S_{min}。实际操作中,萃取剂用量必须大于此极限值。

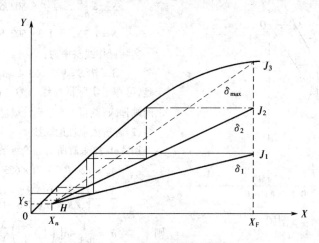

图 4-18 萃取剂的最小用量

对于组分 B 和 S 完全不互溶的物系,用 δ 代表操作线的斜率,即 $\delta = B/S$。随 S 值减小,δ 值加大,当操作线与分配曲线相交(或相切)时,如图 4-18 中的 HJ_3 线所示,δ 值达最大值 δ_{max},所需的理论级数为无穷多。萃取剂的最小用量用下式计算,即:

$$S_{min} = \frac{B}{\delta_{max}} \tag{4-22}$$

[例 4-5] 拟在多级逆流萃取装置中,用三氯乙烷从丙酮水溶液中萃取丙酮。原料液的流量为 1 500 kg/h,其中丙酮的质量分数为 0.35,要求最终萃余相中丙酮的质量分数不大于 0.05。萃取剂用量为最小用量的 1.3 倍。水和三氯乙烷可视作完全不互溶,操作条件下的平衡数据见本例附表。试求:

(1)在 $X-Y$ 坐标上图解所需的理论级数;

(2)若操作条件下该物系的分配系数 K 取作常数 1.71,再用解析法求所需的理论级数。

例 4-5 附表　分配曲线数据

X	0.063 4	0.111	0.163	0.236	0.266	0.370	0.538
Y	0.095 9	0.176	0.266	0.383	0.471	0.681	0.923

解:(1)图解法求理论级数

将附表中的平衡数据标绘在 $X-Y$ 坐标上即得分配曲线 OP,如本例附图所示。

由题给数据得:

$$X_F = \frac{0.35}{1-0.35} = 0.538 5 \quad X_n = \frac{0.05}{1-0.05} = 0.052 6$$

$$B = F(1-x_F) = 1\ 500(1-0.35) = 975 \text{ kg/h}$$

因 $Y_S = 0$,故在本例附图横标上确定 X_F 及 X_n 两点,过 X_F 作垂直线与分配曲线交于点 J,联 X_nJ 便得 δ_{max},即:

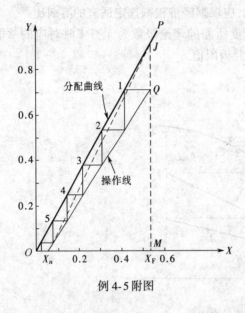

例 4-5 附图

$$\delta_{max} = \frac{0.923}{0.538\,5 - 0.052\,6} = 1.94$$

萃取剂的最小用量用式 4-22 计算:

$$S_{min} = \frac{B}{\delta_{max}} = \frac{975}{1.94} = 502.6 \text{ kg/h}$$

$$S = 1.3 S_{min} = 1.3 \times 502.6 = 653.4 \text{ kg/h}$$

实际操作线斜率为:

$$\delta = B/S = 975/653.4 = 1.492$$

于是,可作出实际操作线 X_nQ。在操作线与分配曲线之间画梯级,共得 5.5 个理论级。

(2)解析法求理论级数

用式 4-21 求解所需理论级数,式中有关参数为:

$$A_m = KS/B = 1.71 \times 653.4/975 = 1.146$$

$$\frac{X_F - Y_S/K}{X_n - Y_S/K} = \frac{0.538\,5 - 0}{0.052\,6 - 0} = 10.24$$

则

$$n = \frac{1}{\ln A_m}\ln\left[\left(1 - \frac{1}{A_m}\right)\frac{X_F - Y_S/K}{X_n - Y_S/K} + \frac{1}{A_m}\right]$$

$$= \frac{1}{\ln 1.146}\ln\left[\left(1 - \frac{1}{1.146}\right) \times 10.23 + \frac{1}{1.146}\right]$$

$$= 5.71$$

两法得到的结果非常接近。

4.3.4 微分逆流接触萃取的计算

微分逆流接触萃取过程常在塔式设备(如填料塔、脉冲筛板塔等)内进行。操作时轻、重两种流体分别由塔底和塔顶加入,并在密度差作用下呈逆流流动。塔式萃取设备中两液相的流路如图 4-19 所示。图中,原料液为重相,萃取剂为轻相。轻、重两种液体中,一种作为连续相充满塔内有效空间,另一种液体以液滴形式分散于连续相内,从而使两相充分接触而进行物质传递,两相中溶质组成沿塔高连续变化。塔底、塔顶各有一段澄清室,供两相分离。

塔式微分萃取设备计算的主要项目是确定塔径和塔高两个基本尺寸。塔径尺寸取决于两液相的流量及适宜的操作速度;塔高的计算有两种方法,即理论级当量高度法及传质单元法。

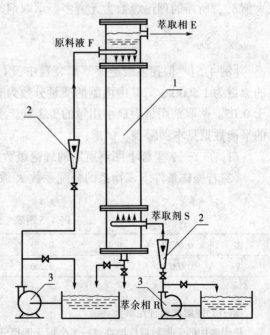

图 4-19 塔式萃取设备两相流路图
1—萃取塔 2—流量计 3—泵

一、理论级当量高度法

相当于一个理论级萃取效果的塔段高度称为理论级当量高度,用 HETS 表示。萃取段的有效高度按下式计算：

$$h = n(HETS) \tag{4-23}$$

式中　h——萃取段的有效高度，m；

　　　n——逆流接触萃取所需的理论级数；

　　　$HETS$——理论级当量高度，m。

理论级当量高度是体现传质效率的指标。传质速率愈快，塔的效率愈高，则相应的 $HETS$ 值愈小。与塔板效率一样，$HETS$ 值与设备类型、物系性质和操作条件有关，一般需通过实验测定。对某些物系，可用萃取专著中推荐的经验公式估算。

二、传质单元法

与吸收操作中填料层高度计算方法相似，萃取段的有效高度也可用传质单元数与传质单元高度的乘积来计算。若已知萃余相的总传质单元数 N_{OR} 和总传质单元高度 H_{OR}，则萃取段的有效高度可用下式计算：

$$h = H_{OR} N_{OR} \tag{4-24}$$

（一）萃余相的总传质单元高度

假设组分 B、S 完全不互溶，且溶质含量较低时，在整个萃取段内体积传质系数 $K_x a$ 与稀释剂流量 B 均可视作常数，则萃余相的总传质单元高度可用下式计算：

$$H_{OR} = \frac{B}{K_x a \Omega} \tag{4-25}$$

式中　H_{OR}——萃余相总传质单元高度，m；

　　　$K_x a$——以萃余相中溶质的质量比组成为推动力的总体积传质系数，$kg/(m^3 \cdot h \cdot \Delta x)$；

　　　Ω——塔的横截面积，m^2。

（二）萃余相的总传质单元数

萃余相的总传质单元数可根据平衡关系采用不同方法计算。图解积分法是普遍适用的通用方法。对 B、S 完全不互溶体系，当分配曲线为直线时，又可用解析法（对数平均推动力法和萃取因子法）求解。萃取因子法的计算式为：

$$N_{OR} = \frac{1}{1 - \frac{1}{A_m}} \ln\left[\left(1 - \frac{1}{A_m}\right)\frac{X_F - Y_S/K}{X_n - Y_S/K} + \frac{1}{A_m}\right] \tag{4-26}$$

同理，对萃取相也可仿照上面方法写出相应的萃取相总传质单元高度和总传质单元数的计算式。

[例4-6]　在有效高度为 1.2 m 的填料萃取塔中，用纯溶剂 S 萃取水溶液中的溶质 A。水与溶剂可视为完全不互溶。原料液中溶质的质量分数为 0.18，要求溶质的回收率为 95%。操作溶剂比（S/B）为 2，操作条件下的平衡关系为：

$$Y = 1.6X$$

试求萃余相的总传质单元数和总传质单元高度。

解：由于组分 B、S 可视作完全不互溶，且分配曲线为通过原点的直线，故萃余相的总传质单元数可用平均推动力法和萃取因子法求算，而总传质单元高度则为填料层高度除以总传质单元数。

（1）萃余相的总传质单元数

①对数平均推动力法：由题给数据

$$X_F = \frac{0.18}{1-0.18} = 0.219\ 5$$

$$X_n = X_F(1-\varphi_A) = 0.219\ 5(1-0.95) = 0.011$$

$$Y_S = 0$$

$$Y_1 = \frac{B(X_F - X_n)}{S} = \frac{0.219\ 5 - 0.011}{2} = 0.104\ 3$$

$$X_1^* = Y_1/K = 0.104\ 3/1.6 = 0.065\ 19$$

$$X_2^* = Y_S/K = 0$$

$$\Delta X_1 = X_F - X_1^* = 0.219\ 5 - 0.065\ 19 = 0.154\ 3$$

$$\Delta X_2 = X_n - X_2^* = 0.011$$

$$\Delta X_m = \frac{\Delta X_1 - \Delta X_2}{\ln\dfrac{\Delta X_1}{\Delta X_2}} = \frac{0.154\ 3 - 0.011}{\ln\dfrac{0.154\ 3}{0.011}} = 0.054\ 26$$

$$N_{OR} = \frac{X_F - X_n}{\Delta X_m} = \frac{0.219\ 5 - 0.011}{0.054\ 26} = 3.843$$

②萃取因子法:

$$A_m = \frac{KS}{B} = 1.6 \times 2 = 3.2$$

$$N_{OR} = \frac{1}{1 - \dfrac{1}{A_m}} \ln\left[\left(1 - \frac{1}{A_m}\right) \frac{X_F - Y_S/K}{X_n - Y_S/K} + \frac{1}{A_m} \right]$$

$$= \frac{1}{1 - 1/3.2} \ln\left[\left(1 - \frac{1}{3.2}\right) \frac{0.219\ 5 - 0}{0.011 - 0} + \frac{1}{3.2} \right] = 3.842$$

两法所得结果一致,现取 $N_{OR} = 3.843$。

(2)萃余相的总传质单元高度

$$H_{OR} = \frac{h}{N_{OR}} = \frac{1.2}{3.843} = 0.312\ 3 \text{ m}$$

[例4-7] 在逆流萃取塔中,用纯溶剂 S 提取两组分 A、B 混合液中的溶质 A。组分 B、S 可视作完全不互溶。已知:原料液流量 1 000 kg/h,其中溶质的质量分数为 0.35,要求最终萃余相中溶质的质量分数不大于 0.04,并且测得与原料液成平衡的萃取相中溶质的质量比组成 $Y_F^* = 0.336\ 5$,分配曲线与操作线为互相平行的直线。试求:

(1)操作溶剂比为最小溶剂比的倍数;

(2)若萃取在板式塔中进行,所需理论级数;

(3)若为填料萃取塔,所需萃余相总传质单元数。

解:(1)S/B 为 $(S/B)_{min}$ 的倍数

由题给数据可知:

$$X_F = \frac{0.35}{1-0.35} = 0.538\ 5$$

$$X_n = \frac{0.04}{1-0.04} = 0.041\ 7$$

$$K = Y_F^*/X_F = 0.336\ 5/0.538\ 5 = 0.624\ 9$$

$$B = F(1 - x_F) = 1\ 000(1-0.35) = 650 \text{ kg/h}$$

由于操作线与分配曲线为互相平行的直线,故:

$$B/S = K = 0.624\ 9$$

则　　　$$S/B = 1/0.624\ 9 = 1.60$$

$$(S/B)_{\min} = \frac{X_F - X_n}{Y_F^*} = \frac{0.538\,5 - 0.041\,7}{0.336\,5} = 1.476$$

所以
$$\frac{S}{B} \bigg/ \left(\frac{S}{B}\right)_{\min} = 1.6/1.476 = 1.084$$

(2)所需理论级数

因为操作线与分配曲线为互相平行的直线,则:

$$Y_1 = \frac{B(X_F - X_n)}{S} = \frac{0.538\,5 - 0.041\,7}{1.6} = 0.310\,5$$

$$n = \frac{Y_1 - Y_S}{Y_n^*} = \frac{0.310\,5 - 0}{0.624\,9 \times 0.041\,7} = 11.92$$

(3)萃余相总传质单元数

由题给条件知,全塔以萃余相质量比组成表示的传质总推动力为:

$$\Delta X_m = X_n = 0.041\,7$$

则
$$N_{OR} = \frac{X_F - X_n}{\Delta X_m} = \frac{0.538\,5 - 0.041\,7}{0.041\,7} = 11.91$$

由本例看出,当分配曲线与操作线为互成平行的直线时,所需理论级数与总传质单元数相等。

[例 4-8] 现有 100 kg 稀释剂 B 和 20 kg 溶质 A 组成的溶液,用纯溶剂 S 进行萃取分离。假设组分 B、S 完全不互溶,且以质量比表示相组成的分配系数 $K = 2.6$,试比较如下操作方案的最终萃余相组成 X_n。

(1)用 100 kg 溶剂进行单级萃取;

(2)将 100 kg 溶剂分两等份进行两级错流萃取;

(3)用 100 kg 溶剂进行两级逆流萃取;

(4)在 $N_{OR} = 2$ 的填料塔中用 100 kg 溶剂进行逆流萃取。

解:由于组分 B、S 完全不互溶,且分配系数 K 为常数,故可用解析法计算。

(1)单级萃取

由题给条件知:

$$B = 100 \text{ kg} \quad S = 100 \text{ kg} \quad X_F = 0.2 \text{ kgA/kgB} \quad Y_S = 0$$

则
$$B(X_F - X_1) = SY_1$$

$$Y_1 = 2.6X_1$$

联解两式得到

$$X_1 = 0.055\,6 \text{ kgA/kgB}$$

(2)两级错流萃取

将 $n = 2$ 代入式 4-19,便可求得 X_2。式中的 A_m 为

$$A_m = KS_i/B = 2.6 \times 50/100 = 1.3$$

$$2 = \frac{1}{\ln(1 + A_m)} \ln \frac{X_F}{X_2} = \frac{1}{\ln(1 + 1.3)} \ln \frac{0.2}{X_2}$$

解得 $X_2 = 0.037\,8$

(3)两级逆流萃取

将有关数据代入式 4-21 便可求得 X_2。

式中 $A_m = KS/B = 2.6 \times 100/100 = 2.6$

$$2 = \frac{1}{\ln A_m} \ln \left[\left(1 - \frac{1}{A_m}\right) \frac{X_F}{X_2} + \frac{1}{A_m}\right] = \frac{1}{\ln 2.6} \ln \left[\left(1 - \frac{1}{2.6}\right) \frac{0.2}{X_2} + \frac{1}{2.6}\right]$$

解得 $X_2 = 0.019\,3$

(4)微分接触萃取

将有关数据代入式4-26来求解 X_n。

$$2 = \frac{1}{1 - \frac{1}{A_m}} \ln\left[\left(1 - \frac{1}{A_m}\right)\frac{X_F}{X_n} + \frac{1}{A_m}\right] = \frac{1}{1 - \frac{1}{2.6}} \ln\left[\left(1 - \frac{1}{2.6}\right)\frac{0.2}{X_n} + \frac{1}{2.6}\right]$$

解得　　　$X_n = 0.040\ 5$

由上面计算结果看出,在相同萃取剂用量条件下,两级逆流萃取分离效果最好,单级萃取效果最差。故多级逆流萃取在工业上应用广泛。

第4节　液—液萃取设备

和气—液传质设备相类似,液—液萃取设备应具备两项基本功能:要求在萃取设备内能使两相密切接触和适度的湍动,以实现两相之间的质量传递;而后,又能使两相较快地分离,以提高萃取分离效果。由于萃取中两液相间的密度差较小,实现两相的密切接触和完善分离要比气—液系统困难得多。为了适应这种特点,出现多种结构类型的萃取设备。

根据两相接触方式,萃取设备可分为逐级接触式和微分接触式两大类;根据有无外功加入,又可分为有外加能量和无外加能量两类。工业上常用萃取设备的分类情况列于表4-2中。

表4-2　萃取设备分类

流体分散的动力		逐级接触式	微分接触式
重力差		筛板塔	喷洒塔、填料塔
外加能量	脉冲	脉冲混合—澄清器	脉冲填料塔 液体脉冲筛板塔
	旋转搅拌	混合—澄清器 夏贝尔(Scheibel)塔	转盘塔(RDC) 偏心转盘塔(ARDC) 库尼(Kühni)塔
	往复搅拌		往复筛板塔
	离心力	卢威离心萃取机	POD 离心萃取机

4.4.1　萃取设备的主要类型

在研究萃取设备主要类型时,要注意如下几个问题。

(1)各种萃取设备是如何实现两液相"混合"和"分离"两个功能的。为了使不互溶液体的一相分散成液滴而均匀地分散于另一相中,以加大相际接触面积,提高传质速率,在萃取设备中可安装搅拌装置,也可采用脉冲或喷射器,某些场合还可采用泵混式混合器。为了使平衡的两液相有效地分离,对于易澄清的混合液,可以依靠两相间的密度差进行重力沉降,对于难分层的混合液,可采用离心式澄清器(如旋液分离器、离心分离机等)来加速两相的分离。

(2)设备主体及附件的材质应不被分散相润湿,以保证传质区液滴不至于凝聚。

(3)对于一定的物系,为使两相接触面积尽可能大,应选择体积流量大的一相作分散相,

172

并尽量减小分散相液滴尺寸。单位体积混合液体具有的相际接触面积可近似由下式计算：

$$a = \frac{6v_D}{d_m} \tag{4-27}$$

式中　a——单位体积内具有的相际接触面积，m^2/m^3；

　　　v_D——分散相的体积分数；

　　　d_m——液滴的平均直径，m。

下面简要介绍一些典型的萃取设备及其操作特性。

一、混合—澄清槽

混合—澄清槽是最早使用而且目前仍然广泛用于工业生产的一种典型逐级接触式萃取设备。它可单级操作，也可多级组合操作。

典型的单级混合—澄清槽如图4-1和图4-20所示。操作时，被处理的混合液和萃取剂首先在混合槽内借助搅拌器的作用充分混合，再进入澄清器中进行沉降分层。图4-21(a)(b)分别为机械搅拌和喷射混合槽示意图。

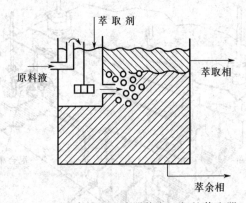

图4-20　混合槽和澄清器装在一起的萃取器

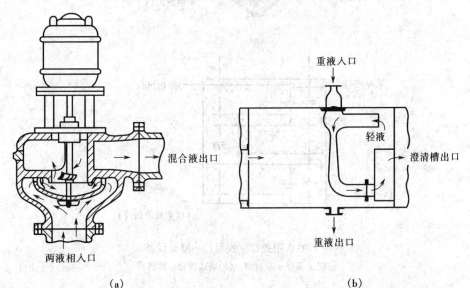

图4-21　混合槽示意图

(a)机械搅拌混合槽　(b)喷射混合槽

173

多级混合—澄清槽是由多个单级萃取单元组合而成。图 4-22 所示是水平排列的三级逆流萃取装置示意图。

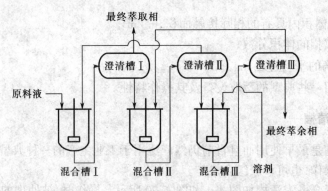

图 4-22　三级逆流混合—澄清萃取设备

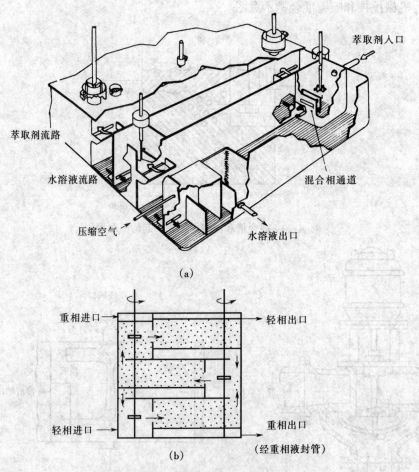

(a)

图 4-23　箱式和立式混合—澄清设备
(a)箱式混合—澄清槽　(b)塔式混合—澄清槽

混合—澄清槽的优点是传质效率高(一般级效率为 80% 以上),操作方便,运转稳定可靠,结构简单,可处理含有悬浮固体的物料,因此应用较广泛。其缺点是水平排列的设备占地面积大,每级内都设有搅拌装置,液体在级间流动需泵输送,能量消耗较多,设备费及操作费都较高。为了克服水平排列多级混合—澄清槽的缺点,可采用图4-23所示的箱式和立式(塔式)混合—澄清萃取设备。

二、塔式萃取设备

习惯上,将高径比很大的萃取装置统称为塔式萃取设备。由于使两相混合和分离所采用的措施不同,出现不同结构类型的萃取塔。

在塔式萃取设备中,喷洒塔是结构最简单的一种,塔体内除各流股物料进出的连接管和分散装置外,别无其他内部构件。由于轴向返混严重,故传质效率极低。喷洒塔主要用于只需一、二个理论级的场合,如用作水洗、中和与处理含有固体的悬浮物系。

下面重点介绍工业上常用的几种萃取塔。

(一)填料萃取塔

用于萃取的填料塔与用于气、液传质过程的填料塔结构基本相同,即在塔体内支承板上充填一定高度的填料层,如图4-24所示。萃取操作时,连续相充满整个塔,分散相以液滴状通过连续相。为防止液滴在填料入口处聚结和出现液泛,轻相入口管应在支承器之上25 mm ~ 50 mm 处。选择填料材质时,除考虑料液的腐蚀性外,还应选择只能被连续相润湿而不被分散相润湿的填料,以利于液滴的生成和稳定。一般陶瓷易被水相润湿,塑料和石墨易被有机相润湿,金属材料则需通过实验确定。填料的支承器可为栅板或多孔板。支承器的自由截面积应尽可能大,以减小压强降和防止沟流。当填料层高度较大时,每隔3 m ~ 5 m 高度应设置再分布器,以减小轴向返混,如图4-24所示。填料尺寸应小于塔径的 1/8 ~ 1/10,以降低壁效应的影响。

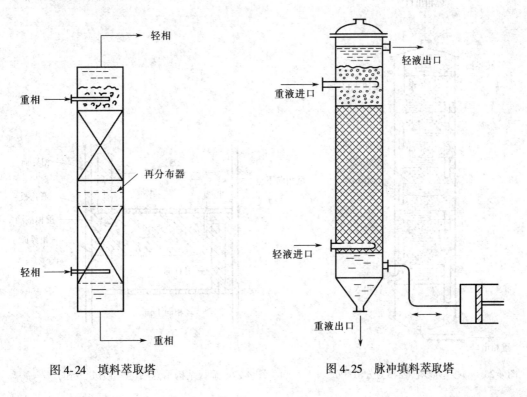

图 4-24　填料萃取塔　　　　　　　　图 4-25　脉冲填料萃取塔

填料层的存在,增加了相际的接触面积,减少了轴向返混,因而强化了传质,比喷洒塔的萃取效率有较大提高。填料塔结构简单,操作方便,特别适用于处理腐蚀性料液。当工艺要求小于三个萃取理论级时,可选用填料塔。

在普通填料萃取塔内,两相依靠密度差而逆向流动,相对速度较小,界面湍动程度低,限制了传质速率进一步提高。为了防止分散相液滴过多聚结,可向填料提供外加脉动,造成液滴脉动,这种填料塔称为脉冲填料萃取塔。脉动的产生,通常采用往复泵,有时也采用压缩空气来实现。图4-25所示为借助活塞往复运动使塔内液体产生脉动运动。但需注意,向填料塔加入脉冲会使乱堆填料趋向定向排列,导致沟流,因而使脉冲填料塔的应用受到限制。

(二)筛板萃取塔

筛板萃取塔的结构如图4-26所示,塔体内装有若干层筛板,筛孔直径比气、液传质的孔径要小。工业中所用的孔径一般为3 mm~9 mm,孔距为孔径的3~4倍,板间距为150 mm~600 mm。如果选择轻相为分散相(见图4-26),则其通过塔板上的筛孔而被分散成细滴,与塔板上的连续相密切接触后便分层凝聚于上层筛板的下面,然后借助压强差的推动,再经筛孔而分散。重液相经降液管流至下层塔板,水平横向流到筛板另一端降液管。两相依次反复进行接触与分层,便构成逐级接触萃取。如果选择重相为分散相,则应使轻相通过升液管进入上层塔板,如图4-27所示。

筛板萃取塔内由于塔板的限制,减小了轴向返混,同时由于分散相的多次分散与聚结,液滴表面不断更新,使筛板萃取塔的效率比填料萃取塔有所提高;再加上筛板塔结构简单,价格低廉,可处理腐蚀性料液,因而在许多萃取过程中得到广泛应用,如在芳烃提取中取得良好效果。

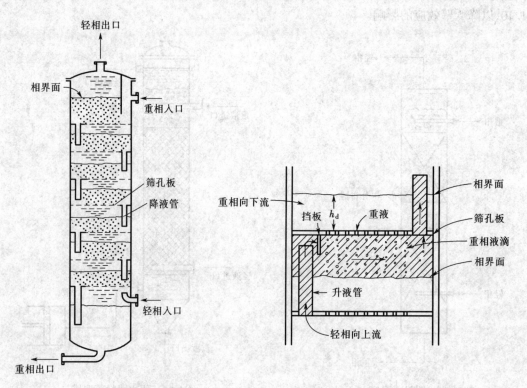

图4-26 筛板萃取塔(轻相为分散相)　　　　图4-27 筛板结构示意图(重相为分散相)

（三）脉冲筛板萃取塔

　脉冲筛板萃取塔又称液体脉动筛板塔,是指由于外力作用使液体在塔内产生脉冲运动的筛板塔,其结构与气—液系统中无溢流管的筛板塔类似,如图 4-28 所示。操作时,轻、重液相皆穿过筛板而逆向流动,分散相在筛板之间不凝聚分层。使液体产生脉冲运动的方法有许多种,活塞型、膜片型、风箱型等脉冲发生器是常用的机械脉冲发生器。近年来,空气脉冲技术发展很快。在脉冲筛板萃取塔内,脉冲振幅的范围为 9 mm ~ 50 mm,频率为 50 r/min ~ 200 r/min。根据研究结果和实践证明,频率较高和振幅较小时萃取效果较好。如脉动过分激烈,会导致严重的轴向返混,传质效率反而降低。

　脉冲萃取塔内,液体的脉动增加了相际接触面积和液体的湍动程度,因而传质效率可较大幅度提高,使塔能提供较多的理论级数,但其生产能力一般有所下降。

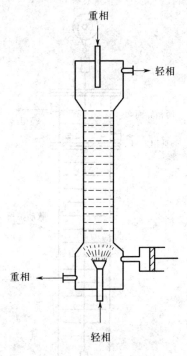

图 4-28　脉冲筛板塔

（四）往复筛板萃取塔

　往复筛板萃取塔的结构如图 4-29 所示,将若干层筛板按一定间距固定在中心轴上,由塔顶的传动机构驱动而作往复运动。无溢流筛板的周边和塔内壁之间保持一定的间隙。往复振幅一般为 3 mm ~ 50 mm,频率可达 1 000 r/min。往复筛板的孔径比脉动筛板的要大,一般为 7 mm ~ 16 mm。当筛板向下运动时,筛板下侧的液体经筛孔向上喷射;反之,筛板上侧的液体向下喷射。为防止液体沿筛板与塔壁间缝隙走短路,应每隔若干层筛板,在塔内壁设置一块环形挡板。

　往复筛板萃取塔的效率与往复频率密切相关。当振幅一定时,在不发生液泛的前提下,效率随频率加大而提高。

　往复筛板塔可较大幅度地增加相际接触面积和提高液体的湍动程度,传质效率高,流动阻力小,操作方便,生产能力大,在石油化工、食品、制药和湿法冶金工业中应用日益广泛。

（五）转盘萃取塔和偏心转盘萃取塔

　转盘萃取塔的基本结构如图 4-30 所示,在塔体内壁面上按一定间距装置若干个环形挡板(称为固定环),固定环使塔内形成许多分割开的空间。中心轴上按同样间距安装若干个转盘,每个转盘处于分割空间的中间。转盘的直径小于固定环的内径,以便于装卸。固定环和转盘均由薄平板制成。转盘随中心轴作高速旋转时,对液体产生强烈的搅拌作用,增加了相际接触表面积和液体的湍动。固定环在一定程度上抑制了轴向返混,因而转盘萃取塔具有较高的萃取效率。

　转盘萃取塔结构简单、生产能力大、传质效率高、操作弹性大,因而在化工和石油工业中应用比较广泛。

　近年不对称转盘塔(又称偏心转盘塔)得到了广泛的应用,其基本结构如图 4-31 所示。带有搅拌叶片(又称转盘)的转轴安装在塔体的偏心位置,塔内不对称地设置垂直挡板,将其分成混合区 3 和澄清区 4。混合区由横向水平挡板分割成许多小室,每个小室内的转盘起

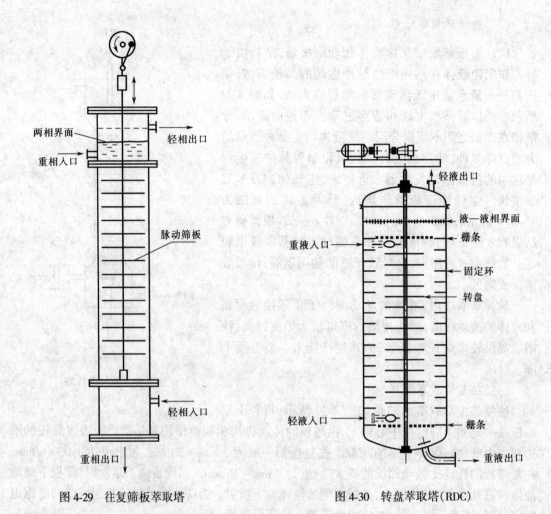

图 4-29　往复筛板萃取塔　　　　　图 4-30　转盘萃取塔（RDC）

混合搅拌器的作用。澄清区又由环形水平挡板分割成许多小室。

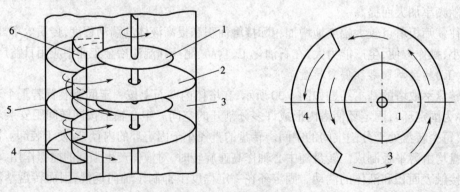

图 4-31　偏心转盘塔内部结构

1—转盘　2—横向水平挡板　3—混合区　4—澄清区　5—环形分割板　6—垂直挡板

　　偏心转盘萃取塔既保持原有转盘萃取塔良好的分散作用,同时,分开的澄清区可以使分散相液滴反复进行凝聚及再分散,减小了轴向混合,提高了萃取效率。此外,这种类型萃取塔的尺寸范围很广(塔径 72 mm～4 000 mm,塔高可达 30 m),对物系的性质(密度差、黏度、界面张力等)适应性很强,并适用于含有悬浮固体或乳化的物料。

三、离心萃取器

离心萃取器是利用离心力使两相快速充分混合并快速分相的萃取装置,广泛应用于制药(如抗菌素的提取)、香料、染料、废水处理、核燃料处理等领域。

按两相接触方式,离心萃取器可分为微分接触式和逐级接触式。

(一)级式离心萃取器

目前已研制多种结构类型的逐级接触式离心萃取器,如单级转筒式、芦威式等。

芦威式离心萃取器简称 LUWE 离心萃取器,它是立式逐级接触离心萃取器的一种。图 4-32 所示为三级离心萃取器,其主体固定在壳体上并且有随之作高速旋转的环形盘。壳体中央有固定不动的垂直空心轴,轴上也装有圆形盘,盘上开有若干个液体喷出孔。

被处理的原料液和萃取剂均由空心轴的顶部加入。重液相沿空心轴的通道下流至器的底部而进入第三级的外壳内,轻液相由空心轴的通道流入第一级。在空心轴内,轻液与来自下一级的重液相混合,再经空心轴上的喷嘴沿转盘与上方固定盘之间的通道而进入轴的中心(如图中实线所示),并由顶部排出,其流向为由第 3 级至第 2 级再到第 1 级,然后进入空心轴的排出通道。轻液则沿图中虚线所示的方向由第 1 级经第 2 级再到第 3 级,然后进入空心轴的排出通道。两相均由萃取器顶部排出。此种萃取器也可由更多的级组成。

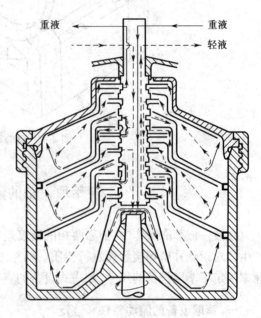

图 4-32　芦威式离心萃取器

这种类型的萃取器主要应用于制药工业中,其处理能力为 7.6 m^3/h(三级) ~ 49 m^3/h(单级),在一定操作条件下,级效率可接近 100%。

(二)微分接触离心萃取器

波德式离心萃取器也称离心薄膜萃取器,简称 POD 离心萃取器,是卧式微分接触离心萃取器的一种,其基本结构如图 4-33 所示,在外壳内有一个由多孔长带卷绕而成的螺旋形转子,其转速很高,一般为 2 000 r/min ~ 5 000 r/min。操作时轻液被引至螺旋的外圈,重相由螺旋中心引入。由于转子转动时所产生的离心力作用,重液相由螺旋的中部向外流,轻液相由外圈向中部流动,两相在逆向流动过程中于螺旋形通道内密切接触。重液相从螺旋的最外层经出口通道而流到器外,轻液相则由中部经出口通道流到器外。它适宜于处理两相密度差很小或易乳化的物系。

离心式萃取器的优点是结构紧凑,生产强度高,物料停留时间短,分离效果好,特别适用于轻、重两相密度差很小、难于分离、易产生乳化及要求物料停留时间短、处理量小的场合。但离心萃取器的结构复杂、制造困难、操作费高,使其应用受到一定限制。

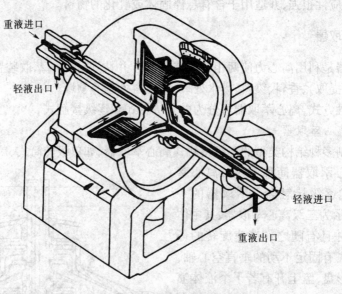

重液进口

轻液出口

轻液进口

重液出口

图 4-33 POD 离心式萃取剂

4.4.2 萃取设备的流体流动和传质特性

在液—液萃取操作中,依靠两相的密度差,在重力或离心力场作用下,分散相和连续相产生相对运动并密切接触而进行传质。两相之间传质与流动状况有关,而流动状况和传质速率决定了萃取设备的尺寸,如塔式设备的直径和高度。

一、萃取设备的流动特性和液泛

在逆流操作的塔式萃取设备内,分散相和连续相的流量不能任意加大。流量过大,一方面会引起两相接触时间减小,降低萃取效率;另一方面,两相速度的加大引起流动阻力增加,当速度增大至某一极限值时,会因阻力的增大而产生两个液相互相夹带的现象——液泛。

关于液泛速度,许多研究者针对不同类型的萃取设备提出了经验或半经验的公式,还有的绘制成关联线图。图 4-34 所示为填料萃取塔的液泛速度 U_{cf} 关联图。

由所选用的填料查出该填料的空隙率 ε 及比表面积 a,再由物系的有关物性常数算出

图 4-34 横坐标 $\dfrac{\mu_c}{\Delta\rho}\left(\dfrac{\sigma}{\rho_c}\right)^{0.2}\left(\dfrac{a}{\varepsilon}\right)^{1.5}$ 的数值,按此值从图上确定纵坐标 $\dfrac{U_{cf}\left[1+\left(\dfrac{U_d}{U_c}\right)^{0.5}\right]^2\rho_c}{a\mu_c}$ 的数值,从而可求出填料塔的液泛速度 U_{cf}。

实际设计时,空塔速度可取液泛速度的 $50\% \sim 80\%$。根据适宜空塔速度可计算塔径,即:

$$D=\sqrt{\frac{4V_c}{\pi U_c}}=\sqrt{\frac{4V_d}{\pi U_d}} \tag{4-28}$$

式中　D——塔径,m;

　　V_c、V_d——分别为连续相和分散相的体积流量,m^3/s;

180

U_c、U_d——分别为连续相和分散相的空塔速度，m^3/s。

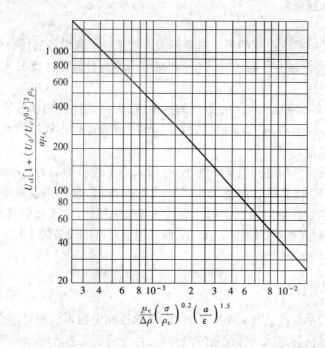

图 4-34　填料萃取塔的液泛关联图

U_{cf}—连续相泛点表观速度，m/s；U_d、U_c—分别为分散相和连续相的表观速度，m/s；

ρ_c—连续相的密度，kg/m^3；$\Delta\rho$—两相密度差，kg/m^3；σ—界面张力，N/m；

a—填料比表面积，m^2/m^3；μ_c—连续相黏度，$Pa\cdot s$；ε—填料层的空隙率

二、萃取塔的传质特性

为了获得较高的萃取效率，必须提高萃取设备的传质速率。传质速度与两相之间的接触面积、传质系数与传质推动力等因素有关。

1. 两相接触面积

萃取设备内，相际接触面积的大小主要取决于分散相的体积分数和液滴尺寸。单位体积混合液体具有的相际接触面积可由式 4-27 估算。

分散相的体积分数愈大，液滴尺寸愈小，则能提供的相际接触面积愈大，对传质愈有利。但分散相液滴也不宜过小，液滴过小难于再凝聚，使两相分层困难，也易于产生被连续相夹带现象。另外，太小的液滴还会产生乳化现象，这是萃取过程所不希望出现的。

在萃取操作中，不仅希望分散相液滴均匀分布于连续相中，还期望分散相液滴能聚结成大液滴。在各种萃取装置中采取不同的措施促进液滴不断进行凝聚和再分散，从而使液滴表面不断更新，以加速传质过程。

2. 传质系数

与气、液传质过程相类似，萃取过程同样包括了相内传质和通过两相界面的传质。在没有外加能量的萃取设备中，两相的相对速度决定于两相密度差。由于液、液两相的密度差很小，因此两相的传质分系数都很小。通常，液滴内传质分系数比连续相的更小。在有外加能量的萃取装置中，外加能量主要改变液滴外连续相的流动条件，而不能造成液滴内的湍动。

另外,在液—液萃取设备内采取促使液滴凝聚和再分散、加速界面更新的一切措施,都会使滴内传质系数明显提高。

3.传质推动力

传质推动力是影响萃取速度的另一重要因素。如果在萃取设备的同一截面上各流体质点速度相等,流体像一个液柱平行流动,这种理想流动称为柱塞流。此时无返混现象,传质推动力最大。

但是,萃取塔内实际流动状况不是理想的柱塞流,无论是连续相和分散相,总有一部分流体的流动滞后于主体流动,或者向相反的方向运动,或者产生不规则的旋涡流动,这些现象称为返混或轴向混合。

塔内液体的返混使两相之间组成差变小,也即减小了传质推动力。萃取塔内的返混不仅降低传质速率,也降低了萃取设备的生产能力。据报道,有些工业萃取塔约有 60% ~ 90%的有效高度用于弥补轴向返混作用。与气—液系统相比,由于液—液萃取过程中两相密度差小、黏度大,两相的空塔速度都比较小,所以返混对萃取设备的不利影响更为严重。

4.4.3 萃取设备的选择

各种不同类型的萃取设备具有不同的特性,萃取过程中物系性质对操作的影响错综复杂,对于具体的萃取过程,选择适宜设备的原则是:首先满足工艺条件和要求,然后进行经济核算,使设备费和操作费趋于最低。萃取设备的选择,应考虑如下一些因素。

1.所需的理论级数

当所需的理论级数不大于 2 ~ 3 级时,各种萃取设备均可满足要求;当所需的理论级数较多(如大于 4 级 ~ 5 级)时,可选用筛板塔;当所需的理论级数再多(如 10 级 ~ 20 级)时,可选用有外加能量的设备,如脉冲塔、转盘塔、往复筛板塔、混合—澄清槽等。

2.生产能力

当处理量较小时,可选用填料塔、脉冲填料塔。对于较大的生产能力,可选用筛板塔、转盘塔及混合—澄清槽。离心萃取器的处理能力也相当大。

3.物系的物理性质

对界面张力较小、密度差较大的物系,可选用无外加能量的设备。相反,对于界面张力较大、密度差较小的物系,宜选用有外加能量的设备。对密度差甚小、界面张力大、易乳化的难分层物系,应选用离心萃取器。

对有较强腐蚀性的物系,宜选用结构简单的填料塔和脉冲填料塔。对于放射性元素的提取,脉冲塔和混合—澄清槽用得较多。

若物系中有固体悬浮物或在操作中产生沉淀物时,需周期停工清洗,一般可选用转盘萃取塔或混合—澄清槽。另外,往复筛板塔和液体脉动筛板塔具有一定的自清洗能力,在某些场合也可考虑选用。

4.物系的稳定性和在设备内的停留时间

对生产中需要考虑物料的稳定性、要求在萃取设备内停留时间短的物系,如抗菌素的生产,选用离心萃取器为宜;反之,若萃取物系中伴有缓慢的化学反应,要求有足够的反应时间,选用混合—澄清槽较为适宜。

5.其他

在选用萃取设备时,还需要考虑其他一些因素,诸如:能源供应情况,在缺电地区应尽可能选用依重力流动的设备;当厂房地面受到限制时,宜选用塔式设备;当厂房高度受到限制时,则应选用混合—澄清槽。

选择萃取设备时应考虑的各种因素列于表4-3。

表4-3　萃取设备的选择

考虑因素	设备类型	喷洒塔	填料塔	筛板塔	转盘塔	往复筛板脉动筛板	离心萃取器	混合—澄清槽
工艺条件	理论级多	×	△	△	○	○	△	△
	处理量大	×	×	△	○	×	△	○
	两相流比大	×	×	×	△	△	○	○
物系性质	密度差小	×	×	×	△	△	○	○
	黏度高	×	×	×	△	△	○	△
	界面张力大	×	△	△	△	△	○	△
	腐蚀性强	○	○	△	△	△	×	△
	有固体悬浮物	○	×	×	△	△	×	△
设备费用	制造成本	○	△	△	△	△	×	△
	操作费用	○	○	○	△	△	×	×
	维修费用	○	○	○	△	△	×	△
安装场地	面积有限	○	○	○	○	○	○	△
	高度有限	×	×	×	△	△	○	○

注:○—适用;△—可以;×—不适用。

习　题

1.某溶液中含溶质40%(质量分数,下同),其余为稀释剂 B。试在三角形坐标图上标出该溶液组成的坐标点位置 F。若向该溶液中加入等量的纯溶剂 S,再在图上确定和点 M 的位置,并读出混合液的组成 x_A、x_B 及 x_S。

答: $x_A = 0.2$, $x_B = 0.3$, $x_S = 0.5$

2.25 ℃时,醋酸(A)—庚醇-3(B)—水(S)的平衡数据如本题附表所示。试求:

(1)在直角三角形相图上作出溶解度曲线及辅助曲线,在直角坐标图上作出分配曲线;

(2)由 50 kg 醋酸、50 kg 庚醇-3 和 100 kg 水组成的混合液的坐标点位置,经过充分混合而静置分层后,确定平衡的两液相的组成和量;

(3)上述两液层中溶质 A 的分配系数及溶剂的选择性系数。

答:(1)略;(2) $E = 130$ kg, $y_A = 0.27$, $y_B = 0.01$, $R = 70$ kg, $x_A = 0.2$, $x_B = 0.74$;(3) $k_A = 1.35$, $\beta = 100$

习题 2 附表 1　溶解度曲线数据(质量分数)

醋酸(A)	庚醇-3(B)	水(S)	醋酸(A)	庚醇-3(B)	水(S)
0	96.4	3.6	48.5	12.8	38.7
3.5	93.0	3.5	47.5	7.5	45.0
8.6	87.2	4.2	42.7	3.7	53.6
19.3	74.3	6.4	36.7	1.9	61.4

醋酸(A)	庚醇-3(B)	水(S)	醋酸(A)	庚醇-3(B)	水(S)
24.4	67.5	7.9	29.3	1.1	69.6
30.7	58.6	10.7	24.5	0.9	74.6
41.4	39.3	19.3	19.6	0.7	79.7
45.8	26.7	27.5	14.9	0.6	84.5
46.5	24.1	29.4	7.1	0.5	92.4
47.5	20.4	32.1	0.0	0.4	99.6

习题 2 附表 2　联结线数据(醋酸的质量分数)

水层	庚醇-3 层	水层	庚醇-3 层
6.4	5.3	38.2	26.8
13.7	10.6	42.1	30.5
19.8	14.8	44.1	32.6
26.7	19.2	48.1	37.9
33.6	23.7	47.6	44.9

3. 在单级萃取装置中,用纯水萃取含醋酸 30%(质量,下同)的醋酸、庚醇-3 混合液 1 000 kg,要求萃余相中醋酸的组成不大于 10%,操作条件下的平衡数据见习题 2。试求:

(1)水的用量为多少千克?

(2)萃余相的量 R 及醋酸的萃余率(即萃余相中的醋酸占原料液中醋酸的分数)。

答:(1)$S = 1\ 283\ kg$;(2)$\varphi_R = 26.9\%$

4. 25 ℃下,用甲基异丁基甲酮 MIBK 从含丙酮 40%(质量,下同)的水溶液中萃取丙酮。原料液的流量为 1 500 kg/h。操作条件下的平衡数据见本题附表。试求:

(1)欲在单级萃取装置中获得最大组成的萃取液时,萃取剂的用量为若干?

习题 4 附表 1　25 ℃时丙酮—水—甲基异丁基甲酮 MIBK 的平衡数据(均为质量分数)

丙酮(A)	水(B)	MIBK(S)	丙酮(A)	水(B)	MIBK(S)
0	2.2	97.8	48.5	24.1	27.4
4.6	2.3	93.1	50.7	25.9	23.4
18.9	3.9	77.2	46.6	32.8	20.6
24.4	4.6	71.0	42.6	45.0	12.4
28.9	5.5	65.6	30.9	64.1	5.0
37.6	7.8	54.6	20.9	75.9	3.2
43.2	10.7	46.1	3.7	94.2	2.1
47.0	14.8	38.2	0	98.0	2.0
48.5	18.8	32.7			

(2)若将(1)求得的萃取剂用量分作两等份进行两级错流萃取,则最终萃余相的组成和流量为若干?

(3)比较(1)、(2)两种操作方式中丙酮的萃出率(即回收率)。

答:(1)$S = 760\ kg$;(2)$R_2 = 1\ 020\ kg/h$,$x_2 = 0.18$;(3)$\varphi_{单} = 59.4\%$,$\varphi_{错} = 69.4\%$

习题 4 附表 2　25 ℃时丙酮—水—甲基异丁基甲酮 MIBK 的联结线数据(均为质量分数)

水层中的丙酮	MIBK 层中的丙酮	水层中的丙酮	MIBK 层中的丙酮
5.58	10.66	29.5	40

水层中的丙酮	MIBK 层中的丙酮	水层中的丙酮	MIBK 层中的丙酮
11.83	18.0	32.0	42.5
15.35	25.5	36.0	45.5
20.6	30.5	38.0	47.0
23.8	35.3	41.5	48.0

5.在多级错流接触萃取装置中,以水作萃取剂从含乙醛 6%(质量,下同)的乙醛—甲苯混合液中提取乙醛。原料液的流量为 120 kg/h,要求最终萃余相中乙醛的含量不大于 0.5%。每级中水的用量均为 25 kg/h。操作条件下,水和甲苯可视作完全不互溶,以乙醛的质量比组成表示的平衡关系为:

$$Y = 2.2X$$

试求所需的理论级数(作图法和解析法)。

答:$n = 6.5$

6.在填料层高度为 3 m 的填料萃取塔中用纯溶剂 S 萃取 A、B 混合液中的溶质组分 A。原料液流量为 1 500 kg/h,其中组分 A 的质量比组成为 0.018,要求组分 A 的回收率不低于 90%,溶剂用量为最小用量的 1.2 倍。试求:

(1)溶剂的实际用量;

(2)填料层的等板高度 $HETS$(m);

(3)填料层的总传质单元数 N_{OE}。

组分 B、S 可视作完全不互溶,且以质量比表示相组成的分配系数,K 值可取为 0.855。

答:(1)$S = 1\ 860$ kg/h;(2)$HETS = 0.452$ m;(3)$N_{OE} = 6.39$

7.在具有两个理论级的逆流萃取装置中,用流量为 60 kg/h 的纯溶剂 S 从两组分混合液中萃取溶质 A。原料液的流量 $F = 150$ kg/h,其中溶质的质量比组成为 0.25。操作条件下,组分 B、S 可视作完全不互溶,以质量比组成表示的分配系数 $K_A = 1$。试求最终萃余相的组成 X_2。

答:$X_2 = 0.142\ 9$

8.在逆流萃取塔中用纯溶剂 S 萃取 A、B 两组分混合液中的溶质 A。组分 B、S 可视作完全不互溶。操作条件下以质量比组成表示的平衡关系为:

$$Y = 0.8X$$

已知:原料液的质量比组成 $X_F = 0.65$,最终萃余相的质量比组成不大于 0.05,操作溶剂比(S/B)= 1.25。试求:

(1)实际溶剂用量为最小用量的倍数;

(2)所需的理论级数和萃余相总传质单元数。

答:(1)$S/S_{min} = 1.083$;(2)$n = N_{OR} = 12$

第5章 干 燥

本章符号说明

英文字母

a——单位体积物料提供的传热(干燥)表面积,m^2/m^3;

A——转筒的截面积,m^2;

c——比热容,$kJ/(kg\cdot\text{℃})$;

d_p——颗粒的平均直径,m;

D——干燥器的直径,m;

G——绝干物料的质量流量,kg 绝干料/s 或 kg 绝干料/h;

G'——绝干物料量,kg;

G''——湿物料的质量速度,$kg/(m^2\cdot s)$;

G_1——进干燥器时湿物料的质量流量,kg/s 或 kg/h;

G_2——离开干燥器时干燥产品的质量流量,kg/s 或 kg/h;

H——空气的湿度,kg 水/kg 绝干气;

I——空气的焓,kJ/kg 绝干气;

I'——物料的焓,kJ/kg 绝干料;

k_H——传质系数,$kg/(m^2\cdot s\cdot\Delta H)$;

l——绝干空气的消耗量,kg 绝干气/kg 水;

L——绝干空气的质量流量,kg 绝干气/s 或 kg 绝干气/h;

L'——湿空气的质量速度,$kg/(m^2\cdot s)$;

L_w——新鲜空气的消耗量,kg/s 或 kg/h;

M——摩尔质量,kg/kmol;

n——物质的量,kmol;

n'——转筒的转速,r/min;

n''——每秒钟通过干燥器的颗粒数,个/s;

N——扩散速率,kg/s;

p——水汽分压,Pa;

P——湿空气总压,Pa;

Q——传热速率,W;

r——汽化热或蒸发潜热,kJ/kg;

S——干燥表面积,m^2;

S_p——每秒钟通过干燥管的颗粒提供的干燥表面积,m^2/s;

t——温度,℃;

T——转筒的倾斜率,m/m;

u_g——湿空气通过干燥管的速度,m/s;

u_{mf}——临界流化气速,m/s;

u_{max}——带出气速或最大流化气速,m/s;

u_0——球形颗粒的沉降速度,m/s;

u'_0——非球形颗粒的沉降速度,m/s;

U——干燥速率,$kg/(m^2\cdot s)$;

v——湿空气的比容,m^3/kg 绝干气;

V'——转筒的体积,m^3;

V''——风机的风量,m^3/h;

V_p——单位时间内加入的物料体积,m^3/s;

V_s——湿空气的体积流量,m^3/s;

w——物料的湿基含水量,%;

W——单位时间内水分的蒸发量,kg/s 或 kg/h;

W'——水分蒸发量,kg;

X——物料的干基含水量,kg 水/kg 绝干料;

X^*——物料的干基平衡含水量,kg 水/kg 绝干料;

z——转筒的长度或干燥管的高度,m。

希腊字母

α——对流传热系数,$W/(m^2\cdot\text{℃})$;

β——充填率,量纲为 1;

η——热效率,量纲为 1;

θ——固体物料的温度,℃;

λ——导热系数,W/(m·℃);

μ——黏度,mPa·s;

ν——运动黏度,1/m²;

ρ——密度,kg/m³;

τ——干燥时间或物料在干燥器内的停留时间,s;

φ——相对湿度百分数。

as——绝热饱和的;

c——临界的;

d——露点的;

D——干燥器的;

g——气体的或绝干气的;

H——湿的;

L——热损失的;

m——平均的;

p——预热器的;

s——饱和的或绝干物料的;

t——相对的;

t_d——露点温度下的;

t_w——湿球温度下的;

v——水汽的;

w——湿球的。

下标

0——进预热器的,新鲜的或沉降的;

1——进干燥器的或离开预热器的;

2——离开干燥器的;

Ⅰ——干燥第一阶段;

Ⅱ——干燥第二阶段;

化工生产中为了满足产品输送、贮存或使用过程中的要求,常常需要除去悬浮液、膏状物料或各种形状湿物料中的一部分湿分,这种除湿操作统称为"去湿"。各种固体经过去湿后还允许保留的湿分量都有一定的标准。例如,一级尿素成品含水量不能超过 0.5%,聚乙烯含水量不能超过 0.3%(以上均为质量百分数)。

工业生产中常用的去湿方法有以下几种。

1)机械方法去湿　对悬浮液总是先用机械方法除去其中大部分湿分,例如本教材上册介绍的沉降、过滤、离心分离等操作都属于机械除湿法。这种除湿过程中没有相变化,能量消耗的少,费用也低,但湿分除得不彻底,一般用于初步去湿。

2)热能去湿　利用热能去湿方法是使湿物料中湿分汽化,并及时排出生成的蒸汽,以获得含湿分量达到规定要求的固体物料,这种除湿法称为干燥。因为过程中有湿分的相变化,故耗能量多,但湿分除得较彻底。

工业中往往将以上两种除湿方法联合使用,即先用比较经济的机械方法尽可能除去物料中大部分湿分,然后再利用干燥方法进一步除湿,使固体中湿分含量达到规定的标准。干燥操作经常是工艺过程最后的步骤,经干燥后的物料送至包装车间作为产品。

为了适应花样繁多产品的干燥,所采用的方法也是多样化的。常采用的干燥方法有以下几种。

1)对流干燥　在对流干燥方法中,热干燥介质(化工中经常采用热空气作干燥介质)与湿物料直接接触,并将从物料中蒸发出的湿分带走,因此对流干燥属于直接加热的干燥方法。

2)传导干燥　传导干燥方法是利用热传导方式将热量通过干燥器的壁面传给湿物料,干燥介质与湿物料不直接接触,因此传导干燥属于间接加热的干燥方法。

3)红外线干燥　红外线干燥方法是利用辐射传热进行干燥。辐射热源既可以是电也可以是煤气。利用电时,以红外线灯或电阻为发热体;利用煤气时,先将耐火材料或金属管(板)灼热,便能辐射放热。红外线干燥方法特别适用于表面干燥,例如木材和装饰板、玻璃板、纸张、印染织物等的干燥。这种干燥方法的速率快、效率高、能源消耗少、设备结构简单、产品质量好,但不适用于干燥片状以外的物料。

4)介电干燥　介电干燥是高频干燥和微波干燥的统称。一般将 1×10^6 Hz ~ 3×10^6 Hz 的频率称为高频,将 3×10^6 Hz ~ 3×10^9 Hz 的频率称为微波。最简单形式的高频和微波干燥是以两块金属板(或管)作电极,将湿物料作为介电质置放其间。一块金属板为正极,另一块金属板为负极,金属板的正、负极以与电流频率相等的次数不断地改成相反的极,这样湿物料就会感受某种方向的应力,在内部产生热能而被干燥。微波干燥方法的优点是干燥速率快、加热均匀、热效率高,目前广泛用于干燥皮革、烟草、药物、塑料、食品等工业中。

为了适应化工产品的干燥,本章只介绍对流干燥与传导干燥。

化学工业处理的湿物料中的湿分多半是水分,同时常采用连续操作的对流干燥,以不饱和的热空气作为干燥介质,本章即以此为讨论内容。显然,除空气外,还可用烟道气或某些惰性气体作为干燥介质。物料中的湿分也可能是各种化学溶剂,但这种系统的干燥原理与空气—水分系统完全相同。

在对流干燥过程中,热空气将热量传给湿物料,物料表面水分即进行汽化,物料内部与表面间存在水分浓度的差别,内部水分就向表面扩散。汽化的水分被空气带走,所以干燥介质既是载热体又是载湿体,它将热量传给物料的同时把由物料中汽化出来的水分带走。因此,干燥是传热和传质相结合的操作,干燥速率由传热速率和传质速率共同控制。

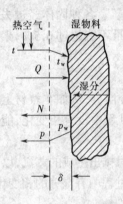

图 5-1　热空气与湿物料间的传热和传质

综上所述,可用图 5-1 来描述对流干燥过程的传热和传质。图中:t 为空气的主体温度、t_w 为湿物料表面的温度、p 为空气中水汽的分压,p_w 为湿物料表面的水汽分压、Q 为单位时间内空气传给物料的热量、N 为单位时间内从物料表面汽化出的水汽量、δ 为物料表面的膜层厚度。

干燥操作的必要条件是物料表面的水汽压强 p_w 必须大于干燥介质中水汽的分压 p,两者差别越大,干燥操作进行得越快。所以干燥介质应及时将汽化的水汽带走,以维持一定的扩散推动力。若干燥介质为水汽所饱和,则推动力为零,这时干燥操作即停止进行。

干燥操作不仅用于化工、石油化工等工业中,还应用于医药、食品、原子能、纺织、建材、采矿、电工、航天与机械制品以及农产品等行业中,在国民经济中占很重要的地位。

第 1 节　湿空气的性质及湿度图

5.1.1　湿空气的性质

在干燥操作中,常采用不饱和空气作为干燥介质,故首先介绍湿空气的性质。

由于在干燥操作的前、后,湿空气中绝干空气的质量没有变化,故湿空气各种有关性质都是以 1 kg 绝干空气为基准。

一、湿度 H 和相对湿度 φ

湿空气中含水分的情况常用湿度 H 或相对湿度 φ 表示。

（一）湿度 H

湿度又称湿含量，它的定义是湿空气中水汽的质量与相应的绝干空气质量之比，即：

$$H = \frac{\text{湿空气中水汽的质量}}{\text{湿空气中绝干空气的质量}}$$

$$= \frac{n_w M_w}{n_g M_g} \tag{5-1}$$

式中　H——湿空气的湿度，kg 水汽/kg 绝干空气，以后一律简写为 kg/kg 绝干气；

　　　n——气体的物质的量，kmol；

　　　M——气体的摩尔质量，kg/kmol；

　　　下标 w 表示水汽、g 表示绝干空气。

实际上，湿空气的湿度是以 1 kg 绝干空气为基准时湿空气中水分的千克数。

常压下湿空气可视为理想气体，故式 5-1 中物质的量之比 n_w/n_g 等于相应的分压比 p/p_g，即：

$$\frac{n_w}{n_g} = \frac{p}{p_g} = \frac{p}{P-p}$$

式中　p——湿空气中水汽的分压，Pa 或 kPa；

　　　p_g——湿空气中绝干气的分压，Pa 或 kPa；

　　　P——总压，Pa 或 kPa。

对水—空气系统，$M_w/M_g \approx 18/29 = 0.622$。

将以上两个关系代入式 5-1，得：

$$H = \frac{0.622p}{P-p} \tag{5-2}$$

由此看出，湿空气的湿度是水汽分压与总压的函数。

当湿空气为绝干空气（即不含水分）时，$p = 0$，相应的 $H = 0$；当湿空气为水汽饱和时，水汽分压为该空气温度下纯水的饱和蒸汽压 p_s，相应的湿度称为湿空气的饱和湿度，以 H_s 表示，它的表达式为：

$$H_s = \frac{0.622p_s}{P-p_s} \tag{5-3}$$

式中　H_s——湿空气的饱和湿度，kg/kg 绝干气；

　　　p_s——在湿空气的温度下，纯水的饱和蒸汽压，Pa 或 kPa。

由于纯水的饱和蒸汽压只与温度有关，故湿空气的饱和湿度是总压与温度的函数。

（二）相对湿度 φ

在一定总压下，湿空气中水汽的分压 p 与同温度下纯水的饱和蒸汽压 p_s 之比的百分数，称为湿空气的相对湿度，以 φ 表示：

$$\varphi = \frac{p}{p_s} \times 100\% \tag{5-4}$$

式中 φ 为湿空气的相对湿度，量纲为 1。

当 $p = 0$ 时, $\varphi = 0$,表示湿空气中不含水分,为绝干空气;当 $p = p_s$ 时, $\varphi = 1$,表示湿空气为水汽所饱和,称为饱和空气,这种湿空气不能作为干燥介质使用。

将式 5-4 代入式 5-2,得:

$$H = \frac{0.622\varphi p_s}{P - \varphi p_s} \tag{5-5}$$

在一定的总压和温度下,上式表示湿空气的 H 与 φ 之间的关系。

相对湿度是湿空气中含水汽的相对值,说明湿空气偏离饱和空气或绝干空气的程度,故由相对湿度 φ 值可以判断该湿空气能否作为干燥介质, φ 值越小吸湿能力越大。湿度是湿空气中含水汽的绝对值,由湿度 H 不能分辨湿空气的吸湿能力。

二、比容

当湿空气的温度为 t、湿度为 H、总压为 P 时,以 1 kg 绝干空气为基准的湿空气体积称为湿空气的比容,又称湿容积,以 v_H 表示,单位为 m³ 湿空气/kg 绝干气。根据定义可以写出:

$$v_H = \left(\frac{1}{29} + \frac{H}{18} \right) \times 22.4 \times \frac{273 + t}{273} \times \frac{101\,330}{P}$$

或

$$v_H = (0.772 + 1.244H) \times \frac{273 + t}{273} \times \frac{101\,330}{P} \tag{5-6}$$

式中 v_H 为湿空气的比容,m³ 湿空气/kg 绝干气。

三、比热容

当湿空气的温度为 t、湿度为 H 时,将湿空气中 1 kg 绝干空气及相应水汽的温度升高(或降低)1 ℃ 所需要(或放出)的热量称为比热容,又称湿热容,以 c_H 表示,单位为 kJ/(kg 绝干气·℃)。根据 c_H 的定义可以写出:

$$c_H = c_g + c_v H \tag{5-7}$$

式中　c_H——湿空气的比热容,kJ/(kg 绝干气·℃);

c_g——绝干空气的比热容,kJ/(kg 绝干气·℃), $c_g \approx 1.01$ kJ/(kg 绝干气·℃);

c_v——水汽的比热容,kJ/(kg 水汽·℃), $c_v \approx 1.88$ kJ/(kg 水汽·℃)。

式 5-7 可以改写为:

$$c_H = 1.01 + 1.88H \tag{5-7a}$$

四、焓

当湿空气温度为 t、湿度为 H 时,以 1 kg 绝干空气为基准的绝干空气的焓与相应水汽的焓之和为湿空气的焓,以 I 表示,单位为 kJ/kg 绝干气,即:

$$I = I_g + HI_v \tag{5-8}$$

式中　I——湿空气的焓,kJ/kg 绝干气;

I_g——绝干空气的焓,kJ/kg 绝干气;

I_v——水汽的焓,kJ/kg 水汽。

焓是相对值,计算时必须规定基准温度和基准状态,习惯上取 0 ℃ 为基温,且规定 0 ℃ 时绝干空气及液态水的焓均为零。根据这样的规定,湿空气中绝干空气的焓就是其显热,而水蒸气的焓则应包括水在 0 ℃时的汽化热及水汽在 0 ℃以上的显热。这种规定完全是以简化计算为原则,以后遇到这类内容均按此原则处理,不另加说明。根据上述原则,对温度 t、湿度 H 的湿空气可以写出:

$$I_g = c_g(t - 0) = c_g t$$

$$I_v = Hr_{0^\circ} + c_v H(t - 0) = Hr_{0^\circ} + c_v Ht$$

式中 r_{0° 为 0 ℃时水的汽化热,即蒸发潜热,kJ/kg,r_{0° = 2 490 kJ/kg;

其他符号与前同。

将以上关系代入式 5-8,得:

$$I = c_g t + Hr_{0^\circ} + c_v Ht$$

$$= (c_g + c_v H)t + Hr_{0^\circ} \tag{5-9}$$

或 $$I = (1.01 + 1.88H)t + 2\,490H \tag{5-9a}$$

[例 5-1] 对常压下温度为 60 ℃、湿度为 0.01 kg/kg 绝干气的湿空气,求算该湿空气的水汽分压、相对湿度、比容、比热容和焓。

解:从附录八查出 60 ℃纯水的饱和蒸汽压 p_s = 19 919.34 Pa。

(1)水汽分压 p,用式 5-2 计算:

$$H = \frac{0.622p}{P - p}$$

或 $$0.01 = \frac{0.622p}{101\,330 - p}$$

解得 p = 1 603 Pa

(2)相对湿度 φ,用式 5-5 计算:

$$H = \frac{0.622\varphi p_s}{P - \varphi p_s}$$

或 $$0.01 = \frac{0.622 \times 19\,919.34\varphi}{101\,330 - 19\,919.34\varphi}$$

解得 φ = 0.080 5 = 8.05%

另解:先用式 5-2 计算出湿空气的水汽分压 p,然后用式 5-4 计算 φ。前解已算出 p = 1 603 Pa。式 5-4 为:

$$\varphi = \frac{p}{p_s} \times 100\% = \frac{1\,603}{19\,919.34} \times 100\% = 8.05\%$$

两种计算方法的结果一致。

(3)比容 v_H,用式 5-6 计算:

$$v_H = (0.772 + 1.244H) \times \left(\frac{273 + t}{273} \times \frac{101\,330}{P}\right) = (0.772 + 1.244 \times 0.01)\frac{273 + 60}{273} \times \frac{101\,330}{101\,330}$$

$$= 0.957 \text{ m}^3 \text{ 湿空气/kg 绝干气}$$

(4)比热容 c_H,用式 5-7a 计算:

$$c_H = 1.01 + 1.88H = 1.01 + 1.88 \times 0.01 = 1.029 \text{ kJ/(kg 绝干气·℃)}$$

(5)焓 I,用式 5-9a 计算:

$$I = (1.01 + 1.88H)t + 2\,490H$$

$$= (1.01 + 1.88 \times 0.01) \times 60 + 2\,490 \times 0.01 = 86.63 \text{ kJ/kg 绝干气}$$

五、干球温度与湿球温度

图 5-2 中左边一支温度计的感温球露在空气中,称为干球温度计,即常用的普通温度

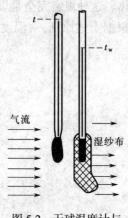

图 5-2 干球温度计与
湿球温度计

计。所测的温度为空气的真实温度,称为干球温度,简称温度,以 t 表示。另一只温度计的感温球用纱布包扎,纱布的下端浸在水中,纱布一直保持润湿,这支温度计称为湿球温度计。当温度为 t、湿度为 H 的大量不饱和空气流过湿球温度计的湿纱布表面时,假设测量刚开始时湿纱布中水分的温度与空气的温度相同,由于湿空气是不饱和的,必然会发生湿纱布中水分向空气流汽化和扩散的现象;同时,由于空气与湿纱布中水分间没有温度差别,因此水分汽化所需的汽化热不可能来自空气,只能取自水分本身,从而使水的温度下降。当水分的温度低于空气的干球温度时,热量将由空气传递给湿纱布中的水分,其传热速度随两者温度差的增加而提高,直到由空气至湿纱布的传热速度恰等于自湿纱布表面汽化水分的传热速度时,两者达到平衡状态,湿纱布中的水温就保持恒定,此时湿球温度计所指示的稳定平衡温度就是该空气的湿球温度。因湿空气的流量大,自湿纱布表面向空气汽化的水分量对湿空气的影响可以忽略不计,故可认为湿空气的 t 和 H 均不发生变化。

应予说明,曾假设刚开始测量湿球温度时空气的温度与水的温度相同,这仅仅是为了便于说明机理而作的假设。实际上,不论水温如何,最终必能达到这种动态平衡,但达到平衡所需的时间不同。

湿球温度计指示的平衡温度 t_w,实质上是湿纱布中水分的温度,但是由于这个温度为周围湿空气温度 t 及湿度 H 所决定,故将此温度称为湿空气的湿球温度。例如,当湿空气的温度 t 一定时,若其湿度 H 愈高,则湿球温度 t_w 也愈高;当湿空气达到饱和时,湿球温度与干球温度相等。

当湿球温度计上温度达到稳定时,空气与湿纱布表面的对流传热速率为:

$$Q = \alpha S(t - t_w) \tag{5-10}$$

式中　Q——传热速率,W;

α——空气向水的对流传热系数,$W/(m^2 \cdot °C)$;

S——空气与湿纱布的接触面积,m^2。

湿纱布外围有一层气膜,水分穿过这层膜层向空气中扩散,扩散速率为:

$$N = k_H(H_{s,t_w} - H)S$$

式中　N——水分向空气的扩散速率,kg/s;

k_H——以湿度差为推动力的传质系数,$kg/(m^2 \cdot s \cdot \Delta H)$;

H_{s,t_w}——湿球温度 t_w 下湿空气的饱和湿度,kg/kg 绝干气。

在定态条件下,对流传热速率 Q 与水分扩散速率 N 间的关系为:

$$Q = Nr_{t_w}$$

或　　　$\alpha S(t - t_w) = k_H(H_{s,t_w} - H)Sr_{t_w}$

式中 r_{t_w} 为湿球温度下水的汽化热,kJ/kg。

整理上式得:

$$t_w = t - \frac{k_H r_{t_w}}{\alpha}(H_{s,t_w} - H) \tag{5-11}$$

192

由式 5-11 看出:湿球温度是湿空气温度 t 和湿度 H 的函数。应用式 5-11 求 t_w 时要用试差法。式 5-11 中的 k_H 与 α 为通过同一气膜的传质系数和对流传热系数。实验证明,当空气作湍流流动时,k_H 与 α 都与空气速度的 0.8 幂成正比,即比值 k_H/α 与空气速度无关。

在实际生产过程中,常用干、湿球温度计来测量空气的湿度。

应指出:测量时空气的速度应大于 5 m/s,以减少辐射和传导的影响,使测量结果较精确。

六、绝热饱和冷却温度

图 5-3 为绝热饱和冷却塔示意图。温度为 t、湿度为 H、焓为 I_1 的不饱和湿空气被送至塔的底部,大量水由塔顶喷下,气、液两相在填料层中接触后,空气由塔顶排出,水由塔底排出后经循环泵返回塔顶,因此塔内水温完全均匀。设塔的保温良好无热损失,也无热量补充,即与外界绝热。空气与水接触后,水分即不断向空气中汽化,汽化所需的热量只能由空气温度下降放出显热供给,但水汽又将这部分热量以汽化热的形式携带返回空气中。随着过程的进行,空气的温度沿塔高逐渐下降,湿度逐渐升高,而焓维持不变。若两相有足够长的接触时间,最终空气为水汽所饱和,温度降到与循环水温相同,这种过程称为湿空气的绝热饱和冷却过程或等焓过程。达到定态状态下水的温度称为初始湿空气的绝热饱和冷却温度,简称绝热饱和温度,以 t_{as} 表示;与之相对应的空气湿度称为绝热饱和湿度,以 H_{as} 表示。水与空气接触过程中,循环水不断汽化而被空气携至塔外,故需向塔内不断补充温度为 t_{as} 的水。

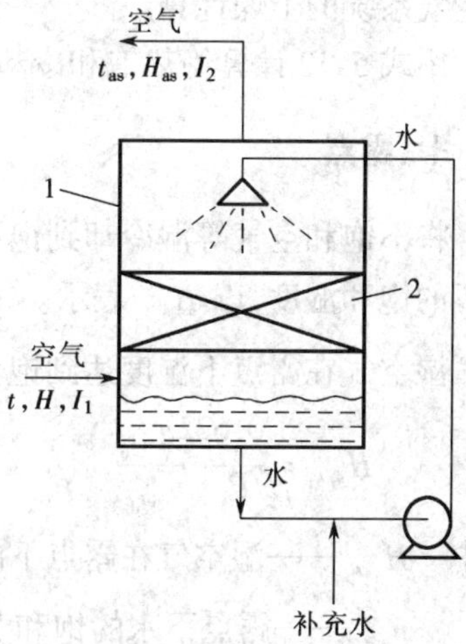

对图 5-3 的塔作焓衡算,即可求出绝热饱和温度。

根据式 5-9 分别写出塔底及塔顶处湿空气的焓为:

$$I_1 = (c_g + c_v H)t + Hr_{0^\circ}$$

及 $$I_2 = (c_g + c_v H_{as})t_{as} + H_{as}r_{0^\circ}$$

因为 $$I_1 = I_2$$

所以 $$(c_g + c_v H)t + Hr_{0^\circ} = (c_g + c_v H_{as})t_{as} + H_{as}r_{0^\circ}$$

由于 H 及 H_{as} 的值均很小,故可认为上式等号两侧括号内数值近于相等,而且令其均等于湿空气的比热容 c_H,即

$$c_g + c_v H \approx c_g + c_v H_{as} \approx c_H$$

将以上关系代入前式,得:

$$c_H t + Hr_{0^\circ} = c_H t_{as} + H_{as}r_{0^\circ}$$

经整理得:

$$t_{as} = t - \frac{r_{0^\circ}}{c_H(H_{as} - H)} \tag{5-12}$$

由式 5-12 看出:绝热饱和冷却温度是湿空气初始温度 t 与湿度 H 的函数,当 t、H 一定

图 5-3 绝热饱和冷却塔

1—绝热饱和冷却塔　2—填料层

时,必有一对应的 t_{as},它是空气在等焓情况下,绝热冷却增湿达到饱和时的温度。

比较式 5-11 与式 5-12,可知两者在形式上完全相同。对于水蒸气—空气系统,式中 α/k_H 值约为 1.09,该值接近湿空气的比热容,即 $\alpha/k_H \approx c_H$;且在湿空气温度不太高、相对湿度不太低的情况下,可以认为 $r_{t_w} \approx r_0$ 及 $H_{s,t_w} \approx H_{as}$。所以,在一定温度 t 及湿度 H 下,湿球温度 t_w 近似等于绝热饱和冷却温度,即:

$$t_w \approx t_{as} \tag{5-13}$$

对水蒸气—空气以外的系统,因 $\alpha/k_H \neq c_H$,故 $t_w \neq t_{as}$。

绝热饱和温度 t_{as} 和湿球温度 t_w 是两个完全不同的概念,但两者均为初始湿空气的温度和湿度的函数,特别对水蒸气—空气系统,两者在数值上近似相等,这样可以简化水蒸气—空气系统的干燥计算。

用式 5-12 计算绝热饱和冷却温度时也要用试差法进行计算。

七、露点

将不饱和空气等湿冷却到饱和状态时的温度称为露点,以 t_d 表示,相应的湿度称为露点下的饱和湿度,以 H_{s,t_d} 表示。

湿空气在露点下湿度达到饱和,故 $\varphi = 1$,式 5-5 可改写为:

$$H_{s,t_d} = \frac{0.622 p_{s,t_d}}{P - p_{s,t_d}} \tag{5-14}$$

式中 H_{s,t_d} ——湿空气在露点下的饱和湿度,kg/kg 绝干气;

   p_{s,t_d} ——露点下水的饱和蒸气压,Pa。

式 5-14 也可以写为:

$$p_{s,t_d} = \frac{H_{s,t_d}}{0.622 + H_{s,t_d}} \tag{5-15}$$

对水蒸气—空气系统,干球温度、绝热饱和温度(或湿球温度)及露点三者间的关系为:

不饱和空气 $t > t_w(或\ t_{as}) > t_d$

饱和空气 $t = t_w(或\ t_{as}) = t_d$

[例 5-2]   常压下不饱和空气的温度为 40 ℃,相对湿度为 70%,试求该湿空气的湿球温度、绝热饱和冷却温度和露点。

解:由附录八查出 40 ℃时纯水的饱和蒸气压 $p_s = 7\ 375.75$ Pa。

(1)湿球温度 t_w

   用式 5-11 计算:

$$t_w = t - \frac{k_H r_{t_w}}{\alpha}(H_{s,t_w} - H)$$

用上式求 t_w 要用试差法。设 $t_w = 34.6$ ℃,式 5-11 中各项数值为:

①$t = 40$ ℃;

②对水蒸气—空气系统,$\dfrac{k_H}{\alpha} = \dfrac{1}{1.09}$;

③由附录九查出 34.6 ℃时 $r_{t_w} = 2\ 416.9$ kJ/kg;

④先用式 5-4 计算分压 p,再用式 5-2 计算湿度 H,即:

$$\varphi = \frac{p}{p_s} \times 100\%$$

或 $$0.7 = \frac{p}{7\ 375.75} \times 100\%$$

解得 $p = 5\ 163\ \text{Pa}$

式 5-2 为：

$$H = \frac{0.622p}{P - p}$$

$$= \frac{0.622 \times 5\ 163}{101\ 330 - 5\ 163} = 0.033\ 39\ \text{kg/kg 绝干气}$$

⑤用式 5-3 计算 t_w 温度下空气的饱和湿度：

$$H_{s,t_w} = \frac{0.622 p_{s,t_w}}{P - p_{s,t_w}}$$

由附录八查出 34.6 ℃时纯水的饱和蒸气压 $p_{s,t_w} = 5\ 502.2\ \text{Pa}$，故

$$H_{s,t_w} = \frac{0.622 \times 5\ 502.2}{101\ 330 - 5\ 502.2} = 0.035\ 71\ \text{kg/kg 绝干气}$$

将以上诸值代入式 5-11：

$$t_w = 40 - \frac{2\ 416.9}{1.09}(0.035\ 71 - 0.033\ 39) = 34.86\ ℃ \approx 34.9\ ℃$$

计算的 t_w 与假设值很接近，故假设值可以接受。

(2)绝热饱和冷却温度 t_{as}

对水蒸气—空气系统，绝热饱和冷却温度与湿球温度很接近，故 $t_{as} \approx t_w = 34.9$ ℃。

(3)露点 t_d

露点是将湿空气等湿冷却到饱和状态时的温度，前已算出该湿空气中水汽的分压 $p = 5\ 163\ \text{Pa}$，此值为露点下水的饱和蒸气压，故从附录十查出与 $5\ 163\ \text{Pa}$ 相对应的温度 $t_d = 39.92$ ℃，该温度即为露点。

5.1.2　湿空气的 H—I 图

由例 5-2 的计算看出，计算湿空气的某些状态参数时，要用麻烦的试差计算法，为此将表达湿空气各种参数的计算式标绘在坐标图上，只要知道湿空气任意两个独立参数，即可从图上迅速地查出其他参数，常用的图有湿度—焓(H—I)图、温度—湿度(t—H)图等，本教材采用 H—I 图。

一、H—I 图的绘制

图 5-4 为常压下湿空气的 H—I 图，为了使各种关系曲线分散开，采用两个坐标夹角为 135°的坐标图，以提高读数的准确性。更为了便于读取数据及节省图的幅面，将斜轴(图中没有将斜轴全部画出)上的数值投影在辅助水平轴上。

图 5-4 是按总压为常压(即 $1.013\ 3 \times 10^5\ \text{Pa}$)制得的，若系统总压偏离此值较远，则不能应用此图。

湿空气的 H—I 图由以下诸线群组成。

1.等湿度线(等 H 线)群

等湿度线是平行于纵轴的线群，图 5-4 中 H 的读数范围为 0 kg/kg 绝干气 ~ 0.2 kg/kg绝干气。

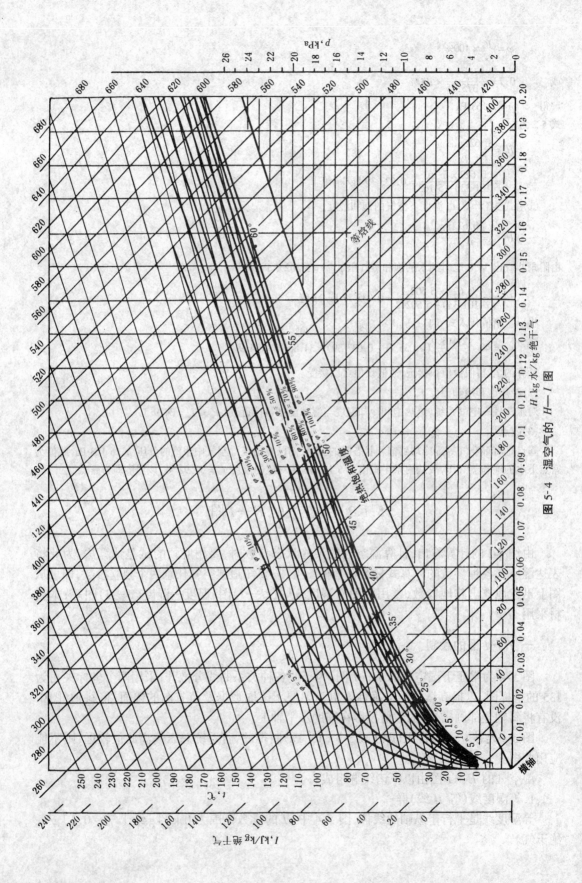

图 5-4 湿空气的 $H-I$ 图

2.等焓线(等 I 线)群

等焓线是平行于斜轴的线群,图 5-4 中 I 的读数范围为 0 kJ/kg 绝干气 ~ 680 kJ/kg 绝干气。

3.等干球温度线(等 t 线)群

将式 5-9a 改写为:

$$I = (1.88t + 2\,490)H + 1.01t \tag{5-9b}$$

在固定的总压下,任意规定温度 t 为某值,式 5-9b 变为 I 与 H 的简单关系式,按此式算出若干组 I 与 H 的对应关系,并标绘在 $H—I$ 坐标图中,关系线即为某温度 t 时的等 t 线。如此规定一系列的温度 t 值,可得到等 t 线群。式 5-9b 为线性方程,斜率 $(1.88t + 2\,490)$ 是温度 t 的函数,故诸等 t 线是不平行的。图 5-4 中 t 的读数范围为 0 ℃ ~ 250 ℃。

4.等相对湿度(等 φ 线)群

根据式 5-5 可标绘等相对湿度线:

$$H = \frac{0.622\varphi p_s}{P - \varphi p_s}$$

当总压一定时,任意规定相对湿度 φ 为某值,于是上式简化为 H 与 p_s 的关系式,而 p_s 又是温度的函数,按式 5-5 算出若干组 H 与 t 的对应关系,并标绘于 $H—I$ 坐标图中,关系曲线即为等 φ 线。如是规定一系列 φ 值,可得等 φ 线群。图 5-4 中共有 11 条等 φ 线,由 φ = 5% 到 φ = 100%。φ = 100% 的等 φ 线称为饱和空气线,此时空气为水汽饱和。

以上诸线群是 $H—I$ 图中四种基本线群。

5.蒸汽分压线

将式 5-2 改为:

$$p = \frac{HP}{0.622 + H} \tag{5-16}$$

总压一定时,上式表示水汽分压 p 与湿度 H 间的关系。因 $H \ll 0.622$,故上式可近似地视为是线性方程。按式 5-16 算出若干组 p 与 H 的对应关系,并标绘于 $H—I$ 图上,得到蒸汽分压线。为了保持图面清晰,蒸汽分压线标绘在 φ = 100% 曲线的下方。

应指出:在有些湿空气的性质图上,还绘出比热容 c_H 与湿度 H、绝干空气比容 v_g 与温度 t、饱和空气比容 v_{H_s} 与温度 t 之间的关系曲线。

二、$H—I$ 图的应用

根据湿空气的两个独立参数,可从 $H—I$ 图上确定其他参数。应指出,并非所有参数都是独立的,例如 $t_d—H$、$p—H$、$t_d—p$ 或 t_w(或 t_{as})—I 间都不是彼此独立的,它们都在同一条等 H 线或等 I 线上,因此在 $H—I$ 图上,根据上述的各种数据不能确定空气的状态点,如图 5-5 所示。

湿空气的两个独立参数常为:干球温度和相对湿度、干球温度和湿度、干球温度和绝热饱和温度(或湿球温度)、露点和焓等,先通过两个独立参数确定空气状态点 A 后,即可查出其他参数,如图 5-6 所示。

[例 5-3] 在 $H—I$ 图上确定例 5-1 中的(1)、(2)及(5)三项。

解:首先根据 t = 60 ℃,H = 0.01 kg/kg 绝干气在本例附图中确定湿空气状态点 A。

(1)水汽的分压 p

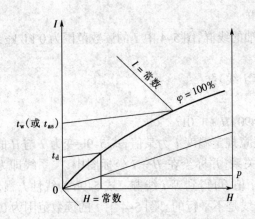

图 5-5 湿空气中的非独立参数

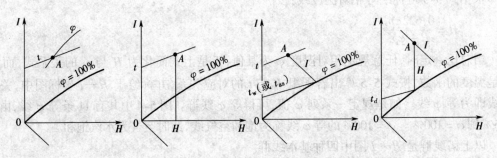

图 5-6 在 H—I 图上确定湿空气的状态点

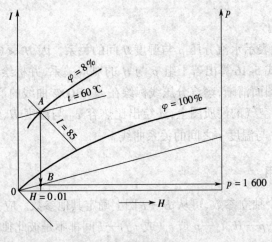

例 5-3 附图

从过点 A 的等 H 线与分压线相交的交点 B，再向右作平行于水平轴的线，该线与右侧纵轴相交，由交点读出 $p = 1\,600$ Pa。

(2)相对湿度 φ

过点 A 的 φ 线所示的值即为湿空气的相对湿度 $\varphi = 8\%$ 。

(3)焓

过点 A 等 I 线所示的值为湿空气的焓，即：$I = 85$ kJ/kg 绝干气。

由于读图的误差，从图上读的结果与计算值略有出入。

[例 5-4] 在 $H—I$ 图上确定例 5-2 中各项。

解: 根据 $t = 40$ ℃、$\varphi = 70\%$ 在本题附图上确定空气状态点 A。

(1)湿球温度 t_w

过点 A 的等 I 线与 $\varphi = 100\%$ 线相交于点 B,过点 B 的等 t 线所示的温度为湿球温度,即 $t_w = 34.8$ ℃(计算值为 34.6 ℃)。

(2)绝热饱和冷却温度 t_{as}

对水蒸气—空气系统 $t_{as} \approx t_w = 34.8$ ℃。

(3)露点 t_d

过点 A 的等 H 线与 $\varphi = 100\%$ 线交于点 C,过点 C 的等 t 线所示的温度为露点,即 $t_d = 33$ ℃(计算值为 32.92 ℃)。

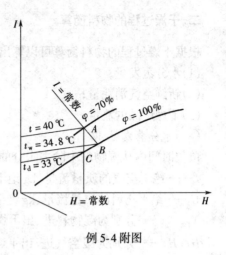

例 5-4 附图

第 2 节　干燥过程的物料衡算及焓衡算

物料衡算可以确定干燥过程中待干燥物料与干燥介质之间的数量与组成的关系。焓衡算可以确定过程中热量的消耗。此外,干燥过程的部分参数、干燥器的设计及系统的热效率都是以两种衡算为手段进行的。

5.2.1　干燥过程的物料衡算

一、湿物料中含水量的表示方法

湿物料中含水分的量称为含水量或湿含量,通常有两种表示方法。

(一)湿基含水量

在干燥操作中称水分在湿物料中的质量分数为湿基含水量,以 w 表示,其表达式为:

$$w = \frac{水分质量}{湿物料总质量} \tag{5-17}$$

(二)干基含水量

工业生产中物料含水量常以上述的湿基含水量表示,但是在干燥过程中,湿物料的总质量因失去水分而不断减少,而绝干物料的质量却是不变的,因此在干燥计算中,以干基含水量表示较为简便。干基含水量的定义为:以 1 kg 绝干物料为基准时湿物料中水分的含量。干基含水量(或干基湿含量)简称含水量,以 X 表示,单位为 kg 水/kg 绝干料,其表达式为:

$$X = \frac{湿物料中水分的质量}{湿物料中绝干物料的质量} \tag{5-18}$$

两种含水量间的关系为:

$$w = \frac{X}{1 + X} \tag{5-19}$$

$$X = \frac{w}{1 - w} \tag{5-20}$$

二、干燥过程的物料衡算

根据干燥过程的物料衡算可以算出：

(1)水分蒸发量；

(2)新鲜空气消耗量；

(3)干燥产品的流量。

(一)水分蒸发量 W

单位时间内从湿物料中除去水分的质量称为水分蒸发量,以 W 表示,单位为 kg/h。令:

L——绝干空气的质量流量,kg 绝干气/s,或 kg 绝干气/h;

G——绝干物料的质量流量,kg 绝干料/s,或 kg 绝干料/h;

X_1,X_2——分别为湿物料进、出干燥器的干基含水量,kg 水/kg 绝干料;

H_1、H_2——分别为湿空气进、出干燥器的湿度,kg/kg 绝干气;

G_1、G_2——分别为进、出干燥器的湿物料质量流量,kg 湿物料/s 或 kg 湿物料/h;

w_1、w_2——分别为湿物料进、出干燥器的湿基含水量。

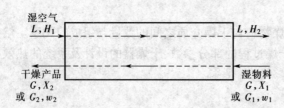

图 5-7 逆流干燥器中物料与干燥介质的流动示意图

对图 5-7 所示的干燥系统作物料衡算可以求得水分蒸发量 W。

令进、出干燥器的湿物料质量流量分别为 G_1 及 G_2,其中绝干物料质量流量为 G,在干燥过程中 G 为恒定值,故物料衡算中采用 G 较为方便。还应指出:离开干燥器的物料质量流量为 G_2,G_2 中仍含有一定的水分,相对于 G_1 而言,水分含量减少了,但不是绝干物料,故称之为干燥产品。

以 1 s 为基准,对图 5-7 作全系统的水分衡算:

$$LH_1 + GX_1 = LH_2 + GX_2$$

或 $$W = L(H_2 - H_1) = G(X_1 - X_2) \tag{5-21}$$

式中 W 为单位时间内从湿物料中蒸出的水分,kg 水分/s。

(二)空气消耗量

整理式 5-21:

$$L = \frac{G(X_1 - X_2)}{H_2 - H_1} = \frac{W}{H_2 - H_1} \tag{5-22}$$

上式等号两侧除以 W:

$$l = \frac{L}{W} = \frac{1}{H_2 - H_1} \tag{5-23}$$

式中 l 为每蒸发 1 kg 水分消耗的绝干空气量,简称为单位绝干空气消耗量,kg 绝干气/kg 水分。

由于湿空气中的绝干空气在干燥过程中为恒定值,作物料衡算时采用绝干空气量可使计算简化,但实际进入干燥器的是湿空气,故算出 L 后还应换算为湿空气的消耗量:

$$L_w = L(1 + H_1) \tag{5-24}$$

式中 L_w 为新鲜空气的消耗量,kg 新鲜湿空气/s。

（三）干燥产品的流量

参考图 5-7,进入和离开干燥器的绝干物料质量可分别写为:

进入 $\qquad G = G_1(1 - w_1)$

离开 $\qquad G = G_2(1 - w_2)$

干燥过程中绝干物料为恒定值,故:

$$G_1(1 - w_1) = G_2(1 - w_2)$$

或 $\qquad G_2 = \dfrac{G_1(1 - w_1)}{1 - w_2}$ $\hspace{4cm}$ (5-25)

[例 5-5] 在一连续干燥器中,每小时将 2 000 kg 湿物料由含水量 3% 干燥至 0.5%（均为湿基）。以热空气为干燥介质,空气进、出干燥器的湿度分别为 0.02 kg/kg 绝干气及 0.08 kg/kg 绝干气。假设干燥过程中无物料损失,试求水分蒸发量、新鲜湿空气消耗量和干燥产品量。

解:

(1)水分蒸发量 W

用式 5-21 计算:

其中 $\qquad X_1 = \dfrac{w_1}{1 - w_1} = \dfrac{0.03}{1 - 0.03} = 0.030\ 9$

$\qquad X_2 = \dfrac{w_2}{1 - w_2} = \dfrac{0.005}{1 - 0.005} \approx 0.005$

$\qquad G = G_1(1 - w_1) = 2\ 000(1 - 0.03) = 1\ 940 \text{ kg/h}$

$\qquad W = G(X_1 - X_2)$

$\qquad W = 1\ 940(0.030\ 9 - 0.005) = 50.2 \text{ kg 水分/h}$

(2)新鲜湿空气消耗量 L_w

用式 5-24 计算:

已知 $H_1 = 0.02 \text{ kg/kg 绝干气及 } H_2 = 0.08 \text{ kg/kg 绝干气。}$

$\qquad L_w = L(1 + H_1)$

用式 5-22 计算绝干空气消耗量:

$\qquad L = \dfrac{W}{H_2 - H_1} = \dfrac{50.2}{0.08 - 0.02} = 836.7 \text{ kg 绝干气/h}$

$\qquad L_w = L(1 + H_1) = 836.7(1 + 0.02) = 853.4 \text{ kg 新鲜湿空气/h}$

(3)干燥产品质量流量 G_2

用式 5-25 计算:

$\qquad G_2 = \dfrac{G_1(1 - w_1)}{1 - w_2} = \dfrac{2\ 000(1 - 0.03)}{1 - 0.05} = 1\ 949.75 \text{ kg 干燥产品/h}$

或 $\qquad G_2 = G_1 - W = 2\ 000 - 50.2 = 1\ 949.8 \text{ kg 干燥产品/h}$

5.2.2 干燥过程的焓衡算

通过干燥器的焓衡算可以求得:①干燥系统中预热器消耗的热量;②向干燥器补充的热量;③干燥系统中消耗的总热量。以上内容结合前面的物料衡算结果可作为以后设计干燥器的依据。

一、焓衡算的基本方程

温度为 t_0、湿度为 H_0 和焓为 I_0 的新鲜空气,经图 5-8 中的预热器加热后再送入干燥器。空气被预热后的状况变为 t_1、H_1($H_1 = H_0$)和 I_1。设在连续干燥器中热空气与湿物料进行逆流干燥操作,离开干燥器时空气的湿度增加而温度下降,空气的状况变为 t_2、H_2 和 I_2。绝干空气流量为 L kg/s。物料进、出干燥器时的干基含水量分别为 X_1 和 X_2,温度分别为 θ_1 及 θ_2,焓分别为 I_1' 和 I_2',绝干物料的流量为 G kg/s。单位时间内系统的热交换情况为:①预热器消耗的热量为 Q_P(kW);②向干燥器补充的热量为 Q_D(kW);③干燥器向周围损失的热量为 Q_L(kW)。

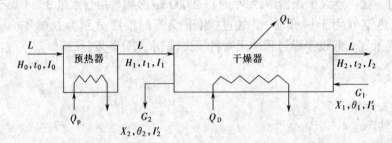

图 5-8   干燥系统中流程示意图

参考图 5-8,以 1 s 为基准,列以下各部位的焓衡算。

(一)预热器消耗的热量 Q_P

围绕图 5-8 的预热器作焓衡算,忽略热损失:

$$LI_0 + Q_P = LI_1$$

或　　　$Q_P = L(I_1 - I_0)$ 　　　　　　　　　　　　　　　　　　　　(5-26)

式中 Q_P 为单位时间内预热器消耗的热量,kW。

(二)向干燥器补充的热量 Q_D

围绕图 5-8 的干燥器作焓衡算:

$$LI_1 + Q_D + G I_1' = LI_2 + G I_2' + Q_L$$

或　　　$Q_D = L(I_2 - I_1) + G(I_2' - I_1') + Q_L$ 　　　　　　　　　(5-27)

式中　　Q_D——单位时间内向干燥器补充的热量,kW;

　　　　Q_L——单位时间内干燥器向周围损失的热量,kW。

若干燥器内采用输送装置输送物料,则进行焓衡算时应计入输送装置带入与带出的热量。

(三)干燥系统消耗的总热量 Q

干燥系统消耗的总热量 Q 为 Q_P 与 Q_D 之和,将式 5-26 与式 5-27 相加并整理得:

$$Q = Q_P + Q_D = L(I_2 - I_0) + G(I_2' - I_1') + Q_L$$ 　　　　　(5-28)

式中 Q 为单位时间内干燥系统消耗的总热量,kW。

为了便于计算 Q,应将式 5-28 中的 $I_2 - I_0$ 及 $I_2' - I_1'$ 作进一步处理。

(1)对于 $I_2 - I_0$

I_2 及 I_0 可以分别写成:

202

$$I_0 = c_g(t_0 - 0) + I_{v0}H_0 = c_g t_0 + I_{v0}H_0 \tag{5-29}$$

及 $$I_2 = c_g(t_2 - 0) + I_{v2}H_2 = c_g t_2 + I_{v2}H_2 \tag{5-30}$$

式中 I_{v0} 和 I_{v2} 分别为进入和离开干燥系统的湿空气中水汽的焓,此二值在干燥系统两端点相差不大,故可取 $I_{v2} \approx I_{v0}$。将式 5-30 减去式 5-29,得

$$I_2 - I_0 = c_g(t_2 - t_0) + I_{v2}(H_2 - H_0) \tag{5-31}$$

根据水汽焓的定义可写出:

$$I_{v2} = r_{0^\circ} + c_{v2}(t_2 - 0) = r_{0^\circ} + c_{v2}t_2$$

式中 c_{v2} 为离开干燥系统时湿空气中水汽的比热容,kJ/(kg 水汽·℃)。

将以上关系代入式 5-31:

$$I_2 - I_0 = c_g(t_2 - t_0) + (r_{0^\circ} + c_{v2}t_2)(H_2 - H_0)$$

或 $$I_2 - I_0 = 1.01(t_2 - t_0) + (2\,490 + 1.88t_2)(H_2 - H_0) \tag{5-32}$$

(2)对于 $I'_2 - I'_1$

由于在干燥过程中湿物料的比热容变化不大,故计算时常取湿物料的平均比热容 c_m,于是 $I'_2 - I'_1$ 可以写为:

$$I'_2 - I'_1 = c_m(\theta_2 - \theta_1) \tag{5-33}$$

将式 5-32 及式 5-33 代入式 5-28:

$$Q = Q_P + Q_D$$
$$= L[1.01(t_2 - t_0) + (2\,490 + 1.88t_2)(H_2 - H_0)] + Gc_m(\theta_2 - \theta_1) + Q_L$$

或 $$Q = Q_P + Q_D$$
$$= 1.01L(t_2 - t_0) + W(2\,490 + 1.88t_2) + Gc_m(\theta_2 - \theta_1) + Q_L \tag{5-34}$$

这里要指出的是:湿物料的平均比热容 c_m 可用加和法求得:

$$c_m = c_s + Xc_w \tag{5-35}$$

式中　　c_s——绝干物料的比热容,kJ/(kg 绝干料·℃);

c_w——水的比热容,kJ/(kg 水·℃),$c_w \approx 4.187$ kJ/(kg 水·℃)。

式 5-34 与式 5-28 是等价的,只是式 5-34 便于应用,且物理意义明确。由式 5-34 看出,干燥系统消耗的总热量用于:①加热空气;②蒸发物料中水分;③加热湿物料;④损失于周围环境中。应予指出,式 5-35 的推导过程中,忽略了预想器的热损失。

[例 5-6]　相对湿度 $\varphi_0 = 50\%$、温度 $t_0 = 20$ ℃ 的新鲜空气在预热器中被加热到 50 ℃ 后,送入常压干燥器内作为干燥介质。已测得空气离开干燥器时温度 $t_2 = 30$ ℃,空气在干燥器中经历等焓、增湿、冷却过程。每小时用 300 kg 新鲜空气干燥某种湿物料,试求:

(1)忽略预热器热损失,求预热器的传热速率;

(2)每立方米新鲜空气从湿物料中获得的水汽质量;

(3)输送空气的风机装在预热器之前,求风机的风量 V''。

解:先将干燥器各不同位置上的湿空气状态参数查出。

新鲜空气　根据 $t_0 = 20$ ℃、$\varphi_0 = 50\%$,于图 5-4 中查出:

$H_0 = 0.007$ kg/kg 绝干气

$I_0 = 38$ kJ/kg 绝干气

空气离开预热器(即进入干燥器)时:根据 $t_1 = 50$ ℃、$H_1 = H_0 = 0.007$ kg/kg 绝干气,于图 5-4 查出:

$I_1 = 69 \text{ kJ/kg 绝干气}$

空气离开干燥器时：根据 $t_2 = 30\ ℃$、$I_2 = I_1 = 69\ \text{kJ/kg 绝干气}$，查出：

$H_2 = 0.015\ \text{kg/kg 绝干气}$

(1)预热器中的传热速率 Q_P

用式 5-26 计算：

$$Q_P = L(I_1 - I_0)$$

式中绝干空气量 L 用式 5-24 计算：

$$L = \frac{L_w}{1 + H_0} = \frac{300}{1 + 0.007} = 297.9\ \text{kg 绝干空气/h}$$

$$Q_P = 297.9(69 - 38) = 9\ 234.9\ \text{kJ/h} = 2.57\ \text{kW}$$

(2)每立方米新鲜空气从湿物料中获得的水汽质量

所获得的水分质量应为 $(H_2 - H_0)/v_{H_0}$，而 v_{H_0} 为新鲜湿空气的比容，用式 5-6 计算：

$$
\begin{aligned}
v_{H_0} &= (0.772 + 1.244 H_0)\frac{273 + t_0}{273} \times \frac{101\ 330}{P} \\
&= (0.772 + 1.244 \times 0.007) \times \frac{273 + 20}{273} \times \frac{101\ 330}{101\ 330} \\
&= 0.838\ \text{m}^3\ \text{新鲜空气/kg 绝干气}
\end{aligned}
$$

所以　　$\dfrac{H_2 - H_0}{v_{H_0}} = \dfrac{0.015 - 0.007}{0.838} = 0.009\ 55\ \text{kg 水汽/m}^3\ \text{新鲜空气}$

(3)风机的风量

用下式计算：

$$V'' = L'' v_{H_0} = 297.9 \times 0.838 = 249.6\ \text{m}^3\ \text{新鲜空气/h}$$

二、干燥系统的热效率

通常将干燥系统的热效率定义为：

$$\eta = \frac{\text{蒸发水分所需的热量}}{\text{向干燥系统输入的总热量}} \times 100\% \tag{3-36}$$

蒸发水分所需的热量 Q_v 为：

$$Q_v = W(2\ 490 + 1.88 t_2) - 4.187 \theta_1 W$$

若忽略湿物料中水分带入系统中的焓，上式简化为：

$$Q_v \approx W(2\ 490 + 1.88 t_2)$$

上式代入式 5-36：

$$\eta = \frac{W(2\ 490 + 1.88 t_2)}{Q} \times 100\% \tag{3-36a}$$

干燥系统的热效率越高表示热利用率越好。若空气离开干燥器的温度较低而湿度较高，则可提高干燥操作的热效率。但是空气湿度增加，使物料与空气间的推动力（即 $H_w - H$）减小。一般来说，对于吸水性物料的干燥，离开干燥器的温度应高些，而湿度则应低些，即相对湿度要低些。在实际干燥操作中，空气离开干燥器的温度 t_2 应比进入干燥器时的绝热饱和温度高 $20\ ℃ \sim 50\ ℃$，这样才能保证在干燥系统后面的设备内不致析出液滴，否则可能使干燥产品返潮，且易造成管路的堵塞和设备材料的腐蚀。

在干燥操作中，若采用离开干燥器的空气（习惯上称为废气）去预热冷空气或冷物料，以回收废气中的热量；同时注意干燥设备及管道的保温以防止热量损失等措施，均有利于降低热能消耗以提高干燥系统的热效率。

5.2.3　空气通过干燥器的状态变化

由例 5-6 的计算过程看出,对干燥系统进行物料衡算与焓衡算时,必须知道空气离开干燥器的状态参数,而确定这些参数涉及空气通过干燥器所经历的过程性质。在干燥器内空气与物料间既有热量传递也有质量传递,有时还要向干燥器补充热量,同时又有热量损失于周围环境中,情况比较复杂,故确定干燥器出口处空气状况参数颇为繁琐。一般根据空气在干燥器内焓的变化,将干燥过程分为等焓过程与非等焓过程。

将式 5-27 等号两侧各加 $L(I_1 - I_0)$,即:

$$Q_D + L(I_1 - I_0) = L(I_2 - I_1) + G(I_2' - I_1') + Q_L + L(I_1 - I_0)$$

整理得:

$$Q_D + L(I_1 - I_0) = L(I_2 - I_0) + G(I_2' - I_1') + Q_L \tag{5-37}$$

式 5-37 为分析空气通过干燥器时焓变化的基本方程式。

一、等焓干燥过程

等焓干燥过程又称绝热干燥过程,一般对这种过程规定一些条件,例如:

(1)不向干燥器补充热量,即 $Q_D = 0$;

(2)忽略干燥器向周围散失的热量,即 $Q_L = 0$;

(3)物料进、出干燥器的焓相等,即 $G(I_2' - I_1') = 0$。

将以上假设代入式 5-37,得:

$$L(I_1 - I_0) = L(I_2 - I_0)$$

或　　　　$I_1 = I_2$

上式说明空气通过干燥器时焓恒定。实际操作中很难实现等焓过程,故称为理想干燥过程,但它能简化干燥的计算,并能在 $H—I$ 图上迅速确定空气离开干燥器时的状态参数。

参阅图 5-9,根据新鲜空气任意两个状态参数,如 H_0 及 I_0,在图上确定状态 A;再根据温度 t_1 确定状态点 B,该点为离开预热器(即进入干燥器)的状态点。由于空气通过干燥器按等焓过程变化,即沿过点 B 的等 I 线而变,故只要知道空气离开干燥器任一参数,例如相对湿度 φ_2,则过点 B 的等 I 线与等 φ_2 线的交点 C 即为空气出干燥器的状态点。过点 B 的等焓线是理想干燥过程的操作线,即空气在干燥器内的状态沿该等焓线而变。

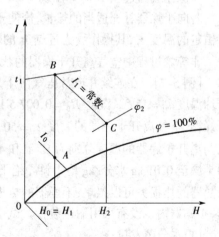

图 5-9　等焓干燥过程中湿空气的状态
　　　　变化示意图

二、非等焓操作过程

相对于理想过程而言,非等焓过程又称为实际干燥过程。非等焓过程可能有以下几种情况。

1.操作线在过点 B 的等焓线下方

这种干燥过程的条件为：

(1)不向干燥器补充热量，即 $Q_D = 0$；

(2)不能忽略干燥器向周围的热损失，即 $Q_L \neq 0$；

(3)物料进、出干燥器的焓不相等，即 $G(I_2' - I_1') \neq 0$。

将以上假设代入式 5-37，经整理得：

$$I(I_1 - I_0) > L(I_2 - I_0)$$

即　　　　$I_1 > I_2$

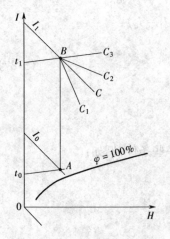

图 5-10　非等焓干燥过程中湿空
气的状态变化示意图

上式说明空气离开干燥器的焓 I_2 小于进干燥器的焓 I_1，这种过程的操作线 BC_1 应在 BC 线下方，如图 5-10 所示。BC_1 线上任意点指示的空气焓值小于同湿度下 BC 线上相应的焓值。

2.操作线在过点 B 的等焓线上方

若向干燥器补充的热量大于损失的热量与加热物料消耗的热量之和，即：

$$Q_D > G(I_2' - I_1') + Q_L$$

将此关系代入式 5-37，整理得：

$$L(I_1 - I_0) < L(I_2 - I_0)$$

或　　　　$I_1 < I_2$

上述情况与前项相反，操作线在过点 B 的等 I 线上方，如图 5-10 中 BC_2 线所示。

3.操作线为过点 B 的等温线

若向干燥器补充适当的热量，恰使干燥过程在等温条件下进行，即空气在干燥过程中维持恒定的温度 t_1，其操作线为过点 B 的等温线，如图 5-10 中 BC_3 线所示。

非等焓过程中空气离开干燥器的状态可以用计算法或图解法求得，具体方法见例 5-7。

[例 5-7]　在连续并流常压气流干燥器中干燥某种湿颗粒物料。新鲜空气的状态为：干球温度 $t_0 = 15\ ℃$、湿度 $H_0 = 0.007\ 5\ \text{kg/kg}$ 绝干气。经预热器加热到 $t_1 = 90\ ℃$ 后再送入干燥器，空气离开干燥器的温度 $t_2 = 50\ ℃$。每小时有 285.2 kg 湿物料送入干燥器，物料进入与离开干燥器的温度分别为 15 ℃ 和 40 ℃。湿物料的干基含水量由 0.15 kg 水分/kg 绝干料干燥至 0.01 kg 水分/kg 绝干料。绝干物料的平均比热容 $c_s = 1.156\ \text{kJ/(kg 绝干料·℃)}$。预热器的热损失可以忽略，干燥器的热损失为 332 kJ/kg 蒸发的水分，没有向干燥器补充热量，干燥器内也没有采用输送装置。试求：

(1)水分蒸发量；

(2)干燥产品的质量流量；

(3)新鲜空气消耗量；

(4)干燥系统消耗的总热量；

(5)干燥系统的热效率。

解：根据题意画出如本题附图 1 所示的流程图。

206

根据题给数据在 $H—I$ 图上查出各部位空气的有关状态参数。

空气进预热器时：

已知 $t_0 = 15$ ℃, $H_0 = 0.007\ 5$ kg/kg绝干气,查出 $I_0 = 34$ kJ/kg绝干气。

空气离开预热器即进干燥器时：

已知 $t_1 = 90$ ℃, $H_1 = H_0 = 0.007\ 5$ kg/kg绝干气,查出 $I_1 = 111$ kg/kg绝干气。

目前只知道空气离开干燥器时温度 $t_2 = 50$ ℃这一个参数,暂无法查出其他参数,该问题留在下面解决。

(1)水分蒸发量,用式5-21计算：

$$W = G(X_1 - X_2)$$

其中

$$G = G_1(1 - w_1)$$

而

$$w_1 = \frac{X_1}{1 + X_1} = \frac{0.15}{1 + 0.15} = 0.130\ 4$$

所以

$$G = 285.2(1 - 0.130\ 4) = 248\ \text{kg绝干料/h}$$

$$W = 248(0.15 - 0.01) = 34.72\ \text{kg水分/h}$$

(2)干燥产品的质量流量为：

$$G_2 = G_1 - W$$

$$= 285.2 - 34.72 = 250.48\ \text{kg干燥产品/h}$$

(3)求新鲜空气消耗量,先用式5-22计算绝干空气消耗量：

$$L = \frac{W}{H_2 - H_1} = \frac{34.72}{H_2 - 0.007\ 5} \tag{1}$$

由此看出空气消耗量与它离开干燥器时的湿度有关,前已述及可以通过解析法或作图法求空气离开干燥器的状态参数。

①解析法：

由式5-27知向干燥器补充热量 Q_D 为：

$$Q_D = L(I_2 - I_1) + G(I_2' - I_1') + Q_L$$

其中

$$Q_D = 0$$

$$Q_L = 332 \times 34.72 = 11\ 527\ \text{kJ/h}$$

用加和规则计算湿物料的焓：

$$I' = c_s\theta + Xc_w\theta$$

式中　c_s——绝干物料的比热容,kJ/(kg绝干料·℃)；

　　　c_w——水的比热容,kJ/(kg水分·℃)。

分别算出湿物料进、出干燥器的焓：

$$I_1' = 1.156 \times 15 + 0.15 \times 4.187 \times 15 = 26.76\ \text{kJ/kg绝干料}$$

$$I_2' = 1.156 \times 40 + 0.01 \times 4.187 \times 40 = 47.91\ \text{kJ/kg绝干料}$$

所以　　$L(I_2 - 111) + 248(47.91 - 26.76) + 11\ 527 = 0$

或　　　$L(I_2 - 111) + 16\ 772.2 = 0 \tag{2}$

根据式5-9a写出空气离开干燥器时的焓：

$$I_2 = (1.01 + 1.88H_2)t_2 + 2\ 490H_2 = (1.01 + 1.88H_2)50 + 2\ 490H_2$$

或　　　$I_2 = 50.5 + 2\ 584H_2 \tag{3}$

联立式(1)、式(2)及式(3),解得：

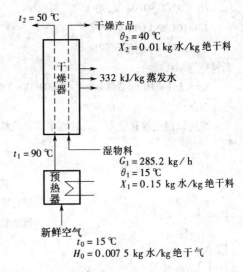

$t_2 = 50$ ℃　　　干燥产品
$\theta_2 = 40$ ℃
$X_2 = 0.01$ kg水/kg绝干料

干
燥
器

332 kJ/kg 蒸发水

$t_1 = 90$ ℃　　　湿物料
$G_1 = 285.2$ kg/h
$\theta_1 = 15$ ℃
$X_1 = 0.15$ kg水/kg绝干料

预
热
器

新鲜空气
$t_0 = 15$ ℃
$H_0 = 0.007\ 5$ kg水/kg绝干气

例5-7附图1

$H_2 = 0.020\ 907$ kg/kg 绝干气

$I_2 = 104.52$ kJ/kg 绝干气

$L = 2\ 589.8$ kg 绝干气/h

新鲜空气消耗量为：

$L_w = L(1 + H_0) = 2\ 589.8(1 + 0.007\ 5) = 2\ 609.2$ kg 新鲜空气/h

②作图法：

作图法可以避免解联立方程式时数字运算之烦。用前述的式子进行作图，联立式1及式2并略去下标,得：

$I = 114.6 - 483.1H$

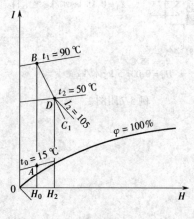

例 5-7 附图 2

将上述线性方程标绘在本例附图2的 H—I 示意图上,所得直线 BC_1 与 $t_2 = 50$ ℃ 等温线的交点 D,即为空气离开干燥器的状态参数坐标位置,由此读出：

$H_2 = 0.020\ 9$ kg/kg 绝干气

$I_2 = 105$ kJ/kg 绝干气

由于作图及读图的误差,这两种方法的计算结果稍有差异。

(4)干燥系统消耗的总热量

因没有向干燥器补充热量,故干燥系统中消耗的总热量为：

$Q = Q_P + Q_L = L(I_1 - I_0) + Q_L$

$= 2\ 589.8(111 - 34) + 11\ 527 = 211 \times 10^3$ kJ/h

(5)干燥系统的热效率

若忽略湿物料中水分带入的焓,可用式 5-36 计算热效率：

$$\eta = \frac{W(2\ 490 + 1.88t_2)}{Q} \times 100\%$$

$$= \frac{34.72(2\ 490 + 1.88 \times 50)}{211 \times 10^3} \times 100\% = 42.52\%$$

第 3 节   固体物料在干燥过程中的平衡关系与速率关系

上节讨论的主要内容是通过物料衡算与焓衡算找出被干燥物料与干燥介质的最初状态与最终状态间的关系,用以确定干燥介质的消耗量、水分蒸发量以及消耗的热量。本节将介绍从物料中除去水分的数量与干燥时间之间的关系。在这两者的基础上,才能对干燥器进行工艺设计计算。

本节实际是介绍干燥过程中的平衡关系与速率关系。由于干燥过程是气、固间传质与传热并存的操作,机理相当复杂,故不能采用蒸馏或吸收过程中惯用的模式来描述干燥过程。

5.3.1   物料中的水分

干燥过程中,水分由湿物料表面向空气主流中扩散的同时物料内部水分也源源不断地向表面扩散,水分在物料内部的扩散速率与物料结构以及物料中的水分性质有关。

一般物料分为非吸湿毛细管物料(如沙子、碎矿石、某些聚合物颗粒等)、吸湿多孔物料(如黏土、某些分子筛、木材和织物等)及胶体(无孔)物料(如肥皂、胶、尼龙类的聚合物等)三大类。水分在物料中存在的情况为:①化学结合水,即化合物中的结晶水,不能用干燥方法除去这种水分;②化学—物理结合水与物理—机械结合水,这两种水分只有变成蒸汽才能从物料中除去;③机械结合水分,这种水分可用机械方法(如过滤、离心分离等)除去。

从干燥机理角度出发,将物料中的水分分为以下几种。

一、平衡水分和自由水分

物料与一定状态的空气接触后,物料将释出或吸入水分,最终达到恒定的含水量。若空气状态恒定,则物料将永远维持这么多的恒定含水量,不会因接触时间延长而改变。这种恒定的含水量称为该物料在固定空气状态下的平衡水分,又称平衡湿含量或平衡含水量,以 X^* 表示,单位为 kg 水/kg 绝干料。表 5-1 及图 5-11 分别给出空气在 24 ℃ 及 25 ℃ 的状态下,某些固体物料的平衡含水量 X^* 与空气相对湿度 φ 的关系。图 5-11 的关系曲线称为平衡曲线。由图看出,同一状态的空气,如 $t = 25$ ℃、$\varphi = 60\%$ 时,陶土的 $X^* \approx 1$ kg 水/100 kg 绝干料(6 号线上点 A),而烟叶的 $X^* \approx 23$ kg 水/100 kg 绝干料(7 号线上的点 B)。又如,对同一种物料,比如羊毛,当空气 $t = 25$ ℃、$\varphi = 20\%$ 时,$X^* \approx 7.3$ kg 水/100 kg 绝干料(2 号线上点 C),而当 $\varphi = 60\%$ 时,$X^* = 14.5$ kg 水/100 kg 绝干料(2 号线上点 D)。由此可见,当空

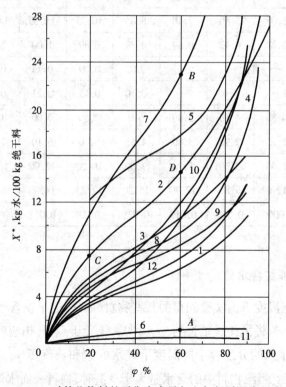

图 5-11　25 ℃时某些物料的平衡含水量与空气相对湿度 φ 的关系

1—新闻纸　2—羊毛、毛织物　3—硝化纤维　4—丝　5—皮革　6—陶土
7—烟叶　8—肥皂　9—牛皮胶　10—木材　11—玻璃丝　12—棉花

气状态恒定时,不同物料的平衡水分数值差异很大,同一物料的平衡水分随空气状态而变。

由图 5-11 还可以看出,当 $\varphi = 0$ 时,各种物料的 X^* 均为零,即湿物料只有与绝干空气相接触才能获得绝干物料。

图 5-11 中的曲线相当于用 25 ℃的湿空气干燥各种固体物料时的平衡曲线。

各种物料的平衡含水量由实验测得。同一物料中平衡含水量随空气温度升高而略有减少。例如棉花与相对湿度为 50% 的空气相接触,当空气温度由 37.8 ℃升高到 93.3 ℃时,平衡含水量 X^* 由 0.073 降至 0.057,约减少 25% 。但缺乏各种温度下平衡含水量的实验数据。因此只要温度变化范围不大,一般可近似地认为物料的平衡含水量与空气的温度无关。

物料中的水分超过 X^* 的那部分水分称为自由水分,这种水分可以用干燥方法除去。因此,平衡含水量是湿物料在一定的空气状态下干燥的极限。

表 5-1　某些固体物料的平衡含水量 X^* (24 ℃)

物料 ＼ φ	0.1	0.2	0.3	0.4	0.5	0.6	0.7	0.8	0.9
石棉纤维	0.13	0.25	0.30	0.33	0.39	0.49	0.61	0.75	0.83
板纸	2.05	3.20	4.50	4.75	5.40	6.05	7.20	8.75	10.70
吸湿棉	4.80	9.00	12.50	15.70	18.50	20.80	22.80	23.40	25.80
黄麻	3.05	5.50	7.40	8.85	10.35	12.00	14.15	16.75	20.08
高岭土	0.22	0.42	0.64	0.79	0.89	1.00	1.10	1.23	1.28
黏土砖	—	—	—	0.07	0.09	0.13	0.19	0.25	0.33
红砖	—	—	—	0.10	0.15	0.21	0.30	0.49	0.64
黏胶剂	4.30	4.80	5.80	6.0	7.60	9.00	10.70	11.80	12.10
亚麻	1.75	2.95	3.80	4.55	5.30	6.10	7.10	8.50	10.35
肥皂	1.90	3.80	5.70	7.60	10.00	12.90	16.10	19.80	23.80
硅胶	1.70	9.80	12.70	15.20	17.20	18.80	20.20	21.50	22.60
尼龙	0.006 7	0.013	0.019	0.025	0.03	0.035	0.049	0.053	0.068

二、结合水分和非结合水分

图 5-12 为在恒定温度下由实验测得的某些物料(如丝)的平衡含水量 X^* 与空气相对湿度 φ 间的关系曲线。若将平衡线延长与 $\varphi = 100\%$ 线交于点 B,相应的 $X_B^* = 0.24$ kg/kg 绝干料,此时物料表面水汽的分压等于同温度下纯水的饱和蒸汽压 p_s,也即等于同温度下饱和空气中的水汽分压。当湿物料中的含水量大于 X_B^* 时,物料表面水汽的分压不会再增大,仍为 p_s。高出 X_B^* 那部分的水分称为非结合水,汽化这种水分与汽化纯水相同,极易用干燥方法除去。物料中的吸附水分和孔隙中的水分,都属于非结合水,它与物料机械结合,一般结合力较弱,故极易除去。物料中小于 X_B^* 那部分的水分称为结合水。通常,细胞壁内的

水分及小毛细管的水分都属于结合水,与物料结合的较紧,其蒸汽压低于同温度下纯水的饱和蒸汽压,故较非结合水难于除去。因此,在恒定的温度下,物料的结合水与非结合水的划分只取决于物料本身的特性,与空气状态无关。结合水与非结合水都难于用实验方法直接测得,只有根据它们的特点,将平衡曲线外延与 $\varphi = 100\%$ 线相交而获得。

物料的总水分、平衡水分、自由水分、结合水分与非结合水分之间的关系示于图 5-12 中。

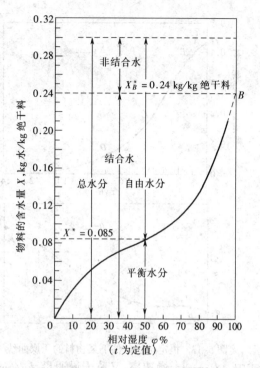

图 5-12 固体物料(丝)中所含水分的性质

5.3.2 干燥时间的计算

计算干燥时间应先寻求干燥过程的速率关系。按空气状态变化情况,可将干燥过程分为恒定干燥和非恒定(变动)干燥两大类。若用大量空气对少量物料进行间歇干燥,并维持空气速度以及与物料接触方式不变,因空气是大量的,且物料中汽化出的水分不多,故可认为干燥过程中空气的湿度与温度都没有改变,这种操作称为恒定状态下的干燥,简称恒定干燥。在某些干燥操作中,用大量空气干燥少量湿物料,这时空气中的湿度可以认为不变。若空气的温度变化不大时,可取其进出口的平均值,这种干燥与恒定干燥颇为类似。在连续操作的干燥设备内,很难维持空气的湿度和温度不变。沿干燥器的长度或高度空气的湿度逐渐加大而温度下降,这种操作称为非恒定(或变动)状态干燥,简称变动干燥。本教材只讨论恒定干燥。

一、干燥实验和干燥曲线

前已述及干燥机理比较复杂,难于用速率 = 推动力/阻力的模式来描述,一般将实验数据整理成关系曲线,间接说明速率情况。在间歇干燥器中,定时测量物料的质量变化,记录下每一间隔时间 $\Delta \tau$ 内物料的质量变化 $\Delta W'$ 及物料表面温度 θ,直到物料的质量恒定为止,此时物料与湿空气达到平衡状态,物料中所含水分即为该条件下的平衡水分。然后再将物料放到电烘箱内烘干到恒重为止(控制烘箱内的温度低于物料的分解温度),即可测得绝干物料的质量。

图 5-13 中的 X—τ 及 θ—τ 曲线是按上述实验方法在恒定干燥条件下获得的数据而标绘的,这两条曲线均称为干燥曲线。

由图 5-13 可见,图中点 A 表示物料初始含水量为 X_1、温度为 θ_1。干燥开始后,物料含水量及表面温度均随时间而变化,在 AB 段末端含水量降至 X、温度升到 t_w。物料在 AB 段处于预热阶段,空气中的部分热量用于加热物料,故物料含水量及温度均随时间变化不大,即斜率 $dX/d\tau$ 较小。其后,BC 段呈直线关系,斜率 $dX/d\tau$ 为常数。此段内空气传给物料的显热恰等于水分从物料中汽化所需的汽化热,而物料的表面温度等于热空气的湿球温度

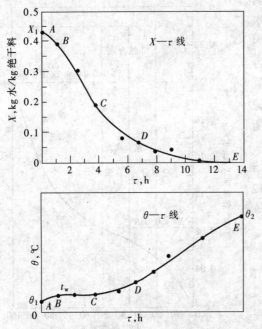

图 5-13 恒定干燥条件下某物料的干燥曲线

t_w。进入 CD 段后,物料开始升温,热空气的一部分热量用于加热物料,使温度由 t_w 升到 θ_2,另一部分热量用于汽化水分。因此该段斜率 $dX/d\tau$ 逐渐变小,直到点 E 时物料中含水分降至平衡含水量 X^*,干燥过程也就终止。

二、干燥速率曲线

通过图 5-13 可以了解干燥过程中湿物料中水分变化情况,但它不便于应用,故将其改为便于应用的干燥速率曲线。

单位时间内、单位干燥面积上汽化的水分质量称为干燥速率,以 U 表示,单位为 $kg/(m^2 \cdot s)$,其表达式为:

$$U = \frac{dW'}{Sd\tau} \tag{5-38}$$

其中 $dW' = -G'dX$

式中 U——干燥速率,又称干燥通量,$kg/(m^2 \cdot s)$;

S——干燥表面积,m^2;

W'——一批操作中汽化出的水分量,kg;

τ——干燥时间,s;

G'——一批操作中绝干物料的质量,kg。负号表示 X 值随干燥时间增加而降低。

式 5-38 改写为:

$$U = -\frac{G'dX}{Sd\tau} \tag{5-39}$$

根据式 5-39 的表达方式将图 5-13 中的 X—τ 曲线改为 U—X 的关系曲线,得到图 5-14 所示的曲线,该曲线称为干燥速率曲线。

干燥速率曲线的形式因物料种类不同而异,图 5-14 为恒定干燥条件下典型的干燥速率曲线。无论哪一种类型的干燥速率曲线,都可将干燥过程明显地分为两个阶段。图 5-14 中 ABC 段为干燥第一阶段,其中 BC 段的干燥速率保持恒定,U 不随 X 而变,称为恒速干燥阶段(或干燥第一阶段);AB 段为预热段,此段经历时间较短,一般并入 BC 段考虑。CDE 段内 U 随 X 的减小而降低,称为降速干燥阶段(或干燥第二阶段)。两段的交点 C 称为临界点。与点 C 对应的干燥速率称为临界干燥速率,以 U_c 表示。实质上,对于恒定干燥,临界干燥速

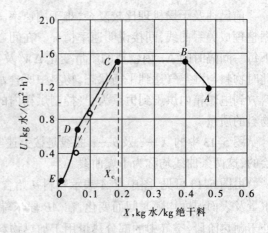

图 5-14 恒定干燥条件下干燥速率曲线

率等于等速阶段的干燥速率。与点 C 对应的湿物料含水量称为临界含水量,以 X_c 表示。与图 5-14 点 E 对应的干燥速率为零,相应的物料中含水量为该干燥条件下物料的平衡含水量 X^*。

图 5-13 的干燥曲线与图 5-14 的干燥速率曲线间接或直接说明了干燥过程中干燥速率的情况,为干燥器的设计提供了必要的数据。应着重提及,实验操作条件应与生产要求的条件相同或近似,使实验结果应用于干燥器设计的误差尽量减小。

三、干燥时间的计算

由于干燥过程中两个阶段的机理不同,故应分别计算两段的干燥时间。干燥时间的计算是以实验数据为基础进行计算的,也可由类似图 5-13 的实验曲线查得干燥时间。

(一)恒速阶段的干燥时间

因在恒定干燥条件下,恒速阶段的干燥速率等于临界点的干燥速率 U_c,故将式 5-39 改写成:

$$d\tau = -\frac{G'}{U_c S}dX$$

积分上式的边界条件:

开始时　$\tau = 0, X = X_1$

临界点　$\tau = \tau_1, X = X_c$

因此　$\int_0^{\tau_1} d\tau = -\frac{G'}{U_c S}\int_{X_1}^{X_c} dX$

或　　$\tau_1 = \frac{G'}{U_c S}(X_1 - X_c)$　　　　　　　　　　(5-40)

式中　τ_1——恒速阶段的干燥时间,s;

　　　U_c——临界干燥速率,$kg/(m^2 \cdot s)$;

　　　X_1——物料的初始含水量,kg/kg 绝干料;

　　　X_c——物料的临界含水量,即恒速终了时物料的含水量,kg/kg 绝干料;

　　　G'/S——单位干燥面积上的绝干物料质量,kg 绝干料/m^2 干燥表面。

当缺乏 U_c 的实验数据时,可用下法求 U_c。

在恒速干燥阶段中,固体物料表面非常润湿,其状况与湿球温度计的湿纱布表面的状况类似。因此当湿物料在恒定干燥条件下进行干燥时,物料表面的温度 θ 等于空气的湿球温度 t_w(假设湿物料受辐射传热的影响可忽略不计),故一批操作的传热速率方程式为:

$$\frac{dQ'}{Sd\tau} = \alpha(t - t_w)$$

式中　Q'——一批操作中恒速阶段传热量,kJ;

　　　t——恒定干燥条件下空气的平均温度,℃;

　　　t_w——初始状态空气的湿球温度,℃;

　　　α——空气向物料的对流传热系数,$W/(m^2 \cdot ℃)$。

将 $Q' = r_{t_w} W'$ 的关系代入干燥速率定义式:

$$U_c = \frac{dW'}{Sd\tau} = \frac{dQ'}{r_{t_w}Sd\tau} = \frac{\alpha}{r_{t_w}}(t - t_w)$$　　　　(5-41)

式中 r_{t_w} 为湿球温度下水的汽化热,kJ/kg。

可由式 5-41 计算出临界点处的干燥速率,也即恒速阶段的干燥速率。

对流传热系数 α 随物料与介质的接触方式有以下几种经验公式可供使用。

(1)空气平行吹过静止物料层表面:

$$\alpha = 0.020\ 4(L')^{0.8} \tag{5-42}$$

式中 α——对流传热系数,$W/(m^2 \cdot ℃)$;

      L'——湿空气的质量速度,$kg/(m^2 \cdot h)$。

式 5-42 应用条件为 $L' = 2\ 450\ kg/(m^2 \cdot h) \sim 29\ 300\ kg/(m^2 \cdot h)$、空气平均温度为 $45℃ \sim 150℃$。

(2)空气垂直流过静止物料层表面:

$$\alpha = 1.17(L')^{0.37} \tag{5-43}$$

式 5-43 的应用条件为 $L' = 3\ 900\ kg/(m^2 \cdot h) \sim 19\ 500\ kg/(m^2 \cdot h)$。

(3)气体与运动着的颗粒间的传热:

$$\alpha = \frac{\lambda_g}{d_p}\left[2 + 0.54\left(\frac{d_p u_0}{\nu_g}\right)^{0.5}\right] \tag{5-44}$$

式中 d_p——颗粒的平均直径,m;

      u_0——颗粒的沉降速度,m/s;

      λ_g——空气的导热系数,$W/(m \cdot ℃)$;

      ν_g——空气的运动黏度,m^2/s。

式 5-43 及式 5-44 中 α 的单位均为 $W/(m^2 \cdot ℃)$。

由对流传热系数算出的干燥速率或时间都是近似值,但通过 α 的计算式可以分析影响干燥速率的因素。例如空气流速越大、温度越高、湿度越低都能促使干燥速率加快,但温度过高、湿度过低,可能会因干燥速率太快而引起物料变形、开裂或表面硬化,此外,若空气速度太快,还会产生气体夹带现象,所以,应视具体情况选用适宜的操作条件。

[例 5-8] 图 5-13 及图 5-14 是在恒定干燥条件下,对某种物料进行间歇实验获得的关系曲线。今将该物料自初始含水量 $X_1 = 0.38$ kg 水/kg 绝干料干燥至 $X_2 = 0.2$ kg 绝干料。已知每 m^2 干燥面积上的绝干物料质量为 21.5 kg 绝干料,试估算干燥时间。

解:由图 5-14 查出临界含水量 $X_c \approx 0.19$ kg 水/kg 绝干料,该值小于物料最终含水量 $X_2 = 0.2$ kg 水/kg 绝干料,故本题只有恒速干燥阶段。用式 5-40 求恒速干燥段的速率(式中 X_c 应改为 X_2):

$$\tau_1 = \frac{G'}{U_c S}(X_1 - X_2)$$

其中 $\dfrac{G'}{S} = 21.5$ kg 绝干料/m^2 干燥面积

由图 5-14 查出:$U_c = 1.5$ kg 水/$(m^2 \cdot h)$。

$$\tau_1 = \frac{21.5}{1.5}(0.38 - 0.2) = 2.58 \text{ h}$$

另外,可由图 5-13 直接查出与 $X_1 = 0.38$ kg 水/kg 绝干料及 $X_2 = 0.2$ kg 水/kg 绝干料相对应的时间为 1.3 h 及 3.9 h,故干燥时间为:

$$3.9 - 1.3 = 2.6 \text{ h}$$

计算的与查图的结果基本相符。

[例 5-9] 某种颗粒物料放在长、宽各为 0.6 m 的浅盘内干燥。平均温度 t 为 70 ℃、湿

度 H 为 0.02 kg/kg 绝干气的常压空气以 4.11 kg/(m^2·s)的质量速度平行地吹过湿颗粒的表面,设盘的底部及四周绝热良好。试求恒速阶段每小时汽化的水分量。

解:汽化的水分量 W 用下式计算:

$$W = U_c S$$

其中

$$U_c = \frac{\alpha}{r_{t_w}}(t - t_w)$$

从图 5-4 查出空气平均温度 t 为 70 ℃、湿度 H 为 0.02 kg/kg 绝干气时,空气的湿球温度 t_w 为 32.5 ℃,从附录九查出相应的汽化热 r_{t_w} = 2 418 kJ/kg。

空气平行地吹过湿颗粒表面,故用式 5-42 计算对流传热系数:

$$\alpha = 0.020\ 4(L')^{0.8} = 0.020\ 4(4.11 \times 3\ 600)^{0.8} = 44.2\ \text{W/(m}^2 \cdot \text{℃)}$$

故

$$U_c = \frac{44.2}{2\ 418 \times 10^3}(70 - 32.5) = 6.855 \times 10^{-4}\ \text{kg/(m}^2 \cdot \text{s)}$$

$$W = 6.855 \times 10^{-4} \times 0.6^2 \times 3\ 600 = 0.888\ \text{kg 水/h}$$

(二)降速阶段干燥时间

当物料的含水量降至临界含水量 X_c 后,便转入降速干燥阶段。在此段中,由于水分自物料内部向表面迁移的速率低于物料表面上水分的汽化速率,因此湿物料表面逐渐变干,汽化表面向物料内部迁移,温度也不断上升。随着物料内部含水量的减少,水分由物料内部向表面传递的速率慢慢下降,因而干燥速率也越来越低,到达图 5-14 中点 E 时速率降为零,物料中的水分即为该空气状态下的平衡水分。物料表面温度由初始状态空气的湿球温度 t_w 逐渐上升至 θ_2。

由以上分析知:降速阶段的干燥速率取决于水分在物料内部迁移速度,它与物料本身结构、尺寸及几何形状有关,与干燥介质流动关系不大,所以降速阶段又称为物料内部迁移控制阶段。物料内部水分迁移机理相当复杂,目前虽有多种理论描述迁移过程,但局限性很大,难于依靠这些理论建立说明干燥速率的方程式,因此只有通过实验作出该条件下的干燥曲线或干燥速率曲线。

降速阶段干燥曲线形状随物料内部结构而异。物料内部结构是多样的,有些是多孔的、有些是无孔的、有些是易吸水的、有些是难吸水的,所以降速阶段干燥速率曲线的形状也是多样的。图 5-14 所示的为典型干燥速率曲线。

降速阶段干燥速率 U 的计算式也是以干燥速率的定义式 5-39 为基础推导出的,将式 5-39 改为:

$$d\tau = -\frac{G'}{US}dX$$

积分上式的边界条件:

降速段开始　　$\tau = 0, X = X_c$

干燥终了　　　$\tau = \tau_2, X = X_2$

故

$$\tau_2 = \int_0^{\tau_2} d\tau = -\frac{G'}{S}\int_{X_c}^{X_2} \frac{dX}{U} \tag{5-45}$$

式 5-45 中积分项有如下的计算方法。

1. U 与 X 呈线性关系

若 U 与 X 呈如图 5-15 所示的线性关系时,这时任一瞬间的干燥速率与相应的物料含水量间的关系为:

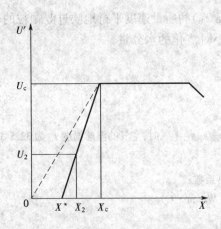

图 5-15　干燥速率曲线示意图

$$\frac{U-0}{X-X^*} = \frac{U_c-0}{X_c-X^*} = k_X \qquad (5-46)$$

式中　k_X——降速阶段干燥速率线的斜率，kg 绝干料/($m^2 \cdot s$)。

式 5-46 可以改成：

$$U = k_X(X - X^*) \qquad (5-47)$$

将以上关系代入式 5-45：

$$\tau_2 = -\frac{G'}{S}\int_{X_c}^{X_2}\frac{dX}{k_X(X - X^*)}$$

积分　　$$\tau_2 = \frac{G'}{Sk_X}\ln\frac{X_c - X^*}{X_2 - X^*} \qquad (5-48)$$

若将式 5-46 整理成 $U_c = k_X(X_c - X^*)$ 的形式，并将其代入式 5-48，于是得：

$$\tau_2 = \frac{G'}{S}\frac{X_c - X^*}{U_c}\ln\frac{X_c - X^*}{X_2 - X^*} \qquad (5-48a)$$

式 5-48 及式 5-48a 都可用以求降速阶段干燥时间，但用式 5-48a 时可以避免求降速阶段干燥速率曲线的斜率 k_X。

若缺乏平衡含水量 X^* 的数据，可假设降速阶段速率线为通过原点的直线，如图 5-15 中的虚线所示，此时 $X^* = 0$，故 $U_c = k_X X_c$，式 5-48a 变为：

$$\tau_2 = \frac{G'}{S}\frac{X_c}{U_c}\ln\frac{X_c}{X_2} \qquad (5-48b)$$

2. U 与 X 不呈线性关系

若 U 与 X 不呈线性关系时，可根据实验数据用绘图积分法求积分项的数值，随着计算机的普遍应用也可采用便于编计算程序的定步长辛普森数值积分法求解积分项的数值。两种方法的具体计算步骤见后面的例题。

(三)临界含水量

一般物料在干燥过程中要经历预热段、恒速干燥阶段和降速干燥阶段，而后两个阶段是以湿物料中临界含水量来区分的。临界含水量 X_c 值越大，便会较早地转入降速干燥阶段，使在相同干燥任务下所需的干燥时间加长，无论从经济角度还是从产品质量来看，都是不利的。临界含水量随物料的性质、干燥器的类型和操作条件不同而异。例如无孔吸水性物料的 X_c 值比多孔物料的为大；在一定的干燥条件下，物料层越厚，X_c 值也越大，因此在物料的平均含水量较高的情况下就开始进入降速干燥阶段；又如，若干燥介质的温度过高、湿度过低，恒速干燥阶段的干燥速度就过快，X_c 也变大，还可能使某些物料表面结疤。

了解影响 X_c 的因素，就便于控制干燥操作。例如减低物料层的厚度，对物料加强搅拌，则既可增大干燥面积，又可减小 X_c 值。流化干燥设备(如气流干燥器和沸腾干燥器)中物料的 X_c 值一般均较低，其理由即在此。

湿物料的临界含水量通常由实验测定，若无实验数据，可查有关手册。表 5-2 中所列的 X_c 值也可供参考。

216

表 5-2 不同物质临界含水量的范围

有机物料		无机物料		临界含水量
特征	例子	特征	例子	干基含水量(%)[①]
很粗的纤维	未染过羊毛	大于50〔筛目〕的无孔物料	石英	3~5
		晶体的、粒状的、孔隙较少的物料,颗粒为50~325〔筛目〕	食盐、海砂、砂石	5~15
晶体的、粒状的、孔隙较小的物料	麸酸结晶	细晶体有孔物料	硝石、细砂、黏土料、细泥	15~25
粗纤维细粉	粗毛线、醋酸纤维、印刷纸、碳素颜料	细沉淀物,无定形和胶体状态的物料,无机颜料	碳酸钙、细陶土、普鲁士蓝	25~50
细纤维,无定形的和均匀状态的压紧物料	淀粉、亚硫酸、纸浆、厚皮革	浆状,有机物的无机盐	碳酸钙、碳酸镁、二氧化钛、硬脂酸钙	50~100
分散的压紧物料,胶体状态和凝胶状态的物料	鞣制皮革、糊墙纸、动物胶	有机物的无机盐、媒触剂、吸附剂	硬脂酸锌、四氯化锡、硅胶、氢氧化铝	100~3 000

① 以%形式表示的干基含水量。

[例 5-10] 在恒定干燥条件下,将某种湿物料从 $X_1 = 0.44$ kg 水/kg 绝干料,干燥至 $X_2 = 0.06$ kg 水/kg 绝干料。由实验得到该物料含水量 X 与干燥速率 U 间的关系列于附表 1 中。已知物料能提供的干燥表面积为 0.05 m^2 干燥面积/kg 绝干料,求干燥时间。

例 5-10 附表 1

X	U	X	U
kg 水/kg 绝干料	kg 水/($m^2 \cdot$ h)	kg 水/kg 绝干料	kg 水/($m^2 \cdot$ h)
0.58	1.5	0.22	1.24
0.54	1.51	0.2	1.2
0.50	1.5	0.18	1.08
0.46	1.49	0.16	1.0
0.42	1.49	0.14	0.92
0.38	1.51	0.12	0.72
0.3	1.49	0.1	0.65
0.28	1.46	0.08	0.46
0.26	1.39	0.06	0.3
0.24	1.3		

解:根据本例附表 1 数据,标绘 X 与对应的 U 得本例附图 1。由图看出,本例干燥过程包括等速和降速两个干燥阶段,且降速阶段的干燥速率线是曲线。临界点的数据为:

$X_c = 0.3$ kg 水/kg 绝干料

$U_c = 1.5$ kg 水/($m^2 \cdot$ h)

干燥时间分段计算。

(1)恒速阶段干燥时间,用式 5-40 计算:

$$\tau_1 = \frac{G''}{U_c S}(X_1 - X_c)$$

将已知值代入:

$$\tau_1 = \frac{1}{1.5 \times 0.05}(0.44 - 0.3) = 1.87 \text{ h}$$

(2)降速阶段干燥时间,用式 5-45 计算:

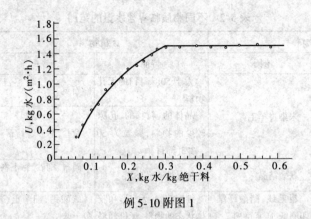

例 5-10 附图 1

$$\tau_2 = \int_0^{\tau_2} d\tau = -\frac{G'}{S} \int_{X_c}^{X_2} \frac{dX}{U}$$

由附图 1 看出:降速阶段 $X—U$ 关系线为曲线,上式积分项要用图解积分法或定步长辛普森数值积分法求解。

①图解积分法

在 $X_c = 0.3$ kg 水/kg 绝干料至 $X_2 = 0.06$ kg 水/kg 绝干料的范围内,将题给的 U 值转换成 $1/U$,计算结果列于本例附表 2 中。

例 5-10 附表 2

序号	X	U	$1/U$
	kg 水/kg 绝干料	kg 水/(m²·h)	(m²·h)/kg 水
0	0.3	1.49	0.671 1
1	0.28	1.46	0.684 9
2	0.26	1.39	0.719 4
3	0.24	1.3	0.769 2
4	0.22	1.24	0.806 5
5	0.2	1.2	0.833 3
6	0.18	1.08	0.925 9
7	0.16	1.0	1.0
8	0.14	0.92	1.086 9
9	0.12	0.72	1.388 9
10	0.1	0.65	1.538 5
11	0.08	0.46	2.173 9
$n = 12$	0.06	0.3	3.333 3

在本例附图 2 中标绘相对应的 X 与 $1/U$。

图中 $X—1/U$ 关系曲线、$X_2 = 0.06$ kg 水/kg 绝干料、$X_c = 0.3$ kg 水/kg 绝干料及横轴四条线包围的面积即为积分值 $\int_{X_2}^{X_c} \frac{dX}{U}$,由图知该面积等于 $(0.04 \times 0.5) \times 13.2$,故降速阶段干燥时间为:

$$\tau_2 = \int_0^{\tau_2} d\tau = -\frac{G''}{S} \int_{X_c}^{X_2} \frac{dX}{U} = \frac{G''}{S} \int_{X_2}^{X_c} \frac{dX}{U}$$

$$= \frac{1}{0.05} \times (0.04 \times 0.5) \times 13.2 = 5.28 \text{ h}$$

②定步长辛普森数值积分法

本法要求 $X—1/U$ 关系中任意两相邻 X 的差值相等,即等步长,若实验数据不是等步长,可从本例附图 1 中按等步长读出 X 与 U 的关系,然后再转换为 X 与 $1/U$ 的关系。本例附表 1 中的数据是按等步长列

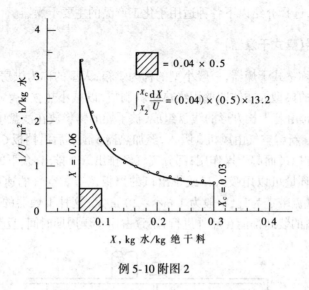

例 5-10 附图 2

出的。

辛普森法求式 5-45 中积分项的公式为:

$$\int_{x_2}^{x_c} \frac{\mathrm{d}X}{U} = \frac{X_c - X_2}{3N} \left[\frac{1}{U_0} + \frac{1}{U_n} + 4\left(\frac{1}{U_1} + \frac{1}{U_3} + \cdots + \frac{1}{U_{n-1}} \right) + 2\left(\frac{1}{U_2} + \frac{1}{U_4} + \cdots + \frac{1}{U_{n-2}} \right) \right]$$

式中 N 为降速段实验数据间隔数, N 值越大, 计算结果越精确, 本例 $N=12$; 下标为本例附表 2 中各组数据从零开始算起的序号。

将附表 2 中相应数据代入上式:

$$\int_{x_2}^{x_c} \frac{\mathrm{d}X}{U} = \frac{0.3 - 0.06}{3 \times 12} [0.671\,1 + 3.333\,3 + 4(0.684\,9 + 0.769\,2 + 0.833\,3 + 1 + 1.388\,9 + 2.173\,9)$$

$$+ 2(0.719\,4 + 0.806\,5 + 0.925\,9 + 1.086\,9 + 1.538\,5)] = 0.277\,1$$

$$\tau_2 = -\frac{G'}{S} \int_{x_c}^{x_2} \frac{\mathrm{d}X}{U} = \frac{G'}{S} \int_{x_2}^{x_c} \frac{\mathrm{d}X}{U} = \frac{1}{0.05} \times 0.277\,1 = 5.54\ \mathrm{h}$$

两种方法的计算结果基本相符。

积分法不便于编写计算程序,所以有被数值积分法取代的趋势。

总干燥时间 $\Sigma\tau = \tau_1 + \tau_2 = 1.87 + 5.28 = 7.15\ \mathrm{h}$

第 4 节　干燥设备

5.4.1　干燥器的主要类型

在化工生产中,由于被干燥物料的形状(如块状、粒状、溶液、浆状及膏糊状等)和性质(如耐热性、含湿量、强度、黏度、酸碱度、易爆性等)各异,生产能力差别悬殊,对干燥产品的要求也不尽相同,所以选用的干燥器也是多样化的。通常,对干燥器的要求大致为:

(1)能保证干燥产品的质量要求,如含湿量、形状等;

(2)要求干燥速率快(干燥时间短)、设备尺寸小、能量消耗少以及辅助设备的投资和经常费用应小;

(3)操作与控制应方便,劳动条件要好。

针对以上要求,选择介绍以下各种适用于化工产品的主要干燥器。

一、厢式干燥器(盘式干燥器)

厢式干燥器又称室式干燥器,一般小型的称为烘箱,大型的称为烘房。厢式干燥器为间歇式常压干燥设备的典型。厢体四壁用绝热材料制成,以减小热损失。这种干燥器的基本结构如图 5-16 所示,由若干长方形的浅盘组成,被干燥的物料放在浅盘中,一般物料层厚度为 10 mm ~ 100 mm。新鲜空气由风机 3 吸入,经加热器 5 预热后沿挡板 6 均匀地进入各层挡板之间,在物料上方掠过而起干燥作用;部分废气经排出管 2 排出,余下的循环使用,以提高热利用率。废气循环量可以用吸入口或排出口的挡板调节。空气的速度由物料的粒度而定,应使物料不被气流带走为宜,一般为 1 m/s ~ 10 m/s。这种干燥器的浅盘放在可移动小车的盘架上,使物料的装卸都能在厢外进行,不致占用干燥周期时间,且劳动条件较好。

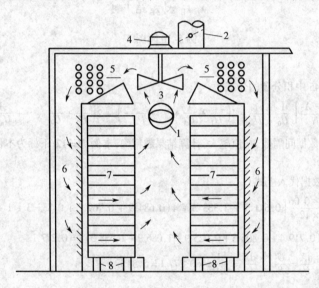

图 5-16　厢式(小车式)干燥器

1—空气入口　2—空气出口　3—风机　4—电动机　5—加热器　6—挡板　7—盘架　8—移动轮

干燥颗粒状物料时,可在多孔的浅盘(或网)上铺一薄层物料。气流垂直地通过物料层,以提高干燥速率。这种结构称为穿流厢式干燥器,如图 5-17 所示。由图可见,两层物料之间有倾斜的挡板,从一层物料中吹出的湿空气被挡住而不致再吹入另一层。空气通过网孔的速度为 0.3 m/s ~ 1.2 m/s。

厢式干燥器构造简单,设备投资少,适应性较强,但装卸物料时劳动强度大,设备利用率低,热利用率也低,产品质量不均匀。

厢式干燥器适用于小规模多品种、要求干燥条件变动大及干燥时间长等场合的干燥操作,特别适用于实验室或中间实验干燥场合。

厢式干燥器也可在真空下操作,称为厢式真空干燥器。干燥厢是密封的,干燥时不通入热空气,而是将浅盘架制成空心的结构,加热蒸气从中通过,借传导方式加热物料。操作时用真空泵抽出由物料中蒸出的水汽或其他蒸气,以维持干燥器内的真空度。真空干燥适用于处理热敏性、易氧化及易燃烧的物料,或用于排出的蒸气需要回收及防止污染环境的场合。

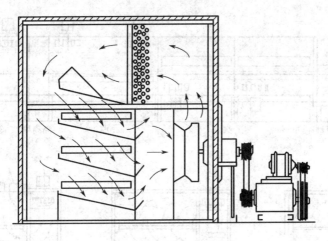

图 5-17 厢式(穿流式)干燥器

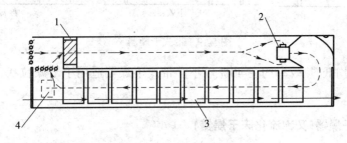

图 5-18 洞道式干燥器
1—加热器 2—风扇 3—装料车 4—排气口

若厢式干燥器中的浅盘改用小车,即可发展为连续的或半连续的操作,便成为洞道式干燥器,如图 5-18 所示。器身为狭长的通道,内铺铁轨,一系列的小车载着盛于浅盘中或悬挂在架上的物料通过洞道,与热空气边接触边进行干燥。小车可以连续地或间歇地进出洞道。

由于洞道干燥器的容积大,小车在器内停留的时间长,因此适用于处理那些生产量大、干燥时间长的物料,例如木材、陶瓷等的干燥。干燥介质为加热空气或烟道气,气流速度一般为 2 m/s ~ 3 m/s 或更高。洞道中也可进行中间加热或废气循环操作。

二、带式干燥器

带式干燥器是把物料均匀地铺在带上,带子在前移过程中与干燥介质接触,从而使物料得到干燥。带式干燥器基本上是一个走廊,其内装置带式输送设备,如图 5-19 所示。也可在物料运动方向上将走廊分成若干区段,每个区段都装置风机和加热器,根据工艺的不同要求,可以在每个区段采用不同的气流方向(如图中的下吹与上吹)、不同温度和湿度的气体。例如在湿物料区段,所采用的气体速度可以大于干燥产品区段的气体速度。干燥介质可以是热空气,也可以是烟道气,有时也采用过热蒸汽。传送带多为网状,气流与物料成错流,带子在前移过程中,物料不断地与热空气接触而被干燥。传递带可以是多层的,带宽为 1 m ~ 3 m、长为 4 m ~ 50 m,干燥时间为 5 min ~ 120 min。由于被干燥物料的性质不同,传送带可用帆布、橡胶、涂胶布或金属丝网制成。

带式干燥器运转时物料翻动少,能保持物料的形状,并可同时干燥多种固体物料;但生

221

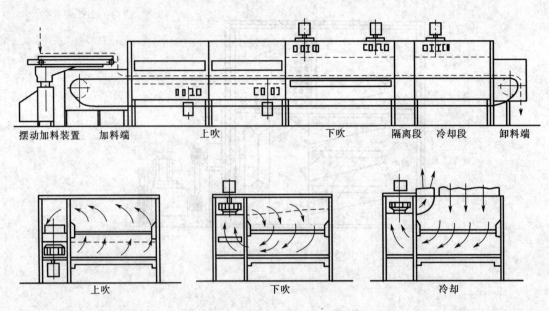

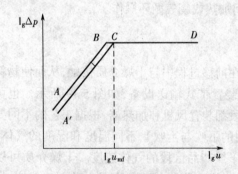

上吹　下吹　冷却

图 5-19　带式干燥器

产能力及热效率均低,热效率约在 40% 以下。带式干燥器适用于干燥粒状、块状和纤维状的物料。

三、沸腾床干燥器(又称流化床干燥器)

沸腾床干燥操作又称流化床干燥操作,是固体流态化技术在干燥操作中的应用,所采用的设备称为沸腾床干燥器或流化床干燥器。

使颗粒状物料与流动的气体或液体相接触,并在后者作用下粒子相互分离,且作上下、左右、前后的运动,这种类似流体状态以完成某种操作过程的技术称为流态化技术。由于干燥操作的工艺性质,采用的是以气体作介质的固体流态化技术。

在理想情况下,流化过程中气体克服因流动阻力而引起的压强降与空塔气速间的关系如图 5-20 所示。流化过程大致分为如下三个阶段。

图 5-20　理想情况下的 $\lg \Delta p—\lg u$ 关系线

(一)固定床阶段

当低速气体通过由固体颗粒组成的静止床层时,气体只从颗粒的空隙中流过,好像是流过弯曲管道一样,气体克服床层摩擦阻力而引起的压强降 Δp 随气速 u 的加大而增加,如图 5-20 中 AB 线段所示。当气速增加至某一定值时,床层压强降恰等于单位截面床层净重力时,气体在垂直方向上给予床层的作用力刚好能将全部床层托起。此时,床层变松并略有膨胀,但固体颗粒仍保持接触而没有流化。

(二)流化床阶段

当空塔流速继续增大超过点 C 时,颗粒就悬浮在气体中,床层高度随气速的加大而增高,但整个床层压强降却保持恒定,仍然等于单位截面积的床层重力。流化床阶段的

222

$\lg \Delta p$—$\lg u$ 的关系如图 5-20 中的 CD 线所示。若降低气体速度,则床层高度、空隙率也随之降低,$\lg \Delta p$—$\lg u$ 关系沿 DC 线返回。若继续降低气速,则达到 C 点后改沿 CA' 线变化,即在相同气速下,$A'C$ 线的压强降较低,这是因为曾被吹松过的床层有较大的空隙率所致。与 C 点相应的流速称为临界流化速度,以 u_{mf} 表示,它是最小的流化速度,流化操作时的速度应大于临界流化速度。

(三)气流输送阶段

当空塔气速增大至某一值后,床层上的界面消失,空隙率加大,所有颗粒都悬浮在气流中并被气流带走,即进入了输送阶段。此阶段开始的气流速度称为带出速度或最大流化速度,以 u_{max} 表示。实际上带出速度就是本教材上册第 3 章中介绍的粒子自由沉降速度 u_0,它是流化阶段最大的流速。

图 5-20 所示的 $\lg \Delta p$—$\lg u$ 关系线是流化过程的理想情况,实际情况较为复杂,且 $\lg \Delta p$—$\lg u$ 的关系线与图 5-20 所示的在细节上有些差异,但仍然由上述三个阶段组成。

要使颗粒在流化状态下操作,必须使空塔气速在临界流化速度 u_{mf} 与带出速度 u_{max} 之间。

图 5-21 所示为单层圆筒沸腾床干燥器,待干燥的物料加在分布板 3 上,热空气或其他干燥介质由分布板的下方送入,通过板上的小孔使其均匀地分散并与物料接触。当气速较低时,颗粒固定不动,气体从颗粒间的间隙通过,床层为固定床,干燥情况与图 5-17 所示的穿流厢式干燥器完全相似。当空塔气速增加后,颗粒开始松动,床层略有膨胀,有时颗粒也会在一定区间变换位置。当气速再增加时,颗粒即悬浮在上升气流中,形成了流化床,气速越大,流化床层越高。

在沸腾床层中,颗粒仅在床层中上下翻动,彼此碰撞和混和,气、固间进行了传热与传质,以达到干燥的目的。当床层膨胀到一定高度时,因床层的空隙率加大而使气速下降,颗粒又重新下落,不致被气流带走。若气速增高到与颗粒的自由沉降速度 u_0(即带出速度)相等时,颗粒就会从干燥器顶部被吹出,而成为气流输送了。所以沸腾床中的适宜速度应在临界流化

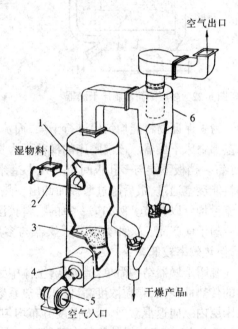

图 5-21 单层圆筒沸腾床干燥器

1—沸腾室 2—进料器 3—分布板 4—加热器
5—风机 6—旋风分离器

速度与带出速度(颗粒自由沉降速度)之间。当固定床层高度为 0.05 m ~ 0.15 m 时,对于粒径大于 0.5 mm 的物料,适宜的流化速度取为 $(0.4 \sim 0.8)u_0$;对于较小粒径的物料,因颗粒在床层内可能结块,采用上述的速度范围嫌小,一般气速由实验确定。颗粒自由沉降速度 u_0 的计算可采用上册第 3 章中介绍的方法。

对于干燥技术要求较高或需干燥时间较长的物料,一般可采用沸腾床干燥器。图 5-22 为两层沸腾床干燥器示意图,物料加到第一层分布板(即筛板)上,经溢流管流至第 2 层分布

板,最后由出料口排出。热气体由器底引入,依次穿过各层分布板,在板上使物料作沸腾状态运动的同时对物料进行干燥,最后携带物料中蒸出的水分由器顶排出。

物料在每层板上互相混合,但层与层间的物料不混合。我国某厂采用五层沸腾床干燥器干燥涤纶切片,效果良好。但是多层沸腾床干燥器的主要问题是如何定量地控制物料使其转入下层,以及不使热气流沿溢流管短路流动,因此常因操作不当而破坏了沸腾床层。此外,多层结构复杂,流动阻力也较大。

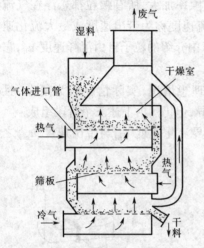

图 5-22　多层圆筒沸腾床干燥器

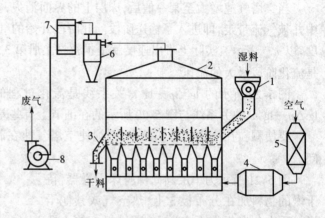

图 5-23　卧式多室沸腾床干燥器
1—摇摆式颗粒进料器　2—干燥器　3—卸料管　4—加热器
5—空气过滤器　6—旋风分离器　7—袋滤器　8—风机

为了保证物料能均匀地进行干燥,而流动阻力又要不大,可采用如图 5-23 所示的卧式多室沸腾床干燥器。该沸腾床的横截面为长方形,器内用垂直挡板分隔成多室,一般为 4 室～8 室。挡板下端与多孔板间留有几十毫米的间隙(一般取为固定床高度的 1/4～1/2),使物料能逐室通过,最后越过堰板而卸出。热气体分别通入各室,因此各室的气体温度、湿度和流量均可以调节。例如第一室的物料较湿,热气体流量可以大些,最末室可以通入冷气体以冷却干燥产品。这种类型的干燥器与多层沸腾床干燥器相比,操作稳定可靠,流动阻力小,但热效率较低。

沸腾干燥器结构简单,造价低,主体中无活动部分,操作与维修较方便。单位体积干燥器的传热面积大,颗粒浓度高,体积传热系数达 2 300 W/(m³·℃)～7 000 W/(m³·℃)。颗粒在床层内纵向返混激烈,床内温度分布均匀,但激烈的纵向返混又会促使物料在设备内停留时间不均匀,未经干燥的物料有可能随干燥产品一起排出。可用出料管控制物料在干燥器内的停留时间,因此可改变产品的含水量。

沸腾床干燥器适于干燥粒径为 30 μm～60 mm 的粉粒状物料。当粒径小于 20 μm～40 μm 时,气体通过分布板后易产生局部沟流;大于 4 mm～8 mm 时需要较大的气速,从而使流动阻力加大、磨损严重,且干燥过程中所需要的气体流量变为由流化速度控制,从经济效益角度来看是不合算的。处理粉状物料时,要求物料中含水量为 2%～5%,对于颗粒状物料则可低于 10%～15%,否则物料的流动性就差,若于物料中加部分干燥器产品或在器内加搅拌器,则可改善流动状况。

四、气流干燥器

对于在潮湿状态仍能在气体中自由流动的颗粒物料,均可利用气流干燥方法除去其中水分。气流干燥是指湿态时为泥状、粉粒状或块状的物料在热气流中分散成粉粒状，一边随热气流并流输送，一边进行干燥。对于泥状物料，需装设粉碎加料装置，使其粉碎后再进入干燥器；即使对块状物料，也可采用附设有粉碎加料装置的气流干燥器进行干燥。图5-24为装有粉碎机的气流干燥装置的流程图。

实际上，气流干燥是在流态化过程中的气体输送阶段操作，固体与气体边作并流输送边进行干燥，干燥管内气体的空管速度必大于带出速度或最大速度。

气流干燥器的主体是圆筒4，湿物料由加料斗9加入螺旋桨式输送混合器1中，与定量已干燥过的物料混合后送入球磨机3。从燃料炉2来的烟道气(也可以是热空气)同时进入粉碎机，将粉粒状的固体吹入气流干燥器4中。由于热气体作高速运动，物料颗粒分散并悬浮在气流中。热气流与物料间进行传热和传质，使物料得以干燥，并随气流进入旋风分离器5，经分离后产品由底部排出，再借助分配器8的作用定时地排出作为产品，或将部分干燥产品送入螺旋混合器与湿物料混合以降低原料的黏结性，废气经风机6排空。

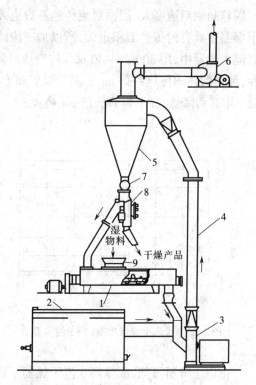

图5-24 具有粉碎机的气流干燥装置流程图
1—螺旋桨式输送混合器 2—燃料炉 3—球磨机
4—气流干燥器 5—旋风分离器 6—风机 7—星式加料阀 8—固体流动分配器 9—加料斗

气流干燥器的结构简单，无活动部分，占地面少，制造方便，干燥管有效长度较长，有时可高达30 m，故要求厂房较高。干燥管直径以采用300 mm为最多，有时也采用500 mm。固体在流化床中具有"流体"的性质，所以运输方便，操作稳定，产品质量高。气、固两相在干燥器内作并流流动，干燥介质温度可以高一点。

流化床干燥器适用性广，可用于干燥各种粉粒状物料，粒径最大可达10 mm，原料含湿量在10%～40%，产品含湿量达1%～0.3%(均为湿基)。气、固两相在干燥器内接触时间约为0.5 s～2 s，最长不会超过5 s，因此适用于热敏性或低熔点物料的干燥。由于物料在运动过程中相互摩擦并与壁面碰冲，对物料有破碎作用，因此气流干燥器不适于干燥易粉碎的物料，尤其不适于干燥对晶体有一定要求的物料。

由气流干燥实验知，在加料口以上1 m左右的干燥管内，干燥速度最快，由气体传给物料的热量约占整个干燥管中传热量的1/2～3/4。这不仅是因干燥管底部气、固间的温度差较大，更重要的是气、固间相对运动和接触情况有利于传热和传质。当湿物料进入干燥管的瞬间，颗粒上升速度 u_m 为零、气速为 u_g，气体与颗粒间的相对速度 $u_t(u_t = u_g - u_m)$ 为最大；当物料被气流吹动后即不断地被加速，上升速度由零升到某 u_m 值，故相对速度是逐渐降低的，直到气体与颗粒间的相对速度 u_t 等于颗粒在气流中的沉降速度 u_0 时，即 $u_t = u_0 = u_g - u_m$，颗粒将不再被加速而维持恒速上升。由此可知，颗粒在干燥器中的运动情况可分为加速运动段和恒速运动段。通常加速段在加料口以上1 m～3 m内完成。由于加速段内气体

225

与颗粒间相对速度大,因而对流传热系数也大;同时在干燥管底部颗粒最密集,即单位体积干燥器中具有的传热面积也大,所以加速段的体积传热系数较恒速段要大。在高为 14 m 的气流干燥器中,用 30 m/s ~ 40 m/s 的气速对粒径在 100 μm 以下的聚氯乙烯颗粒进行干燥实验,测得的体积传热系数 αa[①] 随干燥管高度 z 变化的关系,如图 5-25 所示。由图可见,αa 随 z 增高而降低,在干燥管底部 αa 最大。

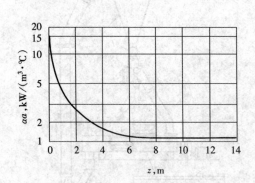

图 5-25　气流干燥器中 αa 与 z 的关系

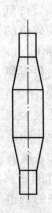

图 5-26　气流干燥器底部
的脉冲气流管

　　由以上分析可知,欲提高气流干燥器干燥效果和降低干燥管的高度,应发挥干燥管底部加速段的作用以及增加气体和颗粒间的相对速度。根据这种论点已提出许多改进措施,最常用的方法是将等径干燥管底部接上一段或几段变径管,使气流和颗粒速度处于不断改变的状态,从而产生与加速管相似的作用,这种变径管称为脉冲气流管,如图 5-26 所示。

　　在脉冲气流管的基础上开发出脉冲气流干燥器,即在图 5-24 的气流干燥管 4 上装置若干个类似图 5-26 所示的脉冲管。两直管间装一节脉冲气流管,直管的长、径比约为 12。这种装置称为脉冲气流干燥器,在其中可以充分发挥加速段具有较高的传热和传质速率的作用,以强化干燥过程。

五、转筒干燥器

　　图 5-27 所示为直接加热转筒干燥器,其主体为稍作倾斜而缓慢转动的长圆筒,热物料从较高的一端进入,与由下端进入的热空气或烟道气作直接逆流接触,随着圆筒的旋转,物料在重力作用下流向较低的一端时即被干燥完毕而送出。通常圆筒内壁装有若干块轴向抄板,其作用是将物料抄起来并逐渐洒向热气流中,以增大干燥表面积,使干燥速率增高,同时还促使物料向前进行。当圆筒旋转一周时,物料被抄起和洒下一次,物料前进的距离等于其落下的高度乘以圆筒的倾斜率。抄板的形式与数量的选择直接影响干燥操作的热效率。抄板的形式大致分为四种。

　　1)升举式抄板　升举式抄板如图 5-28(a)所示,适用于大块物料和易黏结物料的干燥。

　　2)均布式抄板　均布式抄板如图 5-28(b)和(c)所示,主要用于粉状物料或带一定粉末物料的干燥。

---

　　① α 为对流传热系数,a 为单位体积物料提供的传热表面积,二者乘积称为体积传热系数,单位为 W/(m³·℃)。

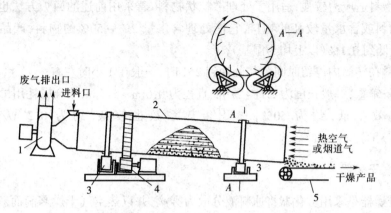

图 5-27　热空气或烟道气直接加热的逆流操作转筒干燥器
1—风机　2—转筒　3—支撑托轮　4—传动齿轮　5—输送带

3)扇形抄板　扇形抄板如图 5-28(d)所示,适用于块状、易脆和密度大的的物料的干燥。

4)蜂巢式抄板　蜂巢式抄板如图 5-28(e)所示,适用于易生粉尘碎物料的干燥。

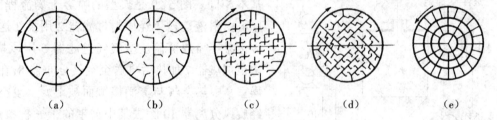

（a）　　　　　（b）　　　　　（c）　　　　　（d）　　　　　（e）

图 5-28　工业上常用的抄板形式

对于能耐高温且不怕污染的物料,除热空气外还可用烟道气作为干燥介质,以获得较高的干燥速率和热效率。对于不能受污染或极易引起大量粉尘的物料,可采用间接加热的转筒干燥器。这种干燥器的传热壁面为装在转筒轴心处的一个固定的同心圆筒,筒内通以烟道气,也可能沿转筒内壁装一圈或几圈固定的轴向加热蒸汽管。间接加热式干燥器的传热效率低,目前较少使用。

转筒干燥器中空气和物料间的流向可采用逆流、并流或并逆流相结合的操作。通常在处理含水量较高、允许快速干燥而不致发生裂纹或焦化、产品不能耐高温而吸水性又较低的物料时,宜采用并流干燥;当处理不允许快速干燥而产品能耐高温的物料时,宜采用逆流干燥操作。

对于易黏附在干燥器壁上或易结成团的颗粒,可在湿物料中混入一部分已干燥的产品,以降低其黏结性,即进行部分干燥产品再循环(又称"回炉")。

为了减少粉尘飞扬,干燥器中的气速不宜过高。对粒径为 1 mm 左右的物料,气速为 0.3 m/s~1.0 m/s;粒径为 5 mm 左右时,气速在 3 m/s 以下。为了防止筒中粉尘外溢,可采用真空操作。

转筒干燥器有如下的特点:

(1)机械化程度高,劳动强度小,操作容易控制,产品质量均匀;

(2)生产能力大,流动阻力小;

(3)对物料适应力较强,适用于处理散粒状物料,若采用前述的回炉方法也适用于处理黏性膏状物料或含水量较高的物料,它能处理含水量2%～50%的物料,产品含水量可达0.5%,甚至低到0.1%(以上均为湿基);

(4)物料在转筒内停留时间为几分钟到2小时,一般在1小时左右;

(5)设备笨重,一般长度为2 m～27 m,直径为0.6 m～2.5 m,故金属耗用量大;

(6)热效率低,约为50%,体积传热系数也较低,约为0.2 W/(m³·℃)～0.5 kW/(m³·℃)。

六、喷雾干燥器

喷雾干燥器是采用雾化器将原料液分散为雾滴,并以热空气干燥雾滴而获得产品的一种干燥方法。原料液可以是溶液、乳浊液或悬浮液,也可以是熔融液或膏糊状稠浆。干燥产品可根据生产要求制成粉状、颗粒状、空心球或圆粒状。

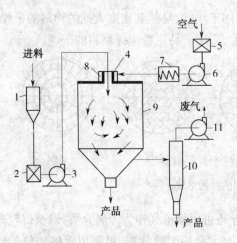

图 5-29　喷雾干燥器的典型流程
1—料槽　2—原料过滤器　3—泵　4—雾化器
5—空气过滤器　6—风机　7—加热器　8—空气分布器　9—干燥室　10—旋风分离器　11—排风机

喷雾干燥器所处理的原料液虽然有很大的区别,产品也有一定程度的差异,但它们的流程基本相同。图 5-29 是典型的喷雾干燥流程图。原料由料液贮槽 1 经原料过滤器 2 用泵 3 送至雾化器 4 喷成雾滴。空气经过滤器 5 用风机 6 送至加热器 7 加热后再送至空气分布器 8,在干燥室 9 中热空气与雾滴接触而被干燥。废空气经旋风分离器 10 除去其中夹带的干燥物料后,用排风机 11 抽走。干燥产品由干燥器底和旋风分离器底取走。

由于原料性质与对产品的要求不同,原料的预处理是十分重要的。例如,原料液若为悬浮液,喷雾时需搅拌均匀;原料液若为溶液,需滤去所含的悬浮杂质。喷雾干燥所用的干燥介质多半是空气,但当原料液含易燃或易爆的溶剂时,就应使用惰性气体作干燥介质,例如氮气,且流程应改为封闭系统,以便使干燥介质循环使用。料液经雾化器 4 分散成 10 μm～60 μm 的细雾滴,每立方米溶液喷成雾滴后可提供 100 m²～600 m² 的表面积,故干燥速率较快。雾滴的大小与均匀程度对产品质量影响很大。若雾滴不均匀,就会出现大颗粒还未干燥到规定指标、小颗粒已干燥过度而变质的现象。因此,喷雾干燥器中雾化器是关键部分。常用的雾化器有以下几种。

1. 离心雾化器

离心雾化器如图 5-30 所示,料液送入作高速旋转的圆盘中部,盘上有放射形叶片,液体受离心力作用被加速,到达周边时呈雾状甩出。一般圆盘转速为 4 000 r/min～20 000 r/min,圆周速度为 100 m/s～160 m/s。

离心雾化器的主要特点是:操作简便、适用范围广、料液通道大不易堵塞、动力消耗少,但需要有传动装置、液体分布装置和雾化轮,对加工制造要求高,检修不便。

2.压力式雾化器

压力式雾化器采用高压泵将液体压强提高到 3 000 kPa ~ 20 000 kPa 后,从切线口进入喷嘴旋转室中,液体在其中作高速旋转运动,然后从出口小孔处呈雾状喷出,如图 5-31 所示。

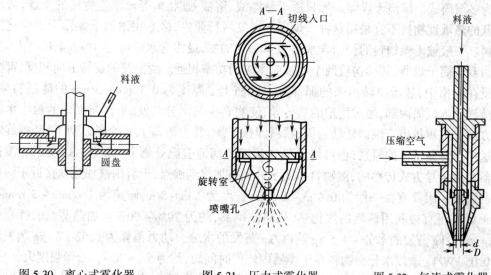

图 5-30　离心式雾化器　　　　图 5-31　压力式雾化器　　　图 5-32　气流式雾化器

压力式雾化器结构简单、操作及检修方便、省动力,但需要有一台高压泵配合使用,喷嘴孔较小易堵塞且磨损大。压力式雾化器适用于低黏度的液体雾化,不适用于高黏度液体及悬浮液。

3.气流式雾化器

气流式雾化器如图 5-32 所示,用表压强为 100 kPa ~ 700 kPa 的压缩空气压送料液,经过喷嘴成雾滴而喷出。

气流式雾化器构造简单、磨损小,适用于各种黏度的料液,操作压强不大,不必要采用高压泵,操作弹性大,可利用气、液比控制雾滴尺寸,但压缩空气用量大,消耗的动力多。气流雾化器是目前国内应用最广泛的雾化器。

在干燥室内雾滴与干燥介质接触方式有并流、逆流和混流三种,每种流动又有直线流动和旋转流动之分。图 5-29 所示为并流接触,空气从干燥器顶部进入,雾化器也装在顶部,两者向下作并流流动。若空气改从干燥器的底部送入,雾化器仍装在顶部则为逆流接触。若雾化器装在干燥室底部,空气由顶部向下吹,则二者先作逆流流动,后转为并流,属于混流接触。在并流接触方式中,温度最高的干燥介质与湿度最大的雾滴接触,蒸发速度快,液滴表面温度接近空气的湿球温度,同时干燥介质的温度也显著降低,因此整个干燥历程中物料的温度不高,对干燥热敏性物料特别有利,但因蒸发速度快,液滴易破裂,获得的干燥产品常为非球形的多孔颗粒。逆流接触方式与上述情况相反,塔底温度最高的干燥介质与湿度小的颗粒相接触,因此若干燥产品能经受高温且需要较高的疏松密度时,用逆流接触方式较好。此外,在逆流系统中,平均温度差和平均分压差较大,有利于传热和传质,热利用率也高。

喷雾干燥器的特点是:物料的干燥时间短,通常为 15 s ~ 30 s,甚至更少;产品可制成粉末状、空心球状或疏松圆粒状;工艺流程简单,原料进入干燥室后即可获得产品,省去蒸发、结晶、过滤、粉碎等步骤;不但缩短了工艺流程,而且易于实现机械化和自动化,减少粉尘飞扬,改善了劳动环境。体积对流传热系数小,致使干燥器的体积加大。对气、固混合物的分离要求高,要选用分离效率高的分离装置。经常会发生黏壁现象,影响产品质量。

七、滚筒干燥器

滚筒干燥器由一个、两个或更多个滚筒组成,前者称为单滚筒式,中者称为双滚筒式,后者称为多滚筒式。滚筒干燥器一般只适于悬浮液、溶液、胶状体等流动性物料的干燥,含水量过低的热敏性物料不宜采用这种干燥器。在染料行业中,多半用滚筒干燥器干燥硫化黑等染料。一般被干燥物料的初始含水量为40%～80%,最终含水量可达3%～4%。图5-33所示为双滚筒干燥器,其结构较两个单滚筒紧凑而功率相近。两滚筒的旋转方向相反,部分表面浸在料槽中,从槽中转出来的那部分表面沾上了厚度为0.3 mm～5 mm的薄层料浆。加热蒸汽送入滚筒内部,通过筒壁的热传导,使物料中的水分蒸发,水汽与夹带的粉尘由滚筒上方的排气罩排出。滚筒转动一周,物料即被干燥,并由滚筒上方的刮刀刮下,经螺旋输送器送出。对易沉淀的料浆,也可将原料向两滚筒间的缝隙处洒下,如图5-33所示。滚筒干燥器是以传导方式传热的,湿物料中的水分先被加热到沸点,干料则被加热到接近于滚筒表面的温度。滚筒直径一般为0.5 m～1.5 m,长度为1 m～3 m,转速为1 r/min～3 r/min。由于干燥时可直接利用蒸汽的汽化热,故热效率高,约为70%～90%。加热蒸汽的耗量为1.2 kg蒸汽/kg蒸发的水分～1.5 kg蒸汽/kg蒸发的水分。动力消耗为0.02 kW/kg蒸发水分～0.05 kW/kg蒸发水分。物料在干燥器内停留时间短,约为5 s～30 s。干燥强度大,一般在30 kg/水(h·m²)～70 kg/水(h·m²)。但滚筒干燥器结构复杂,传热表面积小,通常不超过12 m²。干燥产品含水量较高,为3%～10%。

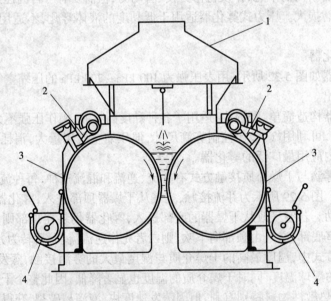

图5-33 具有中央进料的双滚筒干燥器

1—蒸汽罩 2—小刀 3—蒸汽加热滚筒 4—运输器

滚筒干燥器与喷雾干燥器相比,具有动能消耗低、投资少、维修费用低、干燥温度和时间容易调节等优点,但在生产能力、劳动强度和条件等方面则不如喷雾干燥器。

随着生产不断的发展,近年来开发出许多高科技干燥技术,如热泵干燥、超临界流体干燥、微波干燥和高频干燥等。我国现已成功地将热泵干燥技术用于食品加工、木材、陶瓷、颜料、染料、化工原料等工业中。热泵干燥的突出优点如下。将由干燥器排出的高湿、低温的废气利用起来,高湿、低温的废气经过热泵系统后,其中湿分被冷凝,而温度升高,可以循环使用。在能源紧张的今天,热泵干燥是值得推荐的技术。超临界流体干燥技术中的超临界流体是指温度和压强均高于其临界温度和压强的流体。因超临界流体的性质与一般流体不一样,例如超临界流体 CO_2 在临界点附近,压强与温度的微小变化就引起密度的大幅度变化,物料中湿分尤其是有机溶剂,在超临界流体中的溶解度与超临界流体的密度大致成正比。超临界流体干燥技术就是利用这一特性而开发的新型高科技干燥技术。操作时被干燥物料与超临界流体相接触,物料中的湿分溶于超临界流体中,物料即被除湿干燥。我国近几年来在开展超临界流体干燥技术的工艺实验和干燥机理方面进行了大量深入的研究。

5.4.2　干燥器的选择

间歇式干燥器的生产能力小、设备比较笨重、操作时劳动强度较大、产品损耗较多、不易保持周围环境清洁,在许多场合下不能满足现代工业的需要。间歇式干燥器仅适用于物料数量不大、要求干燥产品指标不同的场合。

连续式干燥器的干燥时间较短、产品质量均匀、劳动强度小,因此,应当尽可能地采用连续操作的干燥器。

在化学工业中,选用干燥器时经常考虑以下诸因素。

1)物料的热敏性　物料对热的敏感性决定了干燥过程中物料的上限温度,这一点为选择干燥器时的主要依据。但许多干燥实例证实:在温度高、干燥时间短的条件下得到的产品质量优于低温、长时间干燥的产品。因此,应以干燥实验结果为依据,选择适宜的干燥器与操作条件。

2)成品的形状、质量及价值　干燥成品时,产品的几何形状、粉碎程度均对成品的质量及价值有直接影响。干燥脆性物料时应特别注意成品的粉碎与粉化。

3)干燥速率曲线与物料的临界含水量　确定干燥时间时,应先由实验作出干燥速率曲线,至少应知道临界含水量 X_c 值。干燥速率曲线与 X_c 值均显著受物料与介质接触状态、物料尺寸与几何形状的影响。例如,物料粉碎后再进行干燥时,除了干燥面积增大外,一般临界含水量 X_c 值随之降低,有利于干燥。因此,在不可能用与设计类型相同的干燥器进行实验时,应尽可能在其他干燥器中模拟设计时的湿物料状态,进行干燥速率曲线实验,并确定 X_c 值。

4)物料的黏性　应了解物料在干燥过程中黏附性的变化,特别是在连续干燥中,若物料在干燥过程中黏附在器壁上并结块长大,会破坏干燥器的运转。

5)其他　有些物料在干燥过程中有表面硬化及收缩现象,也有些物料具有毒性,在选择干燥器时应考虑这些因素。此外,还应充分了解建厂地区的外部条件,如气象、热源、场地等,做到因地制宜。

表 5-3 列出主要干燥的适用范围,供选型时参考。

表 5-3　主要干燥器的选择

湿物料状态	物料	处理量	适用的干燥器
液体或泥浆状	洗涤剂、树脂溶液、盐溶液、牛奶等	大量	喷雾干燥器
		小量	滚筒干燥器
泥糊状	染料、颜料、硅胶、淀粉、黏土、碳酸钙等的滤饼或沉淀物	大量	气流干燥器、带式干燥器
		小量	真空转筒干燥器
粒状 (0.01 μm—20 μm)	聚氯乙烯等合成树脂、合成肥料、磷肥、活性炭等	大量	气流干燥器、转筒干燥器、沸腾床干燥器
		小量	转筒干燥器、厢式干燥器
块状 (20 μm—100 μm)	煤、焦炭、矿石等	大量	转筒干燥器
		小量	厢式干燥器
片状	烟叶、薯片	大量	带式干燥器、转筒干燥器
		小量	穿流式干燥器
短纤维	醋酸纤维、硝酸纤维	大量	带式干燥器
		小量	穿流式干燥器
一定大小的物料或制品	陶瓷器、胶合板、皮革等	大量	洞道干燥器
		小量	高频干燥器

5.4.3　干燥器的工艺设计

干燥器的设计计算仍然采用物料衡算、焓衡算、速率关系和平衡关系四种基本关系。由于干燥过程的机理较复杂,是传热和传质并存的操作,且处理的是固体物料,而蒸馏和吸收操作中处理的是气体(或蒸气)与液体,故干燥器的长度或高度的计算有别于蒸馏塔和吸收塔的塔高计算。另外,干燥操作中的对流传热系数 α 及传质系数 k 均随干燥器的类型、物料性质及操作条件而异,目前还没有求 α 及 k 的通用公式,因此干燥器的设计计算仍借助经验或半经验方法进行。各种干燥器的设计计算方法差别很大,但基本原则是相同的,即物料在干燥器内的停留时间必须等于或稍大于所需的干燥时间。

一、干燥操作条件的确定

干燥操作条件的确定与许多因素有关,诸如干燥器的类型、物料特性、干燥介质的状况以及过程的工艺条件等,而且各种因素又是相互制约的,所以确定干燥操作条件时应综合考虑以上诸因素。有利于强化干燥过程的最佳操作条件,通常由实验测定。下面介绍选择工艺条件的一般原则。

1. 干燥介质的选择

干燥介质的选择,取决于干燥过程的工艺及可利用的热源。基本的热源有饱和水蒸气、液态和气态的燃料以及电能。在对流干燥操作中,可在空气、惰性气体、烟道气及过热水蒸气中选择适宜的介质,除考虑工艺要求及可行性外,还应考虑经济效益。

当干燥操作温度不太高,且氧气的存在不影响被干燥物料的性能时,可采用热空气作为干燥介质。对某些易氧化的物料,或从物料中蒸出的是易爆或易燃的气体时,则应采用惰性气体作为干燥介质。烟道气适用于高温干燥,但要求被干燥物料不怕污染且不与烟道气中的组分发生作用。烟道气温度高,可强化干燥过程,缩短干燥时间。

2. 流动方式的选择

气体和物料在干燥器中的流动方式为并流、逆流和错流三种。并流操作时物料出口温度较低,被物料带走的热量就少;推动力沿程下降,后期变得很小,使干燥速率降低,因而难于获得含水量低的产品。逆流操作时,整个过程的干燥推动力较均匀。错流操作时,干燥介质与物料间运动方向相互垂直,各个位置上的物料都与高温、低湿的介质相接触,因此干燥推动力比较大,又可采用较高的气体速度,所以干燥速率高。

并流操作适用于:①物料含湿量较高时,允许进行快速干燥而不产生龟裂或焦化的物料;②干燥后期不能耐高温,即干燥产品易变色、氧化或分解的物料。

逆流操作适用于:①当物料含水量高时,不允许采用快速干燥的场合;②在干燥后期,可耐高温的物料;③要求干燥产品含水量很低的场合。

错流操作适用于:①无论在高或低的含湿量时,都可以进行快速干燥且耐高温的物料;②因流动阻力大或干燥器构造的要求不适宜采用并流或逆流操作的场合。

3. 干燥介质进入干燥器时的温度

为了强化干燥过程和提高经济效益,干燥介质的进口温度宜保持在物料允许的最高温度范围内,但也应考虑避免物料发生变色、分解等理化变化。对于同一种物料,允许的介质进口温度随干燥器类型不同而异。例如,在厢式干燥器中,由于物料是静止的,因此应选用较低的介质进口温度;在转筒、沸腾、气流等干燥器中,由于物料不断翻动,致使干燥温度比较均匀、速率快、干燥时间短,因此介质进口温度可高些。

4. 干燥介质离开干燥器时的相对湿度和温度

提高干燥介质离开干燥器的相对湿度 φ_2,可以减少空气消耗量及传热量,即可降低操作费用;但 φ_2 增大,也就是介质中水汽的分压增高,使干燥过程的平均推动力下降,为了保持相同的干燥能力,就需加大干燥器的尺寸,即加大投资费用。所以,最适宜的 φ_2 值应通过经济衡算来确定。对于同一种物料,若所选的干燥器类型不同,适宜的 φ_2 值也不相同。例如,对气流干燥器,由于物料在器内的停留时间很短,要求有较大的推动力以提高干燥速率,因此,一般离开干燥器的气体中水蒸气分压需低于出口物料表面水蒸气压的 50%;对转筒干燥器,出口气体中水蒸气分压一般为物料表面水蒸气分压的 50% ~ 80%。对于某些干燥器,要求保证一定的空气速度,因此应考虑气量和 φ_2 的关系,即为了满足较大气速的要求,可使用较多的空气量而减小 φ_2 值。

干燥介质离开干燥器时的温度 t_2 与 φ_2 应同时予以考虑。若 t_2 增高,则热损失大,干燥热效率就低;若 t_2 降低,而 φ_2 又较高,此时湿空气可能会在干燥器后面的设备和管路中析出水滴,因此破坏了干燥的正常操作。对气流干燥器,要求 t_2 较物料出口温度高 10 ℃ ~ 30 ℃,或 t_2 较入口气体的绝热饱和温度高 20 ℃ ~ 50 ℃。

5. 物料离开干燥器时的温度

在连续逆流操作的干燥器中,气体和物料的温度变化情况如图 5-34 所示。在干燥第一阶段,物料的温度等于与它接触的气体初始状态的湿球温度;在第二阶段,物料的温度不断升高,此时气体传给物料的热量一部分用于蒸发物料中的水分,一部分则用于加热使其升温。

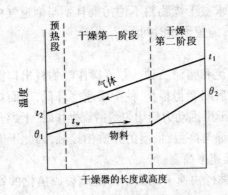

图 5-34　连续逆流干燥器中两流股
温度变化的情况

物料离开干燥器的温度 θ_2 与很多因素有关，但主要取决于临界含水量 X_c 值及干燥第二阶段的传质系数。X_c 值愈低，物料出口温度也愈低；传质系数越高，θ_2 就越低。目前还没有计算 θ_2 的理论公式。有时按物料允许的最高温度估计，即：

$$\theta_2 = \theta_{max} - (5 \sim 10) \tag{5-49}$$

式中　θ_2——物料离开干燥器的温度，℃；

　　　θ_{max}——物料允许的最高温度，℃。

显然，这种估算方法仅考虑物料的允许温度，并未考虑第二阶段中干燥的特点，故由式 5-49 确定的 θ_2 值必然有一定误差。

对气流干燥器，若 $X_c < 0.05$ kg/kg 绝干料，可按下式计算物料出口温度：

$$\frac{t_2 - \theta_2}{t_1 - t_{w,2}} = \frac{t_{w,2}(X_2 - X^*) - c_s(t_2 - t_{w,2})\left(\dfrac{X_2 - X^*}{X_c - X^*}\right)^{\frac{r_{t_{w,2}^*}(X_c - X^*)}{c_s(t_2 - t_{w,2})}}}{r_{t_{w,2}}(X_c - X^*) - c_s(t_2 - t_{w,2})} \tag{5-50}$$

式中　$t_{w,2}$——空气在干燥器出口状态下的湿球温度，℃；

　　　$r_{t_{w,2}}$——在温度 $t_{w,2}$ 下水的汽化热，kJ/kg；

其他符号与前同。

利用式 5-50 求物料出口温度要用试差法。

上述各操作参数往往是相互制约的，不能任意规定。通常物料进、出干燥器的含水量 X_1 及 X_2、物料进干燥器的温度 θ_1 由工艺条件指定。空气进入系统的状态（如 H_0、t_0 等）由当地大气条件决定。若算出或规定物料离开干燥器的温度 θ_2 后，剩下的变量有绝干空气流量 L、空气进出干燥器的温度 t_1 及 t_2、空气离开干燥器的湿度 H_2（或相对湿度 φ_2）等四个变量，只能人为地规定其中任意两个，余下两个由物料衡算和焓衡算确定。至于选择哪两个为自变量视具体情况而定。

前已述及，不同类型干燥器的设计方法差异很大，本章仅介绍常用的气流干燥器和转筒干燥器的简化设计计算方法。

二、气流干燥器的简化设计

（一）干燥管的直径
干燥管的直径用流量公式计算，即：

$$\frac{\pi}{4}D^2 u_g = V_s = Lv_H$$

或

$$D = \sqrt{\frac{L v_H}{\frac{\pi}{4} u_g}} \tag{5-51}$$

式中　D——干燥管直径，m；

L——绝干空气流量，kg 绝干空气/s；

v_H——湿空气的比容，m^3 水汽/kg 绝干气；

V_s——湿空气的体积流量，m^3/s；

u_g——湿空气通过干燥管的速度，m/s。

在气流干燥器中，湿空气的速度 u_g 应比最大颗粒的沉降速度 u_0 大，究竟大多少，没有准确的计算方法。前已述及，气流干燥器中，颗粒运动分为加速段和减速段。在加速段中，气体与颗粒的相对速度大，因此强化了干燥过程，缩短了干燥时间，使干燥管高度降低。在等速段中，对流传热系数与气体的绝对速度无关，此时只要求气体能将颗粒带走即可。采用过高的气速，反而使干燥管增高。

目前用下面方法估计 u_g 值。

(1)选气速 u_g 为最大颗粒沉降速度 u_0 的两倍，或比 u_0 大 3 m/s 左右，即 $u_g = 2u_0$ 或 $u_g = u_0 + 3$，u_g 与 u_0 的单位均为 m/s。

(2)选 $u_g = 10\ m/s \sim 25\ m/s$，此法多用于临界含水量不高或物料最终含水量不很低的场合。

(3)加速段的气速 u_g 取 $20\ m/s \sim 40\ m/s$，等速段的气速取 u_g 为 $u_0 + 3$（单位均为 m/s），此法适用于难干燥的物料，即临界含水量较高且最终物料含水量很低的场合。

由本教材上册第 3 章知光滑球形颗粒沉降速度 u_0 的计算式为：

$$u_0 = \sqrt{\frac{4gd_p\rho_s}{3\xi\rho}} \tag{5-52}$$

式中　d_p——颗粒平均直径，m；

ρ——空气的密度，kg/m^3；

ρ_s——绝干颗粒物料的密度，kg/m^3；

ξ——阻力系数，量纲为 1，ξ 的计算可参阅上册第 3 章。

不规则颗粒的沉降速度 u_0' 用下式修正：

$$u_0' = (0.75 \sim 0.85)u_0$$

(二)干燥管的高度

干燥管高度的计算式为：

$$z = \tau(u_g - u_0) \tag{5-53}$$

式中　z——干燥管的高度，m；

τ——颗粒在干燥器内的停留时间，即干燥时间，s。

可利用气体与物料间的情况对干燥时间进行简化计算，由传热速率方程式知：

$$Q = \alpha S \Delta t_m = \alpha(S_p\tau)\Delta t_m \tag{5-54}$$

式中　Q——传热速率，kW；

α——对流传热系数，$kW/(m^2 \cdot ℃)$；

S——干燥表面积，m^2；

S_p——每秒钟通过干燥管颗粒所提供的干燥表面积，m^2/s；

Δt_m——平均温度差，℃；

τ——干燥时间，s。

式 5-54 中各项的计算如下。

(1)若颗粒为球形,则 S_p 的计算式为:

$$S_p = n'' \pi d_p^2 \tag{5-55}$$

式中 n'' 为每秒内通过干燥器的颗粒数。对球形颗粒上式简化为:

$$S_p = \left(\frac{G}{\frac{\pi}{6} d_p^3 \rho_s} \right) \pi d_p^2 = \frac{6G}{d_p \rho_s} \tag{5-56}$$

式中 G 为绝干物料的流量,kg 绝干料/s;其他符号与前同。

(2)若将预热段并入干燥第一阶段,且干燥操作为等焓过程,则该段的传热速率为:

$$Q_1 = G[(X_2 - X_c)r_{t_{w,1}} + (c_s + c_w X_1)(t_{w,1} - \theta_1)] \tag{5-57}$$

式中　$t_{w,1}$——空气初始状态下的湿球温度,℃;

$r_{t_{w,1}}$——温度为 $t_{w,1}$ 时水的汽化热,kJ/kg。

干燥第二阶段的传热速率方程式为:

$$Q_{\mathrm{II}} = G[(X_c - X_2)r_{t_m} + (c_s + c_w X_2)(\theta_2 - t_{w,1})] \tag{5-58}$$

式中 r_{t_m} 为干燥第二阶段中物料平均温度下水的汽化热,kJ/kg。

总传热速率为:

$$Q = Q_1 + Q_{\mathrm{II}} \tag{5-59}$$

(3)Δt_m 的计算如下。

①当 $X_2 > X_c$,即干燥只有第一阶段,此时物料离开干燥器的温度 θ_2 等于干燥器出口气体状态的湿球温度 $t_{w,2}$,相应的平均温度差为:

$$\Delta t_m = \frac{(t_1 - \theta_1) - (t_2 - t_{w,2})}{\ln \dfrac{t_1 - \theta_1}{t_2 - t_{w,2}}} \tag{5-60}$$

②当 $X_2 > X_c$,且干燥为等焓过程,此时物料离开干燥器的温度 θ_2 等于气体初始状态的湿球温度 $t_{w,1}$,相应的平均温度差为:

$$\Delta t_m = \frac{(t_1 - \theta_1) - (t_2 - t_{w,1})}{\ln \dfrac{t_1 - \theta_1}{t_1 - t_{w,1}}} \tag{5-60a}$$

③当干燥过程存在两个阶段时,相应的平均温度差为:

$$\Delta t_m = \frac{(t_1 - \theta_1) - (t_2 - \theta_2)}{\ln \dfrac{t_1 - \theta_1}{t_2 - \theta_2}} \tag{5-61}$$

(4)对水蒸汽—空气系统 α 用式 5-44 求算。

[例 5-11]　试设计一台气流干燥器以干燥某种颗粒状物料,下面是基本数据。

(1)干燥器的生产能力:每小时干燥 180 kg 初始湿物料。

(2)空气状况:空气进干燥器时温度 $t_1 = 90$ ℃、湿度 $H_1 = 0.007\ 5$ kg/kg 绝干气,离开时温度 $t_2 = 65$ ℃。

(3)物料状况:物料初始与终了时的含水量分别为 $X_1 = 0.2$ kg/kg 绝干料、$X_2 = 0.002$ kg/kg 绝干料,初始时的温度 $\theta_1 = 15$ ℃;绝干物料的密度 $\rho_s = 1\ 544$ kg/m³,绝干物料比热容 $c_s = 1.26$ kJ/kg 绝干料;临界含水量 $X_c = 0.014\ 55$ kg/kg 绝干料,平衡含水量 $X^* \approx 0$;

颗粒可视为表面光滑的球体,平均粒径 $d_p = 0.23 \times 10^{-3}$ m。

没有向干燥器补充热量,且热损失可以忽略不计。

设计计算:气流干燥器的主要工艺尺寸为管径与管长,但计算此两项之前应先算出物料经干燥后的温度 θ_2。

(1)物料经干燥后的温度 θ_2

由题给数据知 $X_c = 0.014\,55$ kg/kg 绝干料 < 0.05 kg/kg 绝干料,故可用式 5-50 进行试差计算,即:

$$\frac{t_2 - \theta_2}{t_2 - t_{w,2}} = \frac{t_{w,2}(X_2 - X^*) - c_s(t_2 - t_{w,2})\left(\dfrac{X_2 - X^*}{X_c - X^*}\right)^{\frac{t_{w,2}(X_c - X^*)}{c_s(t_2 - t_{w,2})}}}{r_{t_{w,2}}(X_c - X^*) - c_s(t_2 - t_{w,2})}$$

绝干物料流量 $G = \dfrac{G_1}{1 + X_1} = \dfrac{180}{1 + 0.2} = 150$ kg/h $= 0.041\,7$ kg/s

水蒸发量 $W = G(X_1 - X_2) = 0.041\,7(0.2 - 0.002) = 0.008\,26$ kg/s

先利用物料衡算和焓衡算方程求解空气离开干燥器的湿度 H_2。以 1 s 为基础,围绕干燥器作水分的衡算:

$$LH_1 + GX_1 = LH_2 + GX_2$$

或

$$L = \frac{G(X_1 - X_2)}{H_2 - H_1} = \frac{W}{H_2 - H_1} = \frac{0.008\,26}{H_2 - 0.007\,5} \tag{1}$$

再围绕干燥器作焓衡算:

$$LI_1 + GI'_1 = LI_2 + GI'_2$$

其中

$$I_1 = (1.01 + 1.88H_1)t_1 + 2\,490H_1$$
$$= (1.01 + 1.88 \times 0.007\,5) \times 90 + 2\,490 \times 0.007\,5 = 110.8 \text{ kJ/kg 绝干料}$$

$$I_2 = (1.01 + 1.88H_2)t_2 + 2\,490H_2$$
$$= (1.01 + 1.88H_2) \times 65 + 2\,490H_2 = 65.65 + 2\,612.2H_2$$

设 $\theta_2 = 49$ ℃,物料进、出干燥器的焓分别计算如下:

$$I'_1 = c_s\theta_1 + c_wX_1\theta_1$$
$$= 1.26 \times 15 + 4.187 \times 0.2 \times 15 = 31.46 \text{ kJ/kg 绝干料}$$

$$I'_2 = c_s\theta_2 + c_wX_2\theta_2$$
$$= 1.26 \times 49 + 4.187 \times 0.002 \times 49 = 62.15 \text{ kJ/kg 绝干料}$$

所以

$$110.8L + 0.041\,7 \times 31.46 = (65.65 + 2\,612.2H_2)L + 0.041\,7 \times 62.15$$

或

$$H_2 = \frac{45.15L - 1.28}{2\,612.2L} \tag{2}$$

联立式(1)及式(2),解得:

$$H_2 = 0.016\,74 \text{ kg/kg 绝干气}$$

$$L = 0.893\,9 \text{ kg 绝干气/s}$$

根据 $t_2 = 65$ ℃、$H_2 = 0.016\,74$ kg/kg 绝干气,于图 5-4 中查得 $t_{w,2} \approx 31$ ℃,由附录查得相应的汽化热 $r_{t_{w,2}} = 2\,421$ kJ/kg。将以上诸值代入式 5-50:

$$\frac{65 - \theta_2}{65 - 31} = \frac{2\,421(0.002 - 0) - 1.26(65 - 31)\left(\dfrac{0.002 - 0}{0.014\,55 - 0}\right)^{\frac{2\,421(0.014\,55 - 0)}{1.26(65 - 31)}}}{2\,421(0.014\,55 - 0) - 1.26(65 - 31)}$$

解得 $\theta_2 = 49.2$ ℃,故假设 $\theta_2 = 49$ ℃是可以接受的。

(2)干燥管直径,用式 5-51 计算:

$$D = \sqrt{\frac{Lv_H}{\dfrac{\pi}{4}u_g}} \quad \text{(以空气进干燥管状态计)}$$

其中　　$v_H = (0.772 + 1.244 H_1) \times \dfrac{273 + t_1}{273}$

$$= (0.772 + 1.244 \times 0.007\,5) \times \frac{273 + 90}{273} = 1.04 \text{ m}^3/\text{kg 绝干气}$$

取空气进干燥管的气速 $u_g = 10$ m/s，故：

$$D = \sqrt{\frac{0.893\,9 \times 1.04}{\dfrac{\pi}{4} \times 10}} = 0.344 \text{ m}$$

(3)干燥管高度，用式 5-53 计算：

$$z = \tau(u_g - u_0)$$

①计算 u_0。设 $Re_g = 1 \sim 1\,000$，根据上册第 3 章知相应的阻力系数 $\xi = 18.5/Re_g^{0.6}$，该式与式 5-52 相结合，可整理得：

$$u_0 = \left[\frac{4(\rho_s - \rho) g d_p^{1.6}}{55.5 \rho \nu_g^{0.6}} \right]^{1/1.4}$$

式中 ν_g 为气体的运动黏度。空气的物理性质可粗略地按绝干空气计，定性温度取空气进、出干燥器的平均值，即：

$$t_m = \frac{1}{2}(65 + 90) = 77.5 \text{ ℃}$$

从附录中查出 77.5 ℃时绝干空气的诸物性为：

$$\lambda_g = 3.03 \times 10^{-5} \text{ kW/(m·℃)}$$

$$\rho = 1.007 \text{ kg/m}^3$$

$$\mu = 2.1 \times 10^{-5} \text{ Pa·s}$$

$$\nu_g = \frac{\mu}{\rho_g} = \frac{2.1 \times 10^{-5}}{1.007} = 2.085 \times 10^{-5} \text{ m}^2/\text{s}$$

$$u_0 = \left[\frac{4(1\,544 - 1.007) \times 9.81(0.23 \times 10^{-3})^{1.6}}{55.5 \times 1.007(2.085 \times 10^{-5})^{0.6}} \right]^{1/1.4} = 1.04 \text{ m/s}$$

核算 Re_0，即：

$$Re_0 = \frac{d_p u_0}{\nu_g} = \frac{0.23 \times 10^{-3} \times 1.04}{2.085 \times 10^{-5}} = 11.5$$

复核的 Re_0 在 $1 \sim 1\,000$ 范围内，故相应的 $u_0 = 1.04$ m/s 是正确的。

②计算 u_g。前面取空气进干燥管时的速度为 10 m/s，现将其校核到干燥器的平均温度 $t_m = 77.5$ ℃下的速度，即：

$$u_g = \frac{10(273 + 77.5)}{273 + 90} = 9.66 \text{ m/s}$$

③计算 τ。将式 5-54 整理为：

$$\tau = \frac{Q}{\alpha S_P \Delta t_m}$$

(i)计算 S_P(用式 5-56)：

$$S_P = \frac{6G}{d_p \rho_s} = \frac{6 \times 0.041\,7}{0.23 \times 10^{-3} \times 1\,544} = 0.705 \text{ m}^2/\text{s}$$

(ii)求 Q：

$Q = Q_I + Q_{II}$，用式 5-57 求 Q_I，用式 5-58 求 Q_{II}。

根据 $t_1 = 90$ ℃、$H_1 = 0.007\,5$ kg/kg 绝干气，从图 5-4 中查出湿球温度 $t_{w,1} = 32$ ℃，相应的水的汽化热 $r_{t_{w,1}} = 2\,419.2$ kJ/kg，故

$$Q_I = G[(X_1 - X_c) r_{t_{w,1}} + (c_s + c_w X_1)(t_{w,1} - \theta_1)]$$

$$= 0.041\,7[(0.2 - 0.014\,55) \times 2\,419.2 + (1.26 + 4.187 \times 0.2)(32 - 15)]$$

$$= 20.2 \text{ kW}$$

干燥第二阶段物料的平均温度 $= 0.5(49+32) = 40.5 \text{ ℃}$，从附录查出相应的水的汽化热 $r_{t_m} = 2\,400 \text{ kJ/kg}$。

$$
\begin{aligned}
Q_{\mathrm{II}} &= G\big[\,(X_{\mathrm{e}} - X_2)r_{t_m} + (c_{\mathrm{s}} + c_{\mathrm{w}}X_2)(\theta_2 - t_{\mathrm{w},1})\,\big] \\
&= 0.041\,7\big[\,(0.014\,55 - 0.002) \times 2\,400 + (1.26 + 4.187 \times 0.002))(49 - 32)\,\big] \\
&= 2.16 \text{ kW} \\
Q &= 20.2 + 2.16 = 22.36 \text{ kW}
\end{aligned}
$$

(iii) 求 Δt_{m} :

本题干燥过程分为两个阶段，故按式 5-61 计算 Δt_{m}。

$$
\begin{aligned}
\Delta t_{\mathrm{m}} &= \frac{(t_1 - \theta_1) - (t_2 - \theta_2)}{\ln \dfrac{t_1 - \theta_1}{t_2 - \theta_2}} \\
&= \frac{(90 - 15) - (65 - 49)}{\ln \dfrac{90 - 15}{65 - 49}} = 38.2 \text{ ℃}
\end{aligned}
$$

(iv) 求 α (按式 5-44 求算) :

$$
\begin{aligned}
\alpha &= \frac{\lambda_{\mathrm{g}}}{d_{\mathrm{p}}}\Big[\,2 + 0.54\Big(\frac{d_{\mathrm{p}}u_0}{v_{\mathrm{g}}}\Big)^{0.5}\,\Big] \\
&= \frac{3.03 \times 10^{-5}}{0.23 \times 10^{-3}}\big[\,2 + 0.54 \times 11.5^{0.5}\,\big] = 0.505 \text{ kW/(m}^2 \cdot \text{℃)}
\end{aligned}
$$

所以
$$
\tau = \frac{Q}{\alpha S_{\mathrm{p}}\Delta t_{\mathrm{m}}} = \frac{22.36}{0.505 \times 0.705 \times 38.2} = 1.64 \text{ s}
$$

$$
z = \tau(u_{\mathrm{g}} - u_0) = 1.64(9.66 - 1.04) = 14.1 \text{ m}
$$

三、转筒干燥器的简化设计

下面介绍只考虑传热要求的转筒干燥器的简化设计计算。

（一）转筒的直径

对干燥器的转筒作物料及焓衡算，求出空气流量后再选择适宜的空气通过转筒的速度，利用流量公式即可算出干燥器直径。气体通过转筒的速度是有一定范围的，太大或太小均不利于操作。通常取湿空气的质量速度 L' 为 $0.55 \text{ kg/(m}^2 \cdot \text{s)} \sim 5.5 \text{ kg/(m}^2 \cdot \text{s)}$，对易引起粉尘飞扬的物料宜选用小的 L' 值，根据经验，对直径小于 $500 \text{ } \mu\text{m}$ 的颗粒可取 $L' \approx 1.4 \text{ kg/(m}^2 \cdot \text{s)}$。

（二）转筒的长度

转筒的长度 z 可近似地用传热速度式计算：

$$
Q = \alpha a V' \Delta t_{\mathrm{m}} = \alpha a \Big(\frac{\pi}{4}D^2 z\Big)\Delta t_{\mathrm{m}}
$$

或
$$
z = \frac{Q}{\alpha a \dfrac{\pi}{4}D^2 t_{\mathrm{m}}} \tag{5-62}
$$

式中　z——转筒的长度，m；

　　　Q——单位时间内空气传给物料的热量，kW；

　　　α——空气向物料的对流传热系数，kW/(m²·℃)；

　　　a——单位体积物料的干燥表面积，m²/m³；

　　　V'——转筒的体积，m³；

　　　D——转筒的直径，m；

Δt_m——空气与物料间的对数平均温度差,℃。

转筒干燥器中空气向物料的体积对流传热系数按下式计算:

$$\alpha a = \frac{0.324 L'^{0.16}}{D} \qquad (5\text{-}63)$$

式中　αa——空气向物料的体积对流传热系数,$\mathrm{kW/(m^3 \cdot ℃)}$;

　　　L'——湿空气的质量速度,kg 湿空气$/(\mathrm{m^2 \cdot s})$。

式 5-63 的应用条件为:

(1)转筒直径在 1 m~2 m 范围内;

(2)转筒中存留的物料体积与转筒体积之比即填充率 β,在 0.05~0.25 范围内。

一般转筒长度与直径之比 $z/D \approx 4 \sim 10$。

(三)转筒的转速与倾斜率

1.转速 n'

转筒的转速可在 1 r/min~8 r/min 范围内选取。对大直径的转筒应取较低的转速,通常取 3 r/min~4 r/min。转速越高,对流传热系数就越大,但能量消耗也大。

2.倾斜率 T

转筒的倾斜率用下式计算:

$$\tau = 60\left(\frac{0.23z}{Tn'^{0.9}D} \pm \frac{10zL'}{G'd_\mathrm{p}^{0.5}}\right) \qquad (5\text{-}64)$$

式中　T——转筒的倾斜率,即转筒的轴线与水平线之间倾角的正切,m/m;

　　　τ——物料在转筒内的停留时间,即干燥时间,s;

　　　G'——进干燥器湿物料的质量速度,$\mathrm{kg/(m^2 \cdot s)}$;

　　　d_p——颗粒平均直径,$\mu\mathrm{m}$。

式 5-64 中等号右侧括号中的正号用于逆流操作,负号用于并流操作。

一般转筒的倾斜率 T 在 0 m/m~0.1 m/m 的范围内较合适,相当于转筒轴线与水平线间的角度为 0°~6°。若式 5-64 算出的倾斜率不在此范围,可对前面选的转速作适当调整。

(四)检验填充率 β

转筒设计完毕后应检验填充率是否合适。若转筒内物料装的太满,即填充率 β 值太大,则物料在干燥器内的停留时间短,达不到预期要求的含水量即离开干燥器,且动能消耗多。通常取填充率 β 在 0.05~0.25 的范围内较合适。

根据前面介绍的填充率定义可以写出:

$$\beta = \frac{\tau V_\mathrm{p}}{V'} \qquad (5\text{-}65)$$

式中　β——填充率,量纲为 1;

　　　τ——干燥时间,s;

　　　V_p——单位时间内加入的物料体积,$\mathrm{m^3}$ 进干燥器的湿物料/s;

　　　V'——转筒的体积,$\mathrm{m^3}$。

[例 5-12] 采用一台逆流操作的转筒干燥器干燥某种颗粒状物料。已知:

(1)干燥器的生产能力为每小时处理 9 500 kg 绝干物料;

(2)空气状况为新鲜空气温度 $t_0 = 27$ ℃,进、出干燥器的温度 $t_1 = 150$ ℃、$t_2 = 70$ ℃,进干燥器的湿度 $H_1 = 0.008\ 2$ kg/kg 绝干气;

240

(3)物料状态为初始与终了含水量 $X_1 = 0.0525$ kg/kg绝干料、$X_2 = 0.001$ kg/kg绝干料,初始与终了温度 $\theta_1 = 27$ ℃、$\theta_2 = 100$ ℃,物料密度 $\rho = 1\ 020$ kg/m³ 湿物料,绝干物料比热容 $c_s = 0.884$ kJ/kg,颗粒平均直径 $d_p = 0.5 \times 10^{-3}$ m。

干燥操作作为绝热饱和冷却过程。由以上数据算得:绝干空气消耗量 $L = 6.38$ kg 绝干气/s,水分蒸发量 $W = 0.136$ kg/s,空气离开干燥器的湿度 $H_2 = 0.029\ 5$ kg/kg绝干气。

已知干燥过程的体积传热系数 $\alpha a = 0.135\ 8$ W/(m³·℃),达到上述要求时的干燥时间为 0.6 h。忽略热损失,试设计转筒干燥器。

设计计算: 要设计的项目有转筒直径、长度和倾斜率。

(1)转筒直径

转筒直径按空气离开干燥器的最大流量计算,即:

$$L(1 + H_2) = 6.38(1 + 0.029\ 5) = 6.57 \text{ kg 湿空气/s}$$

根据经验取湿空气质量流速 $L' = 1.4$ kg 湿空气/(m²·s)。

故

$$\frac{\pi}{4} D^2 L' = L(1 + H_2)$$

或

$$\frac{\pi}{4} \times 1.4 D^2 = 6.57$$

解得 $D = 2.45$ m ≈ 2.5 m

重算湿空气的质量速度:

$$L' = \frac{L(1 + H_2)}{\frac{\pi}{4} D^2} = \frac{6.57}{\frac{\pi}{4}(2.5)^2} = 1.34 \text{ kg 湿空气/(m}^2 \cdot \text{s)}$$

(2)转筒长度

为简化起见,将转筒沿全长分为预热段、等速段和降速段三个阶段,如例 5-12 附图所示。计算中假设物料中水分都是在等速段中蒸出的,在另两段中物料获得的热量全部用于使物料升温。三段的长度分别按各自的传热速率式计算。

$$Q = \alpha a z A \Delta t_m$$

或

$$z = \frac{Q}{\alpha a A \Delta t_m}$$

式中 A 为转筒的截面积,m²。

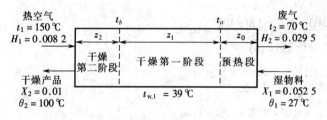

例 5-12 附图

①预热段。操作为绝热饱和冷却过程,故等速段内物料表面温度为空气初始状态的湿球温度,该温度即为预热段终端的物料表面温度。由 $t_1 = 150$ ℃、$H_1 = 0.008\ 2$ kg/kg绝干气于图 5-4 中查出湿球温度 $t_{w.1} = 39$ ℃。

预热段的传热速率为:

$$Q_0 = Gc_s(t_{w.1} - \theta_1) = \frac{9\ 500}{3\ 600} \times 0.884(39 - 27) = 28 \text{ kW}$$

预热段终端空气的温度 t_a(从附图知该温度为等速段开始时的空气温度)通过以下的热衡算求得:

$$Lc_{H_0}(t_a - t_2) = Q_0 = 28$$

其中预热段空气的平均比热容 c_{H_0} 为：

$$c_{H_0} \approx 1.01 + 1.88 H_2 = 1.01 + 1.88 \times 0.029\,5 = 1.07\ \text{kJ/(kg 绝干气} \cdot \text{℃)}$$

所以　　$6.38 \times 1.07(t_a - 70) = 28$

解得　　$t_a = 74.1\ \text{℃}$

$$\Delta t_{m_0} = \frac{1}{2}\big[(t_2 - \theta_1) + (t_a - t_{w,1})\big] = \frac{1}{2}\big[(70 - 27) + (74.1 - 39)\big] = 39.1\ \text{℃}$$

所以　　$z_0 = \dfrac{28}{0.135\,8 \times \dfrac{\pi}{4} \times 2.5^2 \times 39.1} = 1.07\ \text{m}$

②等速段。前面已指出物料中除去的水分是在这段内进行的,故这段传热速率为：

$$Q_1 = Wr_{t_{w,1}}$$

由附录九查得 39 ℃时水的汽化热为 2 403 kJ/kg,故

$$Q_1 = 0.136 \times 2\,403 = 326.8\ \text{kW}$$

对等速段作热量衡算,可求得该段末端的空气温度 t_b(即降速段开始时的空气温度)：

$$Lc_{H_1}(t_b - t_a) = Q_1 = 326.8$$

其中　　$c_{H_1} \approx 1.01 + 1.88 H_1 = 1.01 + 1.88 \times 0.008\,2 = 1.025\ \text{kJ/(kg 绝干气} \cdot \text{℃)}$

所以　　$6.38 \times 1.025(t_b - 74.1) = 326.8$

解得　　$t_b = 124.1\ \text{℃}$

$$\Delta t_{m,1} = \frac{(t_b - t_{w,1}) - (t_a - t_{w,1})}{\ln \dfrac{t_b - t_{w,1}}{t_a - t_{w,1}}} = \frac{(124.1 - 39) - (74.1 - 39)}{\ln \dfrac{124.1 - 39}{74.1 - 39}} = 56.5\ \text{℃}$$

所以　　$z_1 = \dfrac{326.8}{0.135\,8 \times \dfrac{\pi}{4}(2.5)^2 \times 56.5} = 8.68\ \text{m}$

③降速段。降速段传热速率式为：

$$G_2 = Gc_m(\theta_2 - t_{w,1})$$

$$= \frac{9\,500}{3\,600} \times 0.884(100 - 39) = 142.3\ \text{kW}$$

$$\Delta t_{m,2} = \frac{(t_b - t_{w,1}) - (t_1 - \theta_1)}{\ln \dfrac{t_b - t_{w,1}}{t_1 - \theta_1}}$$

$$= \frac{(124.1 - 39) - (150 - 100)}{\ln \dfrac{124.1 - 39}{150 - 100}} = 66\ \text{℃}$$

所以　　$z_2 = \dfrac{142.3}{0.135\,8 \times \dfrac{\pi}{4}(2.5)^2 \times 66} = 3.24\ \text{m}$

总长度 $z = z_0 + z_1 + z_2 = 1.07 + 8.58 + 3.24 = 13\ \text{m}$

$$\frac{z}{D} = \frac{13}{2.5} = 5.2$$

长径比在 4~10 的合适范围内。

(3)倾斜率 T

本题为逆流干燥,故：

$$\tau = 60\left(\frac{0.23z}{Tn'^{0.9}D} + \frac{10zL'}{G'd_p^{0.5}}\right)$$

其中　　$G'' = \dfrac{G(1 + X_1)}{3\,600 \times \dfrac{\pi}{4}D^2} = \dfrac{9\,500(1 + 0.052\,5)}{3\,600 \times \dfrac{\pi}{4}(2.5)^2} = 0.566\ \text{kg 进干燥器的湿物料/(m}^2 \cdot \text{s)}$

取转速 $n' = 2$ r/min

所以　　　$0.6 \times 3\,600 = 60\left(\dfrac{0.23 \times 13}{T \times 2^{0.9} \times 2.5} + \dfrac{10 \times 13 \times 1.34}{0.566 \times 500^{0.5}}\right)$

解得　　　$T = 0.028\,8$

　　　　　$\arctan 0.028\,8 = 1.65°$

转筒倾斜率在 $0° \sim 6°$ 的合适范围内。

最后校核填充率:

$$\beta = \frac{\tau V_p}{V'}$$

其中　　$V_p = \dfrac{G(1 + X_1)}{\rho} = \dfrac{9\,500(1 + 0.052\,5)}{3\,600 \times 1\,020} = 0.002\,72$ m³ 进干燥器的湿物料/s

　　　　$V' = \dfrac{\pi}{4} D^2 z = \dfrac{\pi}{4} \times (2.5)^2 \times 13 = 63.8$ m³

所以　　$\beta = \dfrac{0.6 \times 3\,600 \times 0.002\,72}{63.8} = 0.092$

β 值在 $0.05 \sim 0.25$ 的合适范围内。

习　题

1. 常压下湿空气的温度为 70 ℃、相对湿度为 10%。试求该湿空气中水汽的分压 p,湿度 H、比容 v_H、比热容 c_H 及焓 I。

答: $p = 3\,116$ Pa, $H = 0.019\,73$ kg/kg 绝干气, $v_H = 1.001$ m³ 湿空气/kg 绝干气,

$c_H = 1.047$ kJ/(kg 绝干气·℃), $I = 122.4$ kJ/kg 绝干气

2. 在 H—I 图上确定本题附表中空格内的数值,并绘出分题 2 的解题示意图。

习题 2 附表

	t ℃	t_w ℃	t_d ℃	H kg/kg 绝干气	φ %	I kJ/kg 绝干气	p kPa
(1)	(30)	(20)					
(2)	(40)		(20)				
(3)	(60)			(0.03)			
(4)	(50)				(50)		
(5)	(50)					(120)	
(6)	(70)						(9.5)

答: $(1) t_d = 15$ ℃, $H = 0.011$ kg/kg 绝干气, $\varphi = 40\%$, $I = 60$ kJ/kg 绝干气, $p = 1.9$ kPa;

$(2) t_w = 25$ ℃, $H = 0.015$ kg/kg 绝干气, $\varphi = 30\%$, $I = 80$ kJ/kg 绝干气, $p = 2.2$ kPa;

$(3) t_w = 35$ ℃, $t_d = 30$ ℃, $\varphi = 23\%$, $I = 140$ kJ/kg 绝干料, $p = 4.5$ kPa;

$(4) t_w = 37$ ℃, $t_d = 35.5$ ℃, $H = 0.042$ kg/kg 绝干气, $I = 160$ kJ/kg 绝干气, $p = 6.2$ kPa;

$(5) t_w = 32$ ℃, $t_d = 28$ ℃, $H = 0.027$ kg/kg 绝干气, $\varphi = 30\%$, $p = 4$ kPa;

$(6) t_w = 45$ ℃, $t_d = 42.5$ ℃, $H = 0.063$ kg/kg 绝干气, $\varphi = 30\%$, $I = 240$ kJ/kg 绝干气

图略

3. 用热空气干燥某种湿物料,新鲜空气的温度 $t_0 = 20$ ℃、湿度 $H_0 = 0.006$ kg/kg 绝干气,为保证干燥产

品质量,空气在干燥器内的温度不能高于 90 ℃,为此,空气在预热器内加热到 90 ℃后送入干燥器,当空气在干燥器内温度降至 60 ℃时,再用中间加热器将空气加热至 90 ℃,空气离开干燥器时温度降至 $t_2 = 60$ ℃,假设两段干燥过程均可视为等焓过程,试求:

(1)在湿空气 $H—I$ 图上定性表示出空气通过干燥器的整个过程;

(2)汽化每千克水分所需的新鲜空气量。

答:(1)略;(2)41.92 kg 新鲜空气/kg 水

4.温度 $t_0 = 20$ ℃、湿度 $H_0 = 0.01$ kg/kg绝干气 的常压新鲜空气在预热器被加热到 $t_1 = 75$ ℃后,送入干燥器内干燥某种湿物料。测得空气离开干燥器时温度 $t_2 = 40$ ℃,湿度 $H_2 = 0.024$ kg/kg绝干气。新鲜空气的消耗量为 2 000 kg/h。湿物料温度 $\theta_1 = 20$ ℃、含水量 $w_1 = 2.5\%$,干燥产品的温度 $\theta_2 = 35$ ℃、含水量 $w_2 = 0.5\%$(均为湿基)。湿物料平均比热容 $c_m = 2.89$ kJ/(kg绝干料·℃)。忽略预热器的热损失,干燥器的热损失为 1.3 kW。操作是在恒定条件中进行的,试求:

(1)每小时从湿物料中汽化出水的质量;

(2)湿物料的质量流量;

(3)干燥系统消耗的总热量;

(4)干燥系统的热效率。

答:(1)水分蒸发量 $W = 27.72$ kg 水/h;(2)湿物料质量流量 $G_1 = 1$ 377 kg 湿物料/h;

(3)消耗的总热量 $Q = 1.74 \times 10^5$ kJ/h;(4)热效率 $\eta = 40.9\%$

5.在常压干燥器中,用新鲜空气干燥某种湿物料。已知条件为:温度 $t_0 = 15$ ℃,焓 $I_0 = 33.5$ kJ/kg绝干气 的新鲜空气,在预热器中加热到 $t_1 = 90$ ℃后送入干燥器,空气离开干燥器时的温度为 50 ℃。预热器的热损失可以忽略,干燥器的热损失为 11 520 kJ/h,没有向干燥器补充热量。每小时处理 280 kg 湿物料,湿物料进干燥器时温度 $\theta_1 = 15$ ℃、干基含水量 $X_1 = 0.15$ kg 水/kg绝干料,离开干燥器时物料温度 $\theta_2 = 40$ ℃、$X_2 = 0.01$ kg 水/kg绝干料。绝干物料比热容 $c_s = 1.16$ kJ/(kg绝干料·℃)。试求:

(1)干燥产品质量流量;

(2)水分蒸发量;

(3)新鲜空气消耗量(用作图法求空气离开干燥器的状态参数);

(4)干燥器的传热效率。

答:(1)$G_2 = 245.9$ kg 干燥产品/h;(2)$W = 34.1$ kg 水/h;

(3)$L_w = 2$ 577 kg 湿新鲜空气/h;(4)$\eta = 44.85\% \approx 45\%$

6.将 500 kg 湿物料由最初含水量 $w_1 = 15\%$ 干燥到 $w_2 = 0.8\%$(均为湿基)。已测得干燥条件下降速阶段的干燥速率线为直线,物料的临界含水量 $X_c = 0.11$ kg 水分/kg绝干料,平衡含水量 $X^* = 0.002$ kg 水/kg绝干料以及等速阶段的干燥速率为 1 kg 水/(m^2·h)。一批操作中湿物料提供的干燥表面积为 40 m^2。试求干燥时间。

答:总干燥时间 $\Sigma\tau = 4.012$ h

7.在常压逆流转筒干燥器中干燥某疏松颗粒状物料,试设计转筒干燥器。指定转筒的倾斜率 $T = 0.02$ m/m。已知

(1)生产能力为每小时干燥 1 570 kg 湿物料;

(2)空气状态为空气进、出干燥器的温度分别是 $t_1 = 120$ ℃、$t_2 = 60$ ℃,空气进干燥器的湿度 $H_1 = 0.01$ kg/kg绝干气;

(3)物料状态为物料进、出干燥器的干基含水量 $X_1 = 1$ kg/kg绝干料、$X_2 = 0.036$ 3 kg/kg绝干料,颗粒平均粒度 $d_p = 600$ μm,湿物料平均密度为 790 kg/m^3。

在以上条件下,实测出空气离开干燥器的流量为 32 600 kg 离开干燥器的空气/h,干燥时间为 2.87 h。

答:略